高等学校“十二五”规划教材

控制工程基础

主　编　王晓梅
副主编　李　诚　宋乐鹏

北　京
冶金工业出版社
2013

内 容 简 介

本书主要阐述经典控制论的基本原理、基础知识、基本分析方法、设计校正和工程设计方法，内容包括系统的数学模型、时域分析、频域分析、稳定性分析、校正与设计等，目的是使学生建立动态设计的概念，为后续课程运用控制理论和进一步深造打下基础。

本书可作为本科或高职高专院校机械工程、电气工程、仪器科学与工程、动力工程等工学专业的教材，推荐学时为 48 ~ 64 学时，其中实验 6 ~ 8 学时，也可用作成教、函授学生的教材，还可供有关专业工程技术人员参考。

图书在版编目(CIP)数据

控制工程基础/王晓梅主编．—北京：冶金工业出版社，2013. 7

高等学校“十二五”规划教材

ISBN 978-7-5024-6350-2

Ⅰ. ①控…　Ⅱ. ①王…　Ⅲ. ①自动控制理论—高等学校—教材　Ⅳ. ①TP13

中国版本图书馆 CIP 数据核字(2013)第 184517 号

出 版 人　谭学余
地　　址　北京北河沿大街嵩祝院北巷 39 号，邮编 100009
电　　话　(010)64027926　电子信箱　yjcbs@cnmip.com.cn
责任编辑　陈慰萍　美术编辑　吕欣童　版式设计　孙跃红
责任校对　李　娜　责任印制　李玉山
ISBN 978-7-5024-6350-2
冶金工业出版社出版发行；各地新华书店经销；北京百善印刷厂印刷
2013 年 7 月第 1 版，2013 年 7 月第 1 次印刷
787mm × 1092mm　1/16；10. 25 印张；248 千字；156 页
24. 00 元

前　言

本书各章节内容以国家教指委2008年8月发布的《中国机械工程学科教程》为依据，参照“控制理论知识领域的知识单元和知识点”选定。本书的编写，结合了编写教师近20年教学过程中积累的大量教学改革经验，同时吸取了许多兄弟院校同类教材和相关文献的优点，着眼于教学、科研及工程实用性的需求，力求使概念清晰正确、知识结构合理，突出经典控制理论的正确运用。本书在编写中注意突出以下几个方面：

（1）注重基本理论与基本概念的阐述。简化数学推导，明确物理概念，强调实际应用，力求深入浅出和突出重点。

（2）注重启发性。讲解中注意承上启下提出问题，引导读者建立解决问题的思路，培养读者主动学习与创新的能力。

（3）便于自主学习。内容编排按照“基本概念→系统建模→系统分析→系统校正与设计”的路线，清晰地展示经典控制论的构架与内容，方便读者自主学习与参考。

（4）注重综合运用能力，强调综合运用知识对系统进行跟踪和分析与设计的训练。

（5）注重MATLAB控制系统工具箱的介绍与运用。利用MATLAB解题实例，帮助读者学习利用MATLAB进行系统建模、分析和设计的初步知识。

本书由重庆科技学院王晓梅老师担任主编，由重庆工程职业技术学院李诚老师、重庆科技学院宋乐鹏老师担任副主编。本书第1、3、4章由重庆科技学院王晓梅老师编写，第2章由重庆科技学院宋乐鹏老师编写，第5.1~5.5节、第6.1~6.5节由重庆工程职业技术学院李诚老师编写，第5.6节由重庆科技学院周雄教授编写，第6.6节由重庆科技学院阳小燕老师编写。重庆科技学院的黎泽伦、文成老师为第1章至第4章提供了部分参考资料。

限于编者的水平，书中不足之处恳请广大读者与专家批评指正。

编　者

2013年6月于重庆

目　录

1 绪论

本章着重介绍控制理论的基本概念，并列举一些应用实例。本章的知识结构如图1-1所示。

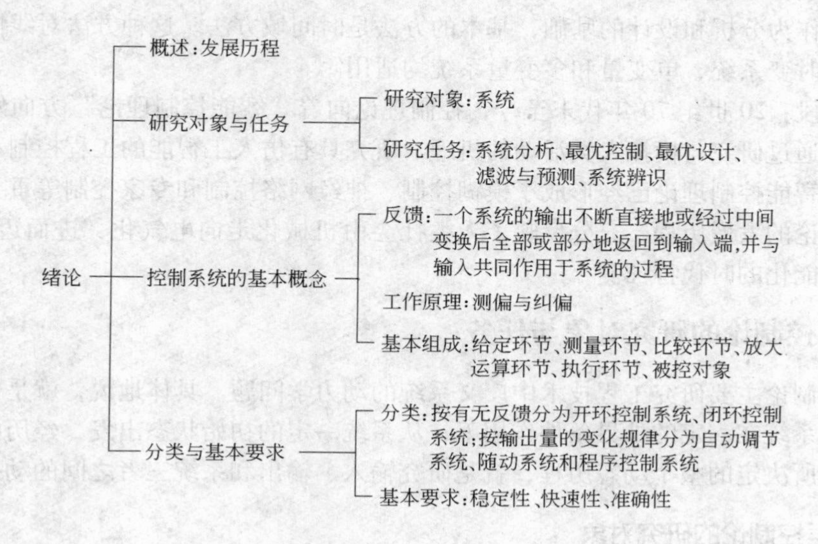

图1-1　第1章知识结构

1.1　概述

“控制工程基础”主要阐述自动控制技术的基础理论。机械控制工程基础是控制论（Cybernetics）与机械工程技术理论之间的边缘学科，侧重介绍机械工程的控制原理，同时密切结合工程实际，是一门技术基础课程。

随着计算机技术的不断发展，机械制造技术发展的一个明显而重要的趋势是越来越广泛、深入地引入了控制理论，例如，工业机器人、数控机床、机床动态测试与分析、电液伺服系统、精密仪器设备等都要用到控制工程的基础知识。

相对论、量子论和控制论被认为是20世纪上半叶的三大伟绩，称为三项技术革命，是人类认识客观世界的三大飞跃。控制论的两个核心是信息论和反馈控制。其中反馈控制的概念早在1868年麦克斯韦尔发表的《论调速器》一文中就已经提出来了。第二次世界大战期间及战后，电子技术、火力控制技术、航空自动驾驶、生产自动化、高速电子计算机等科学技术迅速发展。控制论正是在这基础上，总结有关学科的研究成果并加以提高而形成的。首先创立这门学科的是数学家、信息理论家诺伯特·维纳（Norbert Wiener），他于1948年发表了《控制论》。维纳通过比较研究发现，在机器系统与生命系统甚至社会系统、经济系统都具有一个共同特点，即通过信息的传递、加工处理并利用反馈来进行控制，这就是控制论的中心思想。我国科学家钱学森于1954年发表专著《工程控制论》(英文版)，首先提出了“工程控制论”的概念，并将控制论推广到工程领域。

随着科学技术的不断发展，控制理论日趋成熟，它对社会进步和生产发展起到了深远的影响。控制论的发展过程大体可分为三个阶段。

第一阶段：20世纪40~50年代为“经典控制理论”发展阶段。经典控制理论主要以拉普拉斯变换为数学基础，以传递函数为分析和设计基础，基本的方法体系主要以作图、查表和便于手工计算的方法为基础。这种方法对于线性定常系统是成熟有效的。

第二阶段：20世纪60~70年代为“现代控制理论”的发展阶段。现代控制理论是用状态空间法作为分析和设计的基础，基本的方法是时间域方法。这种方法对线性系统、非线性系统、时变系统、单变量和多变量系统均适用。

第三阶段：20世纪70年代末至今，控制理论向着“智能控制理论”方向发展。智能控制理论是通过研究与模拟人类活动的机理，研究具有仿人工智能的工程控制和信息处理问题。目前智能控制理论已经形成了模糊控制、神经网络控制和专家控制等重要的分支。

控制理论的发展历程，充分反映了人类社会由机械化走向电气化，进而迈向自动化、信息化和智能化的时代特征。

1.2 工程控制论的研究对象与任务

工程控制论主要研究工程技术中广义系统的动力学问题。具体地说，就是研究工程技术中的广义系统在一定的外界条件作用下，从系统一定的初始状态出发，经历的由其内部的固有特性所决定的整个动态历程，就是研究输入、输出和系统三者之间的动态关系。

1.2.1 工程控制论的研究对象

由以上叙述分析可知，工程控制论的研究对象就是系统（或广义系统）。

系统是指按一定规律联系在一起的元素的集合。构成系统的要素包括元素以及元素之间的关系。系统与外界之间的交互作用包括外界对系统的作用（如输入、干扰等）以及系统对外界的作用（如输出）。系统可大可小、可简可繁、可虚可实，完全由研究的需要来决定。系统、输入、输出三者之间的动态关系可由系统框图1-2简要表示。

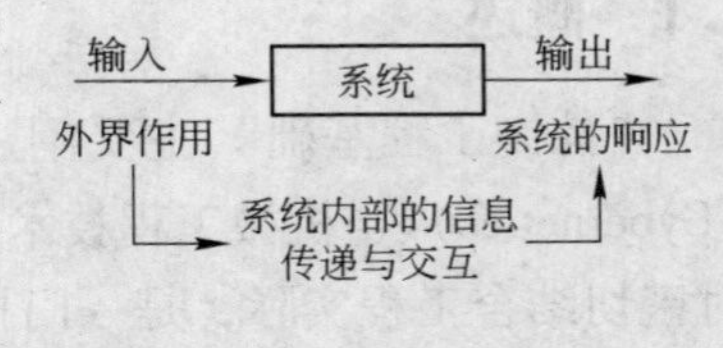

图1-2 系统的框图

广义系统是指具备系统要素的一切事物或对象，譬如，机器系统、生命系统、思维、学习、工作、社会经济系统、生产系统等。机械工程中的广义系统可以是元件、部件、仪器、设备，也可以是加工过程、操作设备、测量，还可以是车间、部门、工厂、企业、企业集团、全球制造行业等。

1.2.2 工程控制论的研究任务

简单地说，工程控制论主要研究动力学问题，下面以图1-3所示机械系统为例进行说明。

图1-3 (a)、(b) 分别表示同一个质量-阻尼-弹簧单自由度系统在不同输入时的情况。图中，m、c、k分别表示质量、黏性阻尼系数和弹簧刚度。

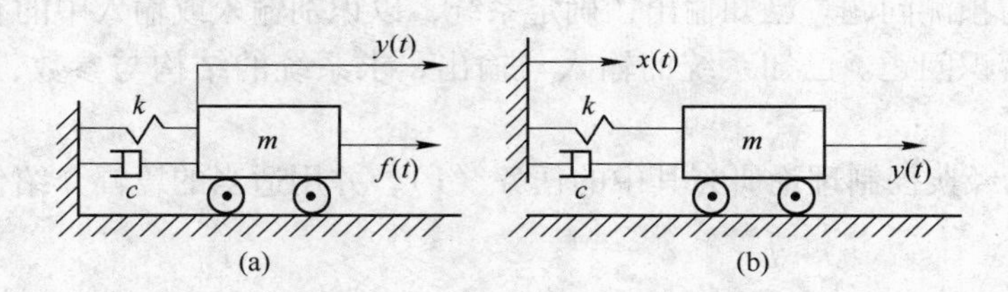

图 1－3 $m-c-k$ 单自由度系统

对于图 1－3（a）所示的系统而言，输入为作用在质量块上的外力 $f(t)$，输出为质量块的位移 $y(t)$，系统的动力学方程为：

$$\begin{cases} m\ddot{y}(t)+c\dot{y}(t)+ky(t)=f(t) \\ y(0)=y_0 \quad \dot{y}(0)=\dot{y}_0 \end{cases} \tag{1-1}$$

对于图 1－3（b）所示的系统而言，输入为作用在支座的位移 $x(t)$，输出为质量块的位移 $y(t)$，系统的动力学方程为：

$$\begin{cases} m\ddot{y}(t)+c\dot{y}(t)+ky(t)=c\dot{x}(t)+kx(t) \\ y(0)=y_0 \quad \dot{y}(0)=\dot{y}_0 \end{cases} \tag{1-2}$$

为了更直观地分析，令 $p=\mathrm{d}/\mathrm{d}t$（微分算子），则方程（1－1）和方程（1－2）分别简化为：

$$(mp^2+cp+k)y(t)=f(t)$$

和

$$(mp^2+cp+k)y(t)=(cp+k)x(t)$$

显然，图 1－3 所示两个系统的动力学方程的左端算子相同，它由系统本身的结构和结构参数所决定，反映了与外作用无关的系统本身的固有特性；右端算子反映了系统与外界的关系。

由动力学方程可以看出，上例所示系统的动力学方程包含以下五个环节：

（1）系统的初始条件：$y(0)=y_0$，$\dot{y}(0)=\dot{y}_0$。

（2）系统的固有特性：mp^2+cp+k。

（3）系统的输入或激励：$f(t)$，$x(t)$。

（4）系统与外界之间的关系：1，$cp+k$。

（5）系统对输入的响应（系统的输出）：$y(t)$。

上例中 $y(t)$ 即为动力学方程的解，它由系统的初始条件、系统的固有特性、系统的输入以及系统与输入之间的关系所决定。

由以上分析可知，就系统、输入、输出三者之间的动态关系而言，工程控制论的研究任务可归纳为以下五个方面：

（1）系统分析问题。已知系统和输入，求系统的响应（或输出），并通过响应来研究系统本身的问题。

（2）最优控制问题。已知系统，设计输入，且确定的输入应使输出尽可能符合给定的最佳要求。

（3）最优设计问题。已知输入，设计系统，且确定的系统应使输出尽可能符合给定的最佳要求。

（4）滤波与预测问题。已知输出，确定系统，以识别输入或输入中的有关信息。

（5）系统辨识问题。已知系统的输入与输出，求系统的结构与参数，即建立系统的数学模型。

本书主要以经典控制理论研究其中的任务（1），并用适当的篇幅介绍任务（5）中的一种研究方法。

1.3 控制系统的基本概念、工作原理及基本组成

1.3.1 反馈的概念

反馈是控制工程基础中一个最基本、最重要的概念，也是工程系统的动态模型或许多动态系统的一大特点。所谓反馈，就是指一个系统的输出，不断直接地或经过中间变换后全部或部分地返回到输入端，并与输入共同作用于系统的过程。

按照是否人为设置反馈控制装置，反馈可以分为内反馈与外反馈。

图1-4所示为发动机离心调速系统结构原理简图。燃料燃烧形成的燃气作为动力源作用在发动机上，通过发动机内部信息的传递与加工处理，使得发动机输出轴产生一定速度的转动。如果没有图1-4中虚线框所示的离心调速装置，当发动机负载一定时，输入的燃气量越多，发动机输出轴就转动得越快；反之就越慢。当发动机输出轴所带的负载变化时，如果输入的燃气量恒定，则发动机的输出转速会发生变化，负载越大转速就会越慢。

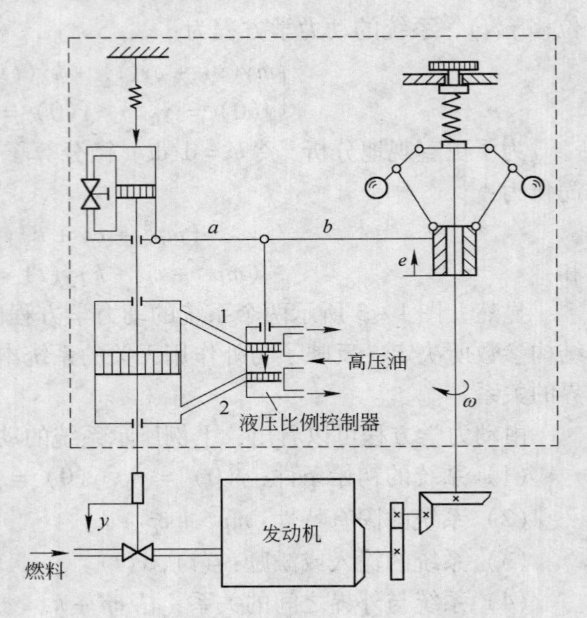

图1-4 发动机离心调速系统结构原理简图

发动机离心调速系统的目的是，无论作用在发动机上的负载怎么变化，其输出转速基本恒定。其工作原理为：如果负载变化使 ω 增大，离心结构的滑套就会上移，通过 ab 杆带动液压比例控制器的滑阀阀芯上移，高压油通过油路1进入油缸上侧油箱，进而推动动力活塞下移，致使油门关小，输出转速 ω 减小，直到液压滑阀回复到中位，ω 回到设定值，自动调节结束。反之亦然。

另外，以图1-3（a）所示系统为例，其动力学方程可整理为：

$$ky(t) = f(t) - m\ddot{y}(t) - c\dot{y}(t)$$

按上式作出能表达出系统信息传递与交换的方框图1-5。

从图1-5分析可知，$f(t)$ 作用在弹簧 k 上，弹簧产生位移 $y(t)$，而 $y(t)$ 又使质量 m 和阻尼 c 运动，产生惯性力 $-m\ddot{y}(t)$ 和阻尼力 $-c\dot{y}(t)$，它们反馈作用到弹簧 k 上，使弹簧位移产生相应的变化。这里，质量 m 对位移 $y(t)$ 起着二阶微分反馈的作用，阻尼 c 则起着一阶微分反馈的作用。这种信息传递与相互反复循环，使系统处于运动状态。

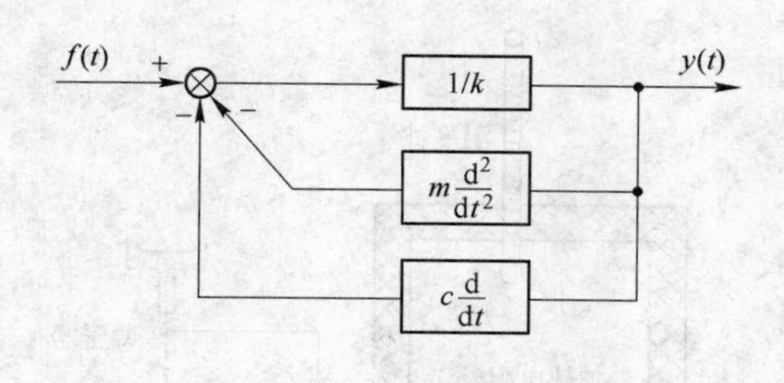

图1-5 $m-c-k$单自由度系统方框图

在这两个例子中，反馈在本质上都是信息的传递与交互。但从具体形式上看，有所不同。对于发动机离心调速系统来说，离心调速器是人为附加的反馈控制装置，其目的在于抵抗由于负载变化这一干扰引起的输出轴转速的变化，这种反馈称为外反馈。而 $m-c-k$ 系统中存在的反馈为内反馈，这种反馈是系统内部的信息交互，反映了系统内部各元素之间互为因果的连接关系，反映了系统的动态特性。

由此，内反馈与外反馈的定义可归纳为：

（1）内反馈：在系统或过程中存在的各种自然形成的反馈。它是系统内部各个元素之间相互耦合的结果，是造成系统存在一定动态特性的根本原因。

（2）外反馈：在控制系统中，为达到某种控制目的而人为加入的反馈。

除此之外，按照反馈作用使输出的偏离程度增加或减小的情况分，反馈可以分为正反馈与负反馈。

（1）负反馈：输出（被控量）偏离设定值（目标值）时，反馈作用使输出偏离程度减小，并力图达到设定值。这类系统的控制过程实质上就是“测偏与纠偏”的过程。例如，发动机离心调速系统、液面自动调节器、恒温箱、数控机床进给伺服系统、火炮自动瞄准等的反馈均属于负反馈。

（2）正反馈：输出（被控量）偏离设定值（目标值）时，反馈作用使输出偏离程度加剧。例如，自激振荡器、火药爆炸、热核反应、机器疲劳破坏等的反馈均属于正反馈。

1.3.2 控制系统的工作原理

系统可以分为非控制系统和控制系统两大类。那些仅仅由人工完成开、关两种状态的系统属于非控制系统，如搅拌机、普通卷扬机、教室里的照明系统等。控制系统是指系统的可变输出能按照要求由参考输入或控制输入进行调节的系统，如发动机离心调速系统、液面自动调节系统、数控机床的进给系统等。控制系统又分为人工控制系统和自动控制系统。

下面以恒温箱为研究对象，简单分析控制系统的工作原理。图1-6所示为人工控制的恒温箱。当箱中的温度受环境温度或电源电压波动等外来干扰而变化时，为满足箱中温度恒定的要求，可由人工来移动调压器的活动触头，以改变加热电阻丝的电流，从而控制箱内的温度。箱内温度由温度计来检测。这里，恒温箱为被控对象，箱内温度为被控量（参数），温度计为检测元件，调压器为控制器。人工控制恒温箱温度的过程如下：

（1）观察由温度计测出的恒温箱的温度。

（2）与所要求的温度值（给定值）进行比较，得出偏差的大小和方向。

（3）根据偏差调节调压器，进行箱内温度的控制。当恒温箱的温度低于给定温度时，人工移动调压器触头向右，以增加加热电阻丝的电流，使温度升高到给定值；相反，当恒温箱的温度高于所要求的温度值时，可人工移动调压器触头向左，以减小加热电阻丝的电流，使箱中温度下降到给定值。

由此可见，人在此控制中的作用是检测、求偏差以及进行纠正偏差的控制，简单地说，就是“测偏与纠偏”的控制。如果用一个自动控制器来代替人的职能，那么人工控制系统就可以变成一个自动控制系统。

图1－7所示为自动控制的恒温箱。在这个自动控制系统中，图1－6中的温度计由热电偶代替，并增加了电气、电动机和减速器等装置。

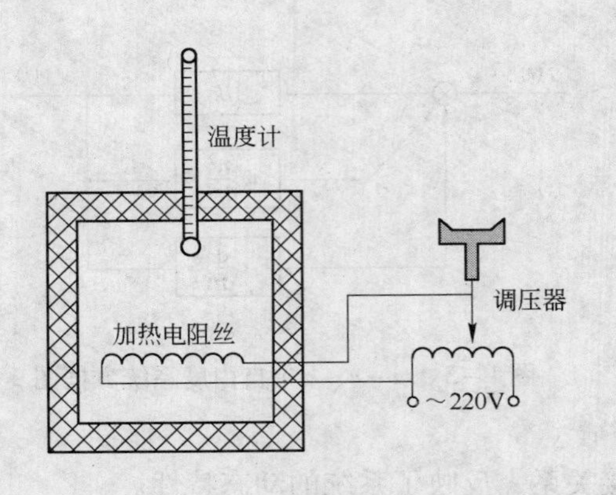

图1－6 人工控制的恒温箱

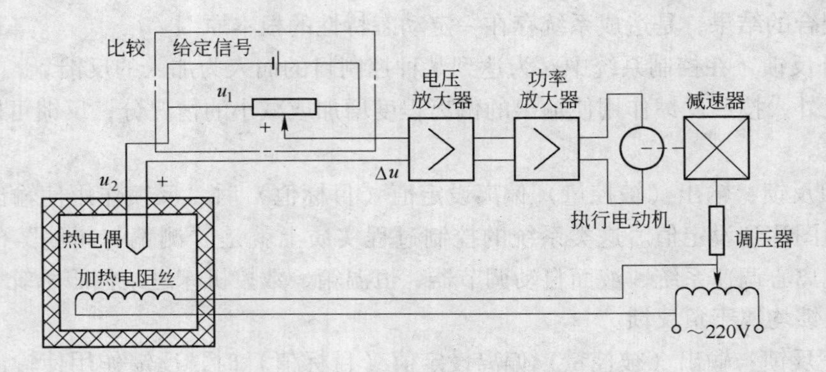

图1－7 恒温箱自动控制系统

在这个系统中，选取电压u_1代表恒温箱的给定信号，当外界因素引起箱内温度变化时，热电偶作为检测元件，把箱内温度转换为对应的电压信号u_2，并使u_2能反馈回去与给定信号u_1相比较，产生温度的偏差信号$\Delta u = u_1 - u_2$，经电压、功率放大后，来控制执行电动机的旋转速度与方向，并通过传动机构及减速器带动调压器触头移动，使加热电阻丝的电流增加或减小，直至$\Delta u = 0$，此时箱内温度达到给定值，电动机停转，温度自动调节结束。

对比恒温箱人工控制系统与自动控制系统，可以看出以下几点：

(1) 测量：前者靠操作者的眼睛，而后者通过热电偶输出u_2来测量。

(2) 比较：前者靠操作者的头脑，而后者靠自动控制器。

(3) 执行：前者靠操作者的手，而后者由电动机等执行机构完成。

图1－7所示系统的物理结构框图如图1－8所示。图中方框表示系统的各个组成部分，直线箭头代表信号的流向，其上的标注表示传递的信号，⊗代表比较环节。热电偶是置于反馈通道中的测量元件，从结构框图上看，系统存在反馈。

工程技术领域中越来越多地采用了自动控制系统。在这种系统中，往往有“反馈控制”。反馈控制是实现自动控制的最基本的方法。因为没有反馈就无法测量偏差，就无法根据偏差自动控制系统纠正偏差。

一般在自动控制系统中，偏差是基于反馈建立起来的。自动控制的过程就是“测偏与纠偏”的过程，这一原理又称为反馈控制原理。利用此原理组成的系统称为反馈控制系统。它具备测量、比较和执行三个基本功能。

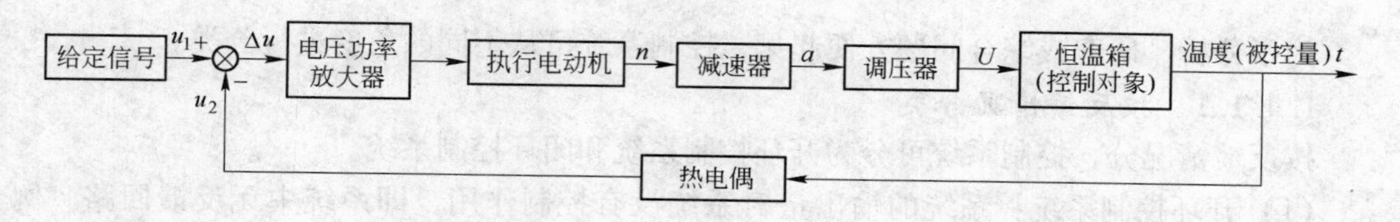

图 1-8 恒温箱自动控制系统的物理结构框图

1.3.3 反馈控制系统的基本组成

典型反馈控制系统的组成如图 1-9 所示。

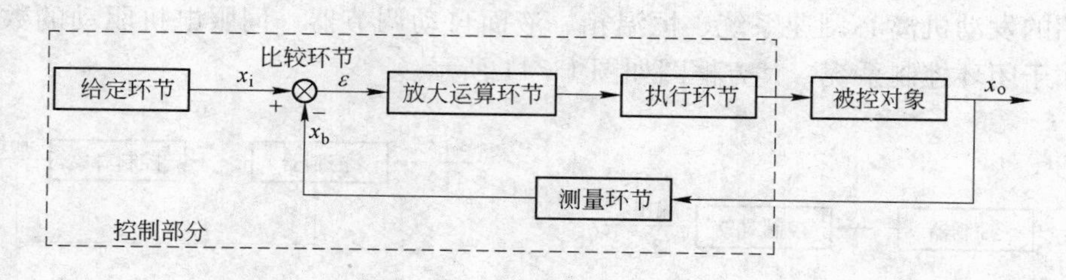

图 1-9 典型反馈控制系统的组成

典型的反馈控制系统包括给定环节、测量环节、比较环节、放大运算环节、执行环节、被控对象等。

给定环节——主要用于产生给定信号或输入信号，例如，恒温箱自动控制系统的给定电位。

测量环节——测量被控量或输出量，并将被控量转换为便于传送的另一物理量（一般为电量）。例如，热敏感元件、压力传感器、调速系统的测速发电机均为这类环节。

比较环节——用来比较输入信号与反馈信号的大小，并得到一个小功率的偏差信号。例如差接电路、旋转变压器、机械式差动装置、运算放大器等都可以作为比较元件。

放大运算环节——对偏差信号进行信号放大和功率放大的环节，以带动执行环节实现控制。常用的放大类型有电流放大、电气-液压放大。电流伺服阀、伺服功率放大器等都可以作为放大运算环节。

执行环节——接收放大运算环节送来的控制信号，驱动被控对象按照预期的规律运行。例如，执行电动机、液压缸等都可以作为执行环节。

被控对象——控制系统所要操纵的对象，它的输出量就是系统的被控量，如数控车床的刀架台、发动机等。

尽管不同的反馈控制系统是由许多起着不同作用的环节组成的，但都可以看成是由控制部分和被控部分组成。

1.4 控制系统的分类及对控制系统的基本要求

1.4.1 控制系统的分类

为了分析、研究或综合问题方便起见，控制系统可从不同的角度进行分类。

1.4.1.1 按反馈情况分类

按反馈情况分，控制系统可分为开环控制系统和闭环控制系统。

(1) 开环控制系统：系统的输出量对系统没有控制作用，即系统中无反馈回路。例如普通洗衣机，它按洗衣、清衣、脱水的顺序进行工作，无需对输出信号即衣服的清洁程度进行测量。又如步进电动机驱动的数控机床，输入程序通过数控装置，控制伺服系统带动工作台运动到指定位置，而实际的位置信号不通过检测元件检测并反馈。这些都是典型的开环控制系统，其方框图如图 1－10 所示。

(2) 闭环控制系统：系统的输出量对系统有控制作用，即系统中存在反馈回路。如前面介绍的发动机离心调速系统、恒温箱、液面自动调节器、伺服电机驱动的数控机床等，均属于闭环控制系统，其方框图如图 1－11 所示。

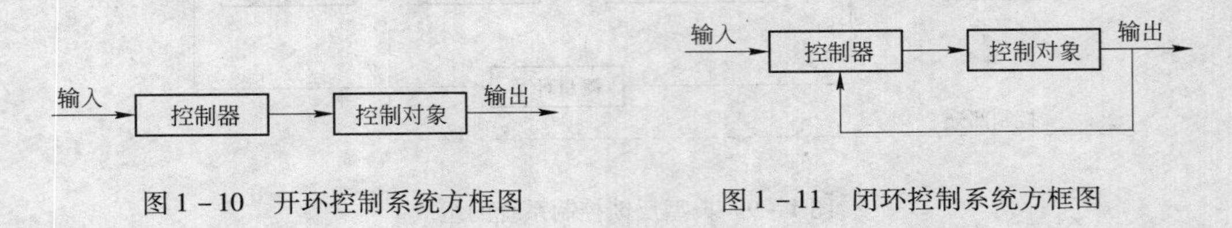

图 1－10 开环控制系统方框图

图 1－11 闭环控制系统方框图

可见，闭环系统的输出可作为反馈信息来改变有关环节的输入，进而改变输出本身，以获得高精度的输出。所以，大量的自动控制系统都采用闭环系统。

比较开环控制系统和闭环控制系统，它们的特点是：

(1) 开环控制系统没有抗干扰能力，不能自动纠偏，精度较低，但其结构较简单，容易实现。它主要用于精度要求不太高的场合。

(2) 闭环控制系统抗干扰能力强，有自动纠偏的能力，较开环控制系统的精度高，设计时要着重考虑稳定性问题。其结构相对复杂，设计、制造与调试较困难。它主要用于精度要求较高的系统中。精度和稳定性之间的矛盾是闭环系统存在的主要矛盾。

1.4.1.2 按输出量的变化规律分类

按输出量的变化规律分，控制系统可分为自动调节系统、随动系统和程序控制系统。

(1) 自动调节系统：又称为恒值控制系统，是在外界干扰作用下，输出量仍能基本保持为常量的系统，即“输出恒定”的系统。例如发动机离心调速系统、恒温箱、液面自动调节器等均属于这类系统。自动调节系统因为存在反馈，所以一定是闭环控制系统。

(2) 随动系统：又称为伺服系统，是在外界条件作用下，输出能相应于输入在广阔范围内按任意规律变化的系统，即“输出随输入变化而变化”的系统。例如炮瞄雷达系统、导弹目标自动跟踪系统、液压仿形刀架、全自动照相机的闪光系统、调焦系统等都是随动系统。这类系统也具有反馈控制，也一定是闭环控制系统。

(3) 程序控制系统：在外界条件作用下，输出按照预定程序变化的系统，即“输出按程序变化”的系统。例如数控机床的进给系统、全自动洗衣机、微波炉等均为程序控制系统。这类系统根据具体情况不同，可以是开环的，也可以是闭环的。

1.4.1.3 其他分类

除了上述两种分类方式以外，控制系统还可按信号类型、系统性质、参数的变化情况、被控量的类型等分类。

控制系统按信号类型可分为连续控制系统和离散控制系统；按系统的性质可分为线性控制系统和非线性控制系统；按系统参数的变化情况可分为定常系统和时变系统；按被控量的类型分可分为位移控制系统、速度控制系统、压力控制系统、流量控制系统、温度控制系统等。

1.4.2 对控制系统的基本要求

评价一个控制系统的好坏，其指标是多种多样的。对于每一个具体的系统，由于控制对象不同、工作方式不同、完成的任务不同，因此，对系统的性能要求也不完全一样，甚至差异很大。但是对控制系统的基本要求（即控制系统所需的基本性能）一般可归纳为“稳、快、准”，即稳定性、快速性与准确性。系统的稳、快、准与有关的性能一起统称为系统的动态性能或动态特性。

(1) 稳定性：系统抵抗动态过程振荡倾向和系统能够恢复平衡状态的能力。稳定性是控制系统正常工作的首要条件，而且也是最重要的条件。如果用输出响应的自由响应曲线来表示，该曲线收敛的系统为稳定的系统；如果曲线呈等幅振荡，则系统为临界稳定系统；若该曲线发散，则系统为发散的系统，如图 1－12 所示。后两种系统均为不稳定的系统。

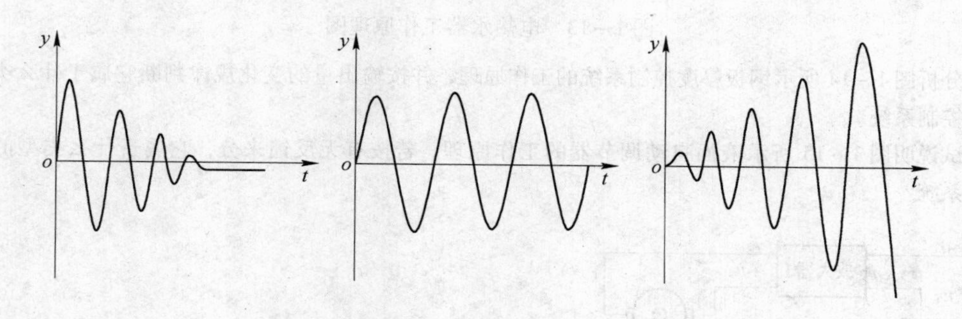

图 1－12 系统自由响应三种状态

(2) 快速性：系统输出量与给定输入量之间产生偏差时，系统消除这种偏差过程的快速程度。

(3) 准确性：系统在调整过程结束后（即达到稳定后），系统输出量与给定的输入量之间的偏差或静态精度。

在同一个控制系统中，稳、快、准这三个性能指标是相互制约的。根据被控对象的具体情况，不同系统对稳、快、准的要求会各有侧重。例如，随动系统对快速性要求较高，而调速系统对稳定性有较严格的要求。

习 题

1-1 什么是反馈？什么是反馈控制原理？

1-2 试分析以下例子中哪些是人为地利用反馈控制以达到预期指标的自动控制装置。

(1) 空调的恒温系统；

(2) 照明系统中并联的电灯；

(3) 抽水马桶的蓄水系统；

(4) 家用微波炉。

1-3 简述控制系统的基本组成及各部分的职能。

1-4 简述开环控制系统与闭环控制系统的定义，并比较这两种系统的优缺点。

1-5 日常生活中有许多闭环控制系统，试举几个具体的例子，并简要分析它们的工作原理。

1-6 对控制系统的基本要求是什么？

1-7 电热水器工作原理如图 1-13 所示。为了保持希望的温度，由温控开关接通或断开电加热器的电源。在使用热水时，水箱中流出热水并补充冷水。试说明该系统工作原理。

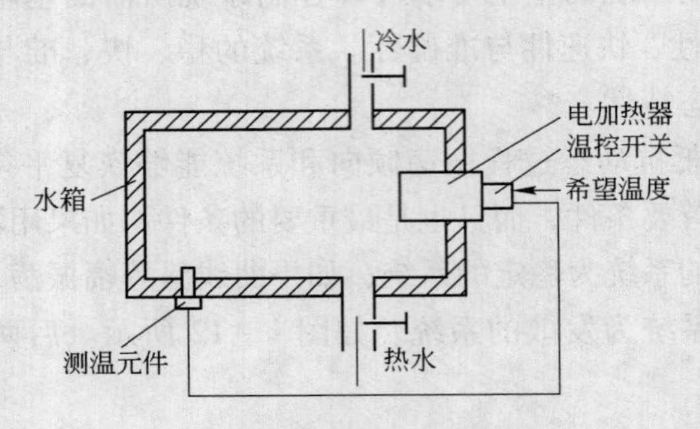

图 1-13 电热水器工作原理图

1-8 分析图 1-14 所示钢板厚度控制系统的工作原理，并按输出量的变化规律判断它属于什么类型的控制系统。

1-9 试说明图 1-15 所示液面自动调节器的工作原理。若按有无反馈来分，它属于什么类型的控制系统？

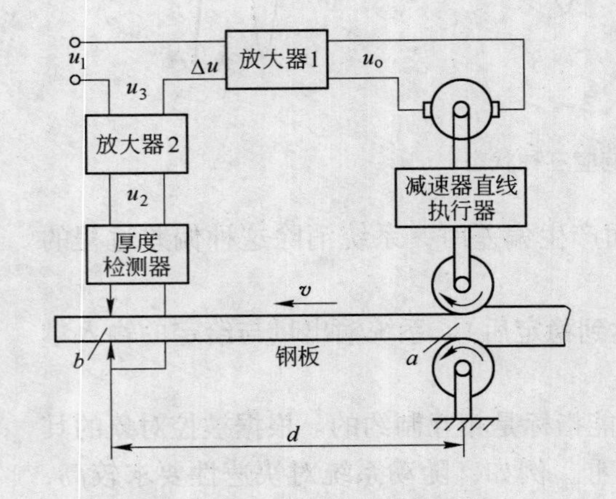

图 1-14 钢板厚度控制系统工作原理图

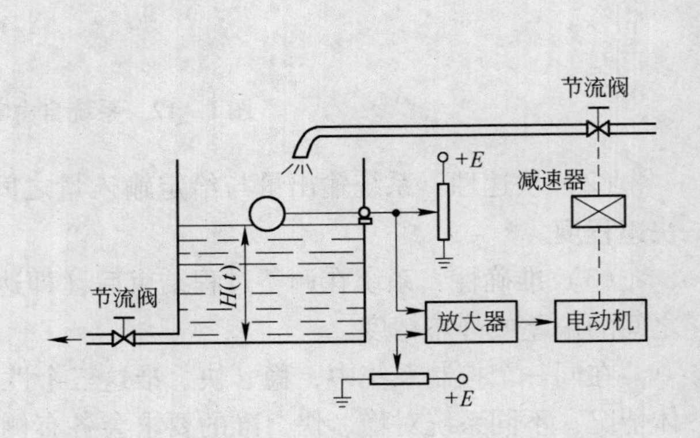

图 1-15 液面自动调节器工作原理图

1－10　图1－16是仓库大门垂直移动开闭的自动控制系统原理图。试说明自动控制大门开闭的工作原理。

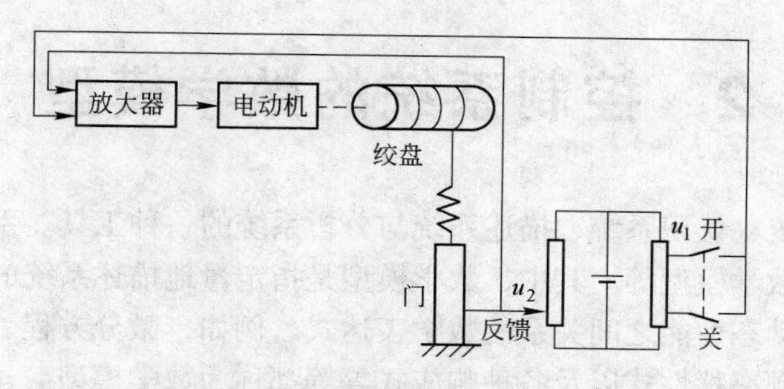

图1－16　仓库大门自动开闭控制系统工作原理图

1－11　图1－17所示为一工作台位置液压控制系统，试简述其工作原理。

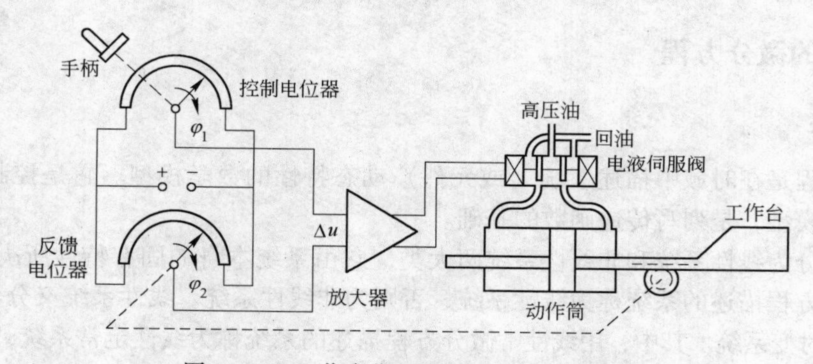

图1－17　工作台位置液压控制系统原理图

2　控制系统的数学模型

模型是研究系统、认识系统、描述系统与分析系统的一种工具。系统的模型包括实物模型、物理模型和数学模型等。其中，数学模型是指定量地描述系统的动态性能，揭示系统的结构、参数与动态性能之间关系的数学表达式。例如，微分方程、差分方程、统计学方程、传递函数、频率特性式以及各种响应式等等都称为数学模型。建立控制系统的数学模型，并在此基础上对控制系统进行分析、综合与校正，这是控制工程的基本方法。本章的知识结构如图 2 - 1 所示。

2.1　系统的微分方程

2.1.1　概述

微分方程是在时域中描述系统（或元件）动态特性的数学模型。它是控制系统的一种基本数学模型，是列写传递函数的基础。

系统可分为线性系统和非线性系统两大类，它由系统本身的固有特性所决定。其中，用线性微分方程描述的系统称为线性系统，否则为非线性系统。线性系统又分为线性定常系统和线性时变系统。其中，用线性常微分方程描述的系统称为线性定常系统，如 $\ddot{x}_o(t)+3\dot{x}_o(t)+7x_o(t)=4\dot{x}_i(t)+5x_i(t)$；描述系统的线性微分方程的某些系数为时间的函数，这称为线性时变系统，如 $\ddot{x}_o(t)+3t^2\dot{x}_o(t)+7x_o(t)=4\dot{x}_i(t)+5x_i(t)$；而类似 $\ddot{x}_o(t)+3\dot{x}_o^2(t)+7x_o(t)=4\dot{x}_i(t)+5x_i(t)$ 这样的系统就是非线性系统。

线性系统最重要的特性就是满足叠加原理，即具有叠加性。所谓叠加性，是指系统在几个外加作用下所产生的响应，等于各个外加作用单独作用所产生的响应之和（即和的响应等于响应之和）。

本书涉及的经典控制论范畴，研究对象主要是线性定常系统，因为描述它的线性常微分方程便于分析和研究，对线性定常系统的研究有重要的实用价值。在时域中用线性常微分方程描述系统的动态特性，在复数域或频域中，用传递函数或频率特性来描述系统的动态特性。

建立系统数学模型有两种方法：分析法和实验法。分析法是根据系统和元件所遵循的有关定律推导出相关的数学表达式，从而建立数学模型。实际上只有部分系统的数学模型主要由简单的环节组成，利用定律进行推导和研究方便可行。但还有很多系统，特别是复杂系统，涉及的因素较多，往往需要通过实验方法建立系统的数学模型。即根据实验数据进行整理，并拟合出比较接近实际系统的数学模型。本章仅就分析法进行讨论。

2.1.2　列写微分方程的一般方法

列写系统（或元件）的微分方程，目的在于确定系统的输出量与给定输入量或干扰

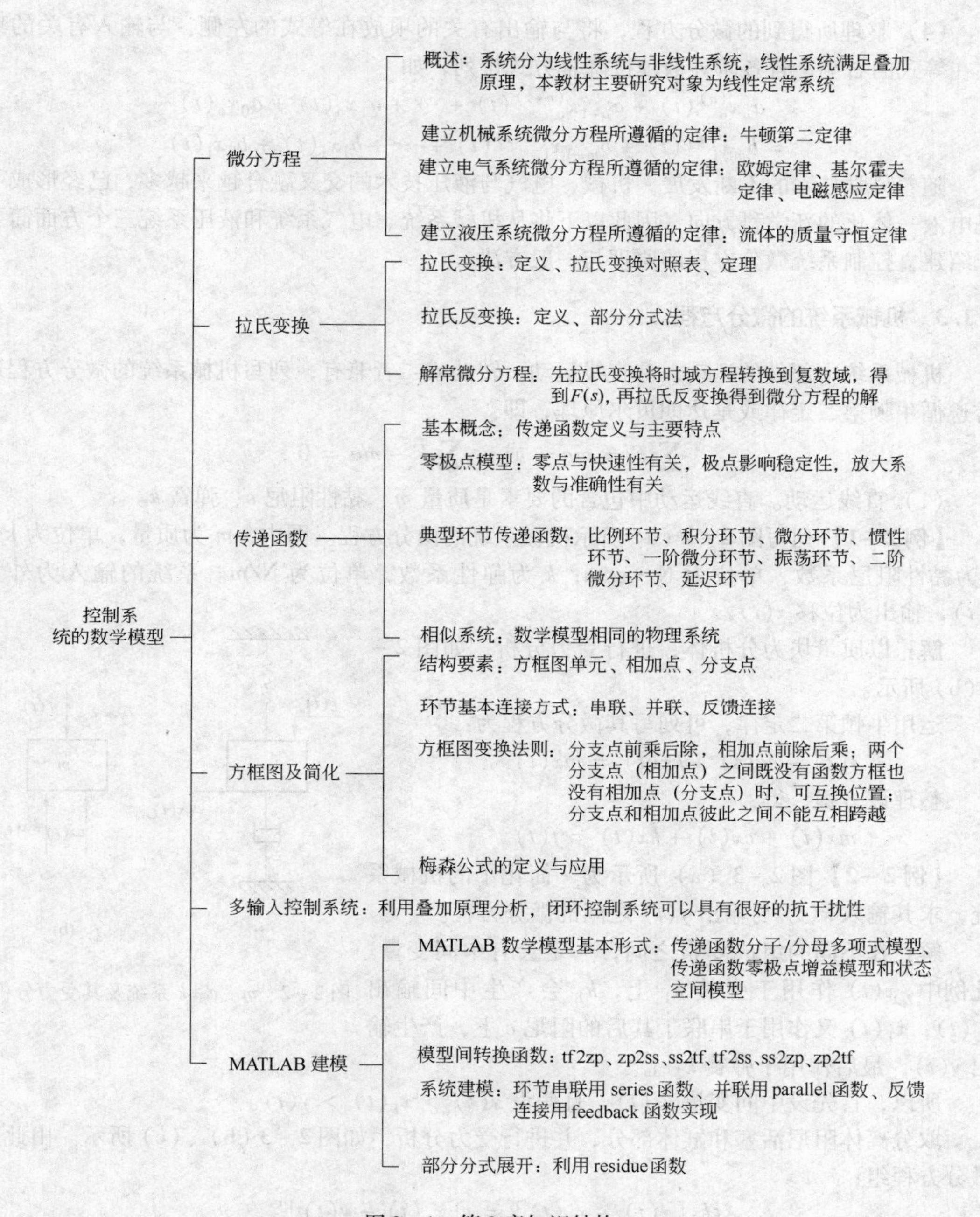

图 2－1　第 2 章知识结构

输入量之间的函数关系。系统是由各种元件组成的，列写其微分方程的一般步骤如下。

（1）分析系统的工作原理和信号传递变换的过程，确定系统或各元件的输入量、输出量。

（2）从系统的输入端开始，按照信号传递变换过程，依据各变量所遵循的物理学定律，依次列写出各元件、部件的动态微分方程。

（3）消去中间变量，得到一个描述元件或系统输入量、输出量之间关系的微分方程。

(4) 整理所得到的微分方程，将与输出有关的项放在等式的左侧，与输入有关的项放在等式的右侧，且各阶导数项按降幂方式排列，如

$$\begin{aligned} & a_n x_o^{(n)}(t) + a_{n-1} x_o^{(n-1)}(t) + \cdots + a_1 \dot{x}_o(t) + a_0 x_o(t) \\ &= b_m x_i^{(m)}(t) + b_{m-1} x_i^{(m-1)}(t) + \cdots + b_1 \dot{x}_i(t) + b_0 x_i(t) \end{aligned}$$

随着科学技术的不断发展，机械、电气与液压技术的交叉融合越来越多，已经形成了机电液一体化的新学科方向，因此以下将从机械系统、电气系统和液压系统三个方面简要介绍建立控制系统微分方程的原理与一般方法。

2.1.3 机械系统的微分方程

机械系统中部件的运动，有直线运动、转动或二者兼有，列写机械系统的微分方程通常遵循牛顿第二定律或是达朗贝尔原理，即

$$\sum F = ma \quad 或 \quad \sum F - ma = 0$$

(1) 直线运动。直线运动中包含的要素是质量 m、黏性阻尼 c、弹簧 k。

【例 2-1】 列写图 2-2 (a) 所示机械系统的微分方程。图中，m 为质量，单位为 kg；c 为黏性阻尼系数，单位为 N·s/m；k 为弹性系数，单位为 N/m。系统的输入为外力 $f(t)$，输出为位移 $x(t)$。

解： 以质量块为分析体，进行受力分析，如图 2-2 (b) 所示。

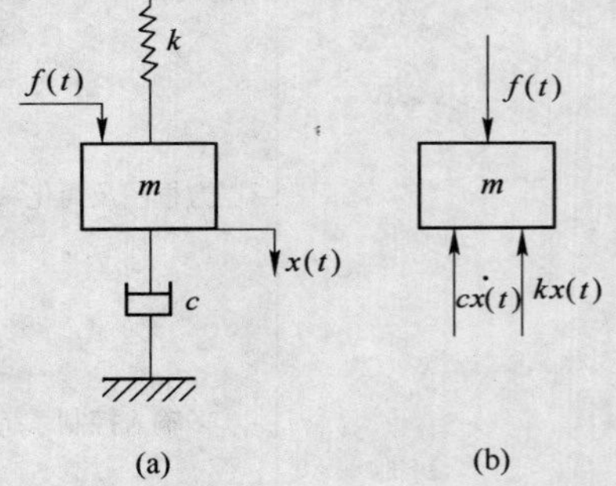

运用牛顿第二定律，可列写其微分方程为：

$$f(t) - c\dot{x}(t) - kx(t) = m\ddot{x}(t)$$

整理该方程，得：

$$m\ddot{x}(t) + c\dot{x}(t) + kx(t) = f(t)$$

图 2-2 $m-c-k$ 系统及其受力分析

【例 2-2】 图 2-3 (a) 所示为一简化了的机械系统，求其输入 $x(t)$ 与输出 $y(t)$ 之间的微分方程。

解： 在不同的组成要素之间，一定会有中间变量。此例中，$x(t)$ 作用于弹簧 k_1 上，k_1 会产生中间输出 $x_1(t)$，$x_1(t)$ 又作用于串联于其后的阻尼 c 上，产生输出 $y(t)$，最后作用于弹簧 k_2 上。

所以，首先设中间变量 $x_1(t)$，且假设 $x(t) > x_1(t) > y(t)$。

取分离体阻尼活塞和缸体部分，并进行受力分析，如图 2-3 (b)、(c) 所示。由此列微分方程组：

$$\begin{cases} k_1[x(t) - x_1(t)] = c[x_1(t) - y(t)]' & ① \\ c[x_1(t) - y(t)]' = k_2 y(t) & ② \end{cases}$$

消去中间变量 $x_1(t)$，得：

$$k_1[x(t) - x_1(t)] = k_2 y(t) \Rightarrow x_1(t) = x(t) - \frac{k_2}{k_1} y(t)$$

将 $x_1(t)$ 代入②式，整理得系统微分方程为：

$$c\left(\frac{k_2}{k_1} + 1\right)\dot{y}(t) + k_2 y(t) = c\dot{x}(t)$$

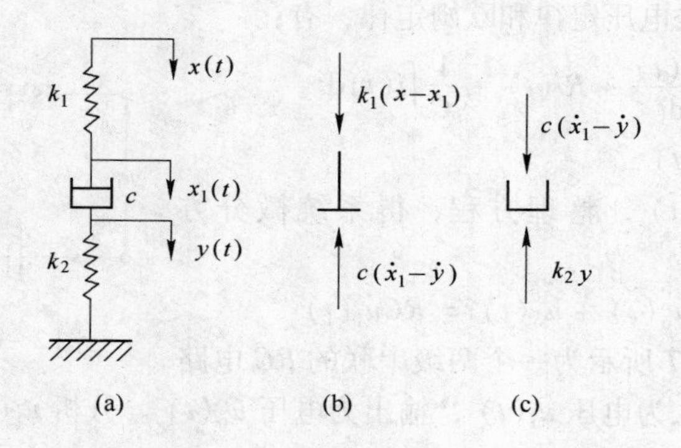

图 2-3 机械系统及其受力分析

（2）转动。转动中包含的要素是惯量 J、回转黏性阻尼器 c_J 和扭转弹簧 k_J。

图 2-4 所示为在扭矩 T 作用下转动的机械系统。其输入为外加扭矩 T，输出为系统转角 θ。运用牛顿第二定律列出其微分方程为：

$$J\ddot{\theta}(t) + c_J\dot{\theta}(t) + k_J\theta(t) = T(t)$$

式中 J——转动惯量，$N \cdot m^2$；

c_J——回转黏性阻尼系数，N · m · s/rad；

k_J——扭转弹簧系数，N · m/rad；

$\theta(t)$——转角，rad；

$T(t)$——扭矩，N · m。

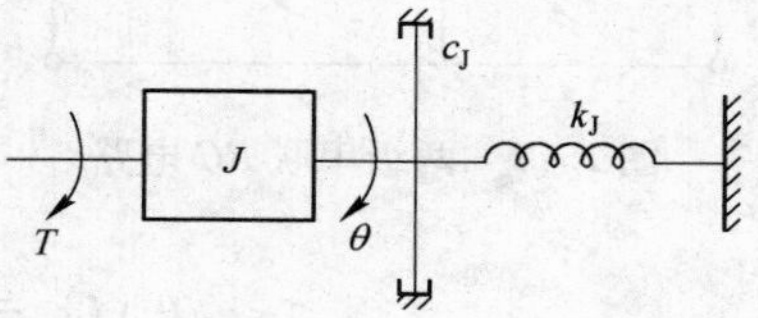

图 2-4 转动系统

2.1.4 电气系统的微分方程

电气系统的微分方程根据欧姆定律、基尔霍夫定律、电磁感应定律等基本物理规律列写。

【例 2-3】 图 2-5 所示为一电网络系统，其输入为电压 $u_i(t)$，输出为电压 $u_o(t)$，列写系统微分方程。

解： 根据基尔霍夫电流定律和欧姆定律，列写微分方程组。

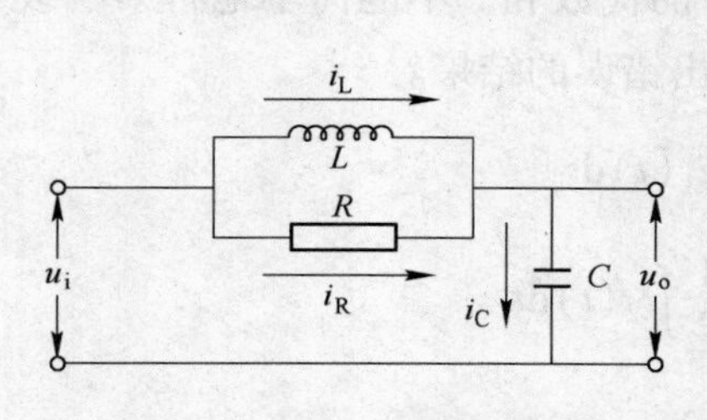

图 2-5 有分支的电网络图

$$\begin{cases} i_L(t) + i_R(t) - i_C(t) = 0 \\ i_R(t) = \dfrac{u_R(t)}{R} \\ i_L(t) = \dfrac{1}{L}\int[u_i(t) - u_o(t)]\mathrm{d}t \\ i_C(t) = C\dfrac{\mathrm{d}[u_i(t) - u_o(t)]}{\mathrm{d}t} \end{cases}$$

消去中间变量 $i_L(t)$、$i_R(t)$ 和 $i_C(t)$，并整理方程，得到系统的微分方程为：

$$RLC\ddot{u}_o(t) + L\dot{u}_o(t) + Ru_o(t) = L\dot{u}_i(t) + Ru_i(t)$$

【例 2-4】 图 2-6 所示为一电网络系统，其输入为电压 $u_i(t)$，输出为电压 $u_o(t)$，列写系统微分方程。

解： 根据基尔霍夫电压定律和欧姆定律，有：

$$\begin{cases} u_i(t) = L\dfrac{di(t)}{dt} + Ri(t) + \dfrac{1}{C}\int i(t)dt \\ u_o(t) = Ri(t) \end{cases}$$

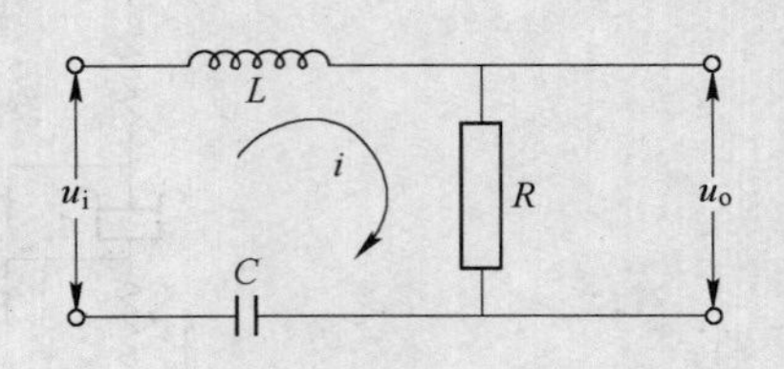

图 2－6 电网络闭合回路

消去中间变量 $i(t)$，整理方程，得系统微分方程为：

$$LC\ddot{u}_o(t) + RC\dot{u}_o(t) + u_o(t) = RC\dot{u}_i(t)$$

【例 2－5】 图 2－7 所示为一个两级串联的 RC 电路组成的滤波网络，输入为电压 $u_i(t)$，输出为电压 $u_o(t)$。分析 $u_i(t)$、$u_o(t)$ 与系统之间的动态关系，列写微分方程。

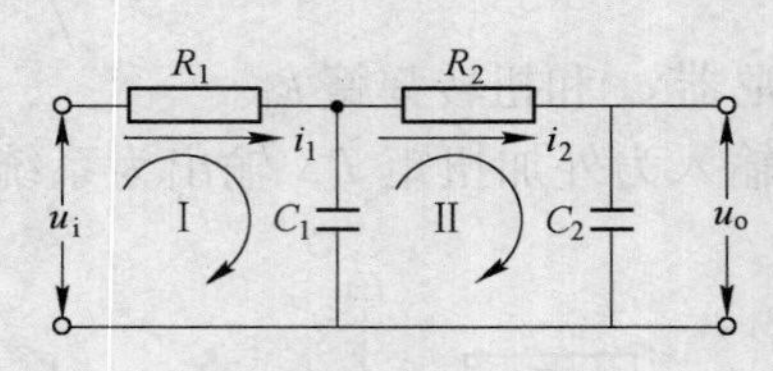

图 2－7 两级串联 RC 电路

解： Ⅱ 回路的存在，会对 Ⅰ 回路产生一定的影响，即负载效应。所谓负载效应，是指对于由两个物理元件组成的系统而言，若其中一个元件的存在，使另一元件在相同输入下的输出受到影响，则有如前者对后者施加了负载。

对 Ⅰ 回路，根据基尔霍夫电压定律，有：

$$u_i(t) = R_1 i_1(t) + \frac{1}{C_1}\int[i_1(t) - i_2(t)]dt$$

对 Ⅱ 回路，根据基尔霍夫电压定律，有：

$$\frac{1}{C_1}\int[i_1(t) - i_2(t)]dt = R_2 i_2(t) + \frac{1}{C_2}\int i_2(t)dt$$

另外，
$$\frac{1}{C_2}\int i_2(t)dt = u_o(t)$$

消去中间变量 $i_1(t)$ 和 $i_2(t)$，整理方程，得系统微分方程为：

$$R_1R_2C_1C_2\ddot{u}_o(t) + (R_1C_1 + R_1C_2 + R_2C_2)\dot{u}_o(t) + u_o(t) = u_i(t)$$

两个 RC 电路串联，存在着负载效应。回路 Ⅱ 中的电流对回路 Ⅰ 有影响，即存在着内部信息的反馈作用，流经 C_1 的电流为 $i_1(t)$ 和 $i_2(t)$ 的代数和。不能简单地将第一级 RC 电路的输出作为第二级 RC 电路的输入，否则就会得出错误的结果。

若对 Ⅰ 回路，
$$u_i(t) = R_1 i_1(t) + \frac{1}{C_1}\int i_1(t)dt$$

对于 Ⅱ 回路，
$$\frac{1}{C_1}\int i_1(t)dt = R_2 i_2(t) + \frac{1}{C_2}\int i_2(t)dt$$

$$\frac{1}{C_2}\int i_2(t)dt = u_o(t)$$

解得：
$$R_1R_2C_1C_2\ddot{u}_o(t) + (R_1C_1 + R_2C_2)\dot{u}_o(t) + u_o(t) = u_i(t)$$

这样的结论与真实结论式不同，它是错误的。

2.1.5 液压系统的微分方程

一般液压控制系统是一个复杂的具有分布参数的控制系统，分析研究它有一定的复杂性，在工程实际中通常用集中参数系统近似地描述它，即假定各参数仅为时间的变量而与空间位置无关，这样就可用常微分方程来描述它。此外，液压系统中的元件有明显的非线性特性，在一定条件下需进行线性化处理，这样使分析问题大为简化。

一般液压系统要应用流体连续方程，即流体的质量守恒定律 $\sum q_{\mathrm{i}}(t)=0$。

【例 2－6】 图 2－8 所示为一液压缸，其输入为流量 $q(t)$，输出为液压缸活塞的位移 $x(t)$，试列写该系统微分方程。

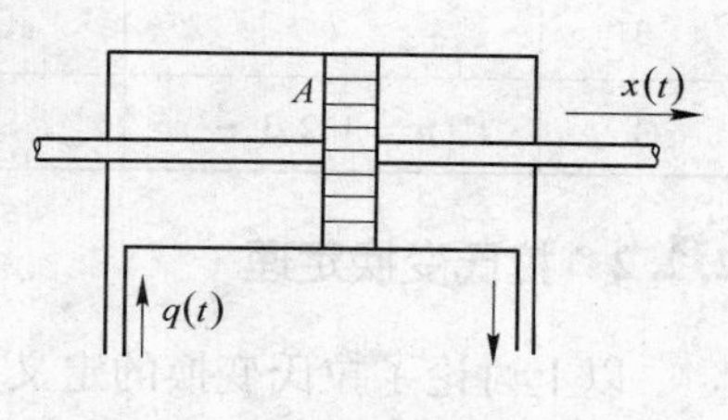

图 2－8　液压缸

解：根据分析，其微分方程为：

$$q(t)=Av=A\frac{\mathrm{d}x(t)}{\mathrm{d}t}$$

整理后得：

$$A\frac{\mathrm{d}x(t)}{\mathrm{d}t}=q(t)$$

2.2　拉普拉斯变换的数学方法

控制工程所涉及的数学方法较多，在研究控制理论的问题时，经常要解算线性微分方程。按照一般方法解算比较麻烦，利用拉普拉斯变换（Laplace Transform，简称拉氏变换）求解线性微分方程，可将时域的微积分运算变换为复数域的代数运算，这不仅使运算方便，而且使系统的分析大为简化。采用拉氏变换，能够把描述系统运动状态的微分方程很方便地转换为系统的传递函数，直接在频域中研究系统的动态特性，进而对系统进行分析、综合和校正。因此拉氏变换具有很广泛的实际意义。拉氏变换是分析工程控制系统的基本数学方法之一。

2.2.1　拉氏变换的定义

若 $f(t)$ 为实变数 t 的单值函数，且 $t<0$ 时，$f(t)=0$；当 $t\geqslant0$ 时，$f(t)$ 在任一有限区间上是连续的或至少是分段连续的，则函数 $f(t)$ 的拉氏变换记作 $L[f(t)]$ 或 $F(s)$，并定义为：

$$L[f(t)]=F(s)=\int_0^{\infty}f(t)\mathrm{e}^{-st}\mathrm{d}t \tag{2-1}$$

式中　L——拉氏变换的符号；

s——复变数，$s=\sigma+\mathrm{j}\omega$（$\sigma$、$\omega$ 均为实数）；

$F(s)$——函数 $f(t)$ 的拉氏变换，它是一个复变函数，通常称 $F(s)$ 为 $f(t)$ 的象函数，而 $f(t)$ 为 $F(s)$ 的原函数；

$\int_0^{\infty}\mathrm{e}^{-st}\mathrm{d}t$——拉氏积分式。

若式（2－1）积分收敛于一个确定的函数值，则 $f(t)$ 的拉氏变换 $F(s)$ 存在。拉氏变换存在的条件是原函数 $f(t)$ 必须满足狄里赫利条件。这个条件在工程上常常是可以得到满足的。

一些常用简单函数的拉氏变换对照见表 2－1。

表 2-1 拉氏变换对照表

序号	$f(t)$	$F(s)$	序号	$f(t)$	$F(s)$
1	$\delta(t)$	1	5	e^{-at}	$\frac{1}{s+a}$
2	$1(t)$	$\frac{1}{s}$	6	te^{-at}	$\frac{1}{(s+a)^2}$
3	t	$\frac{1}{s^2}$	7	$\sin\omega t$	$\frac{\omega}{s^2+\omega^2}$
4	$t^n(n=1,2,3,\cdots)$	$\frac{n!}{s^{n+1}}$	8	$\cos\omega t$	$\frac{s}{s^2+\omega^2}$

2.2.2 拉氏变换定理

以上讨论了拉氏变换的定义并归纳了一些简单函数的拉氏变换，根据定义或查表已经能对一些简单的函数进行拉氏变换和反拉氏变换。但要自如地运用拉氏变换，还必须掌握拉氏变换的运算定理。下面介绍一些常用定理。

（1）线性定理（或称叠加定理）。拉氏变换也服从线性函数的齐次性和叠加性。

1）齐次性：设 $L[f(t)]=F(s)$，则 $L[af(t)]=aF(s)$，式中 a 为常数。

2）叠加性：设 $L[f_1(t)]=F_1(s)$，$L[f_2(t)]=F_2(s)$，则 $L[f_1(t)+f_2(t)]=F_1(s)+F_2(s)$。

综合齐次性和叠加性，可得：

$$L[af_1(t)+bf_2(t)]=aF_1(s)+bF_2(s)$$

线性定理表明，时间函数和的拉氏变换等于每个时间函数拉氏变换之和，若有常数乘以时间函数，则经拉氏变换后，常数可以提到拉氏变换符号外面（和的拉氏变换等于拉氏变换之和，常数可提到拉氏变换号之外）。

【例 2-7】 已知 $f(t)=1-2\cos(\omega t)$，求 $F(s)$。

解：

$$F(s)=L[f(t)]=L[1-2\cos(\omega t)]$$

利用线性定理，并查拉氏变换表 2-1，得：

$$F(s)=L[1]-2L[\cos(\omega t)]=\frac{1}{s}-\frac{2s}{s^2+\omega^2}=\frac{-s^2+\omega^2}{s(s^2+\omega^2)}$$

（2）平移定理（或称复数域的位移定理）。若 $L[f(t)]=F(s)$，对任一常数 a（实数或复数），则有 $L[e^{-at}f(t)]=F(s+a)$。

该定理对求有指数时间函数项的复合时间函数的拉氏变换很方便。

【例 2-8】 已知 $f(t)=L[e^{-at}\cos(\omega t)]$，求 $F(s)$。

解： 根据余弦函数的拉氏变换及平移定理，得：

$$F(s)=L[e^{-at}\cos(\omega t)]=\frac{s+a}{(s+a)^2+\omega^2}$$

（3）延时定理（或称实数域的位移定理）。若 $L[f(t)]=F(s)$，且 $t<0$ 时，$f(t)=0$，则

$$L[f(t-T)]=e^{-Ts}F(s)$$

式中，T 为任一正实数；函数 $f(t-T)$ 为原函数 $f(t)$ 沿时间轴平移了时间 T。

【例 2-9】 求图 2-9 所示方波的拉氏变换。

解： 该方波可表达为：

$$f(t) = \frac{1}{T} - \frac{1}{T}1(t - T)$$

所以 $L[f(t)] = \frac{1}{Ts} - \frac{1}{Ts}e^{-Ts} = \frac{1}{Ts}(1 - e^{-Ts})$

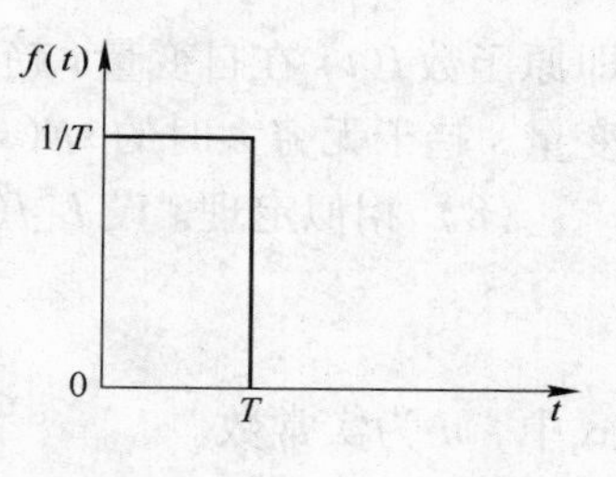

图2-9 方波图

(4) 微分定理。若 $L[f(t)] = F(s)$，则有：

$$L\left[\frac{df(t)}{dt}\right] = sF(s) - f(0)$$

式中，$f(0)$ 为函数 $f(t)$ 在 $t=0$ 时刻的值，即为 $f(t)$ 的初始值。

$f(t)$ n 阶导数的拉氏变换为：

$$L\left[\frac{d^n f(t)}{dt^n}\right] = s^n F(s) - s^{n-1}f(0) - s^{n-2}f'(0) - \cdots - sf^{(n-2)}(0) - f^{(n-1)}(0)$$

式中，$f(0)$，$f'(0)$，…，$f^{(n-2)}(0)$，$f^{(n-1)}(0)$ 分别为函数 $f(t)$ 的各阶导数在 $t=0$ 时刻的值，即为 $f(t)$ 的初始值。如果这些初始值均为0，则有：

$$L\left[\frac{d^n f(t)}{dt^n}\right] = s^n F(s)$$

(5) 积分定理。若 $L[f(t)] = F(s)$，则有：

$$L\left[\int f(t)dt\right] = \frac{1}{s}F(s) + \frac{1}{s}\int f(0)dt$$

式中，$\int f(0)dt$ 是 $\int f(t)dt$ 在 $t=0$ 时刻的值，即为积分的初始值。

同理，推广到 n 次积分，有：

$$L\left[\iint\cdots\int f(t)(dt)^n\right] = \frac{1}{s^n}F(s) + \frac{1}{s^n}f^{(-1)}(0) + \frac{1}{s^{n-1}}f^{(-2)}(0) + \cdots + \frac{1}{s}f^{(-n)}(0)$$

式中，$f^{(-1)}(0)$，$f^{(-2)}(0)$，…，$f^{(-n)}(0)$ 分别为 $f(t)$ 的各重积分在 $t=0$ 时刻的值。如果这些积分初始值均为0，则有：

$$L\left[\iint\cdots\int f(t)(dt)^n\right] = \frac{1}{s^n}F(s)$$

利用积分定理，可以求时间函数的拉氏变换。利用微分、积分定理可将微分、积分方程变换为乘、除的代数方程。

(6) 终值定理。若函数 $f(t)$ 及其一阶导数都是可拉氏变换的，并且除在原点处唯一的极点外，$sF(s)$ 在包含 $j\omega$ 轴的右半 s 平面内是解析的（这意味着当 $t\to\infty$ 时 $f(t)$ 趋于一个确定的值），则函数 $f(t)$ 的终值为：

$$\lim_{t\to\infty} f(t) = \lim_{s\to 0} sF(s)$$

注意：终值定理用来确定系统或元件的稳态度，即在 $t\to\infty$ 时，$f(t)$ 稳定在一定的数值，这在时间响应中求稳态值常常用到。但是，如果在 $t\to\infty$，$\lim\limits_{t\to\infty} f(t)$ 极限不存在时，则终值定理不能应用。例如，当 $f(t)$ 是周期函数、振荡时间函数或指数增长的时间函数时（如正弦函数 $\sin\omega t$），由于它没有终值，故终值定理不适用。

(7) 初值定理。若函数 $f(t)$ 及其一阶导数都是可拉氏变换的，则函数 $f(t)$ 的初值为：

$$f(0^+) = \lim_{t \to 0^+} f(t) = \lim_{s \to \infty} sF(s)$$

即原函数$f(t)$在自变量t趋于0（从正向趋于0）时的极限值，取决于其象函数$F(s)$的自变量s趋于无穷大时的$sF(s)$的极限值。

（8）相似定理。设$L[f(t)] = F(s)$，则有

$$L\left[f\left(\frac{t}{a}\right)\right] = aF(as)$$

式中，a为实常数。

（9）卷积定理。若$L[f_1(t)] = F_1(s)$，$L[f_2(t)] = F_2(s)$，则有

$$L\left[\int_0^\infty f_1(t-\tau)f_2(\tau)\mathrm{d}\tau\right] = F_1(s)F_2(s)$$

式中，积分$\int_0^\infty f_1(t-\tau)f_2(\tau)\mathrm{d}\tau = f_1(t) * f_2(t)$称作$f_1(t)$和$f_2(t)$的卷积。

卷积定理表明，两个时间函数卷积的拉氏变换等于两个时间函数的拉氏变换的乘积。

2.2.3 拉氏反变换的数学方法

拉氏反变换是指由已知的象函数$F(s)$求解与之对应的原函数$f(t)$的过程。拉氏反变换的符号为L^{-1}，可表示为：

$$L^{-1}[F(s)] = f(t) = \frac{1}{2\pi \mathrm{j}}\int_{\sigma-\mathrm{j}\omega}^{\sigma+\mathrm{j}\omega} F(s)\mathrm{e}^{st}\mathrm{d}s \tag{2-2}$$

拉氏反变换的求算方法有多种。因其定义式中的被积函数是一个复变函数，需用复变函数中的留数定理求解，解算烦琐。在工程应用中，对于简单的$F(s)$可直接利用拉氏变换对照表2-1查出相应的$f(t)$。对于复杂的$F(s)$，不能直接查表时，通常利用部分分式法，先将一个复杂的象函数$F(s)$变成数个简单的标准形式的象函数之和，然后再通过查表法和拉氏变换的定理，分别求出各分项的原函数，总的原函数即可求得。

下面简要介绍一下部分分式法的数学方法。

一般地，$F(s)$是复数的有理代数式，可表示为：

$$F(s) = \frac{B(s)}{A(s)} = \frac{b_m s^m + b_{m-1}s^{m-1} + b_{m-2}s^{m-2} + \cdots + b_1 s + b_0}{a_n s^n + a_{n-1}s^{n-1} + a_{n-2}s^{n-2} + \cdots + a_1 s + a_0}$$
$$= \frac{K(s-z_1)(s-z_2)(s-z_3)\cdots(s-z_m)}{(s-p_1)(s-p_2)(s-p_3)\cdots(s-p_n)}$$

式中，p_1，p_2，p_3，…，p_n和z_1，z_2，z_3，…，z_m分别为$F(s)$的极点和零点，它们是实数和共轭复数，且$n > m$。如果$n \leqslant m$，则分子$B(s)$必须用分母$A(s)$去除，以得到一个s的多项式和一个余式之和，在余式中，分母阶次高于分子阶次。

根据极点种类的不同，部分分式法求解拉氏反变换有两种情况。

（1）分母$A(s)$无重根（即$F(s)$无重极点）。在这种情况下，$F(s)$总是能展开为简单的部分分式之和，即

$$F(s) = \frac{B(s)}{A(s)} = \frac{K_1}{s-p_1} + \frac{K_2}{s-p_2} + \cdots + \frac{K_n}{s-p_n} \tag{2-3}$$

式中，K_1，K_2，…，K_n为待定系数。

以 $(s-p_1)$ 同乘以式（2-3）两边，并以 $s=p_1$ 代入，则有 $K_1=\left.\frac{B(s)}{A(s)}(s-p_1)\right|_{s=p_1}$。

同样，以 $(s-p_2)$ 同乘以式（2-3）两边，并以 $s=p_2$ 代入，则有 $K_2=\left.\frac{B(s)}{A(s)}(s-p_2)\right|_{s=p_2}$。

依次类推，得：

$$K_i=\left.\frac{B(s)}{A(s)}(s-p_i)\right|_{s=p_i} \tag{2-4}$$

求得各系数后，则 $F(s)$ 可用部分分式表示为：

$$F(s)=\sum_{i=1}^{n}K_i\cdot\frac{1}{s-p_i} \tag{2-5}$$

因为 $L^{-1}\left[\frac{1}{s-p_i}\right]=e^{-p_it}$，从而可求得 $F(s)$ 的原函数为：

$$f(t)=L^{-1}[F(s)]=\sum_{i=1}^{n}K_i\cdot e^{-p_it} \tag{2-6}$$

当 $F(s)$ 的某极点等于0或为共轭复数时，同样可用上述方法。

注意：由于 $f(t)$ 是一个实函数，若 p_1 和 p_2 为一对共轭复数极点，那么相应的系数 K_1 和 K_2 也是共轭复数，只要求出 K_1 或 K_2 中的一个值，另一值即可得。

【例2-10】 求 $F(s)=\frac{2s+1}{s(s^2+7s+10)}$ 的拉氏反变换。

解：$F(s)$ 的部分分式为：

$$F(s)=\frac{2s+1}{s(s+2)(s+5)}=\frac{K_1}{s}+\frac{K_2}{s+2}+\frac{K_3}{s+5}$$

运用式（2-4）求系数 K_1、K_2、K_3，有：

$$K_1=\left.\frac{2s+1}{s(s+2)(s+5)}s\right|_{s=0}=\frac{1}{10}$$

$$K_2=\left.\frac{2s+1}{s(s+2)(s+5)}(s+2)\right|_{s=-2}=\frac{1}{2}$$

$$K_3=\left.\frac{2s+1}{s(s+2)(s+5)}(s+5)\right|_{s=-5}=-\frac{3}{5}$$

利用式（2-6），求得：

$$f(t)=L^{-1}[F(s)]=0.1+0.5e^{-2t}-0.6e^{-5t}\quad(t\geqslant0)$$

（2）分母 $A(s)$ 有重根（即 $F(s)$ 有重极点）。假设 $F(s)$ 有 r 个重极点 p_1，其余极点均不相同，则

$$F(s)=\frac{B(s)}{A(s)}=\frac{B(s)}{a_n(s-p_1)^r(s-p_{r+1})\cdots(s-p_n)}$$

$$=\frac{K_{11}}{(s-p_1)^r}+\frac{K_{12}}{(s-p_1)^{r-1}}+\cdots+\frac{K_{1r}}{s-p_1}+\frac{K_{r+1}}{s-p_{r+1}}+\cdots+\frac{K_n}{s-p_n}$$

式中，K_{11}，K_{12}，…，K_{1r} 的求法如下：

$$\begin{cases} K_{11} = F(s)(s-p_1)^r \big|_{s=p_1} \\ K_{12} = \dfrac{\mathrm{d}}{\mathrm{d}s}[F(s)(s-p_1)^r]\Big|_{s=p_1} \\ K_{13} = \dfrac{1}{2!}\dfrac{\mathrm{d}^2}{\mathrm{d}s^2}[F(s)(s-p_1)^r]\Big|_{s=p_1} \\ \qquad \vdots \\ K_{1r} = \dfrac{1}{(r-1)!}\dfrac{\mathrm{d}^{r-1}}{\mathrm{d}s^{r-1}}[F(s)(s-p_1)^r]\Big|_{s=p_1} \end{cases} \tag{2-7}$$

其余系数 K_{r+1}，K_{r+2}，…，K_n 的求法与第一种情况所述的方法相同，即

$$K_j = F(s)(s-p_j)\big|_{s=p_j} \quad (j = r+1, r+2, \cdots, n)$$

求得所有待定系数后，$F(s)$ 的反变换为：

$$f(t) = L^{-1}[F(s)] = \left[\frac{K_{11}}{(r-1)!}t^{r-1} + \frac{K_{12}}{(r-2)!}t^{r-2} + \cdots + K_{1r}\right]\mathrm{e}^{p_1 t} + K_{r+1}\mathrm{e}^{p_{r+1}t} + K_{r+2}\mathrm{e}^{p_{r+2}t} + \cdots + K_n\mathrm{e}^{p_n t} \tag{2-8}$$

【例 2-11】 求 $F(s) = \dfrac{s+2}{s(s+1)^2(s+3)}$ 的拉氏反变换。

解：$F(s)$ 的部分分式为：

$$F(s) = \frac{K_{11}}{(s+1)^2} + \frac{K_{12}}{s+1} + \frac{K_3}{s} + \frac{K_4}{s+3}$$

式中，

$$K_{11} = F(s)(s+1)^2\big|_{s=-1} = -\frac{1}{2}$$

$$K_{12} = \frac{\mathrm{d}}{\mathrm{d}s}[F(s)(s+1)^2]\Big|_{s=-1} = -\frac{3}{4}$$

$$K_3 = F(s)s\big|_{s=0} = \frac{2}{3}$$

$$K_4 = F(s)(s+3)\big|_{s=-3} = \frac{1}{12}$$

所以，利用式（2-8）可以求得：

$$f(t) = L^{-1}[F(s)] = \left(-\frac{1}{2}t - \frac{3}{4}\right)\mathrm{e}^{-t} + \frac{2}{3} + \frac{1}{12}\mathrm{e}^{-3t} \quad (t \geqslant 0)$$

2.2.4 用拉氏变换解常微分方程

用拉氏变换解常微分方程的步骤为：

（1）对给定的微分方程等式两端取拉氏变换，变微分方程为 s 变量的代数方程。

（2）对以 s 为变量的代数方程加以整理，得到微分方程求解的变量的拉氏表达式。对这个变量求拉氏反变换，即得在时域中（以时间 t 为参变量）微分方程的解。

【例 2-12】 某系统的微分方程为 $3\dot{y}(t) + 2y(t) = 2\dot{x}(t) + 3x(t)$，已知系统初始条件为零，输入 $x(t) = 4$，求系统的输出 $y(t)$。

解：对系统微分方程等式两端同时进行拉氏变换，有：

$$(3s+2)Y(s) = (2s+3)X(s) \Rightarrow Y(s) = \frac{2s+3}{3s+2}X(s) = \frac{2s+3}{3s+2} \times \frac{4}{s}$$

令

$$Y(s) = \frac{K_1}{3s+2} + \frac{K_2}{s} \tag{2-9}$$

利用式（2-4），求得：

$$K_1 = \frac{2s+3}{3s+2} \times \frac{4}{s} \times (3s+2)\bigg|_{s=-\frac{2}{3}} = -10,\ K_2 = \frac{2s+3}{3s+2} \times \frac{4}{s} \times s\bigg|_{s=0} = 6$$

将结果代入式（2-9），并进行拉氏反变换，求得：

$$y(t) = L^{-1}[Y(s)] = L^{-1}\left[\frac{-10}{3s+2} + \frac{6}{s}\right] = 6 - \frac{10}{3}e^{-\frac{2}{3}t} \quad (t \geqslant 0)$$

2.3 传递函数

对于线性定常系统，传递函数是常用的一种数学模型，它是在拉氏变换的基础上建立的，用传递函数描述系统可免去求解微分方程的麻烦，间接地分析系统结构及参数与系统性能的关系，并且可根据传递函数在复平面上的曲线形状，直接判断系统的动态性能，找出改变系统品质的方法。传递函数是经典控制理论的基础，是一个极其重要的基本概念，是复数域中描述系统特性的数学模型。

2.3.1 传递函数的定义和特点

2.3.1.1 传递函数(Transfer Function) 的定义

零初始条件下，线性定常系统输出的拉氏变换与输入的拉氏变换之比，称为该系统的传递函数，通常用 $G(s)$ 表示，即

$$G(s) = \frac{L[x_o(t)]}{L[x_i(t)]} = \frac{X_o(s)}{X_i(s)} \tag{2-10}$$

线性定常系统微分方程的一般形式为：

$$a_n \frac{d^n x_o(t)}{dt^n} + a_{n-1} \frac{d^{n-1} x_o(t)}{dt^{n-1}} + \cdots + a_1 \frac{dx_o(t)}{dt} + a_0 x_o(t)$$

$$= b_m \frac{d^m x_i(t)}{dt^m} + b_{m-1} \frac{d^{m-1} x_i(t)}{dt^{m-1}} + \cdots + b_1 \frac{dx_i(t)}{dt} + b_0 x_i(t)$$

式中，$n \geqslant m$；a_n，b_m（n，$m = 0, 1, 2, \cdots$）均为实数。

在零初始条件下，分别对方程两边进行拉氏变换，有：

$$(a_n s^n + a_{n-1}s^{n-1} + \cdots + a_1 s + a_0)X_o(s) = (b_m s^m + b_{m-1}s^{m-1} + \cdots + b_1 s + b_0)X_i(s)$$

则

$$G(s) = \frac{X_o(s)}{X_i(s)} = \frac{b_m s^m + b_{m-1}s^{m-1} + \cdots + b_1 s + b_0}{a_n s^n + a_{n-1}s^{n-1} + \cdots + a_1 s + a_0} \quad (n \geqslant m)$$

可见传递函数是描述系统的一种数学方式。由传递函数定义式（2-10）转化也可得：

$$X_o(s) = G(s)X_i(s)$$

该式表明，输入信号经系统（或环节）传递，也就是乘上 $G(s)$ 后，即得输出信号。传递函数用方框图可表示为图 2-10。

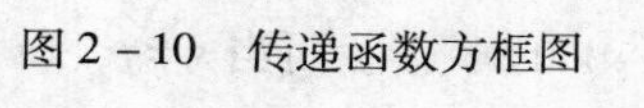

$X_i(s)$ $G(s)$ $X_o(s)$

图 2-10 传递函数方框图

【例2－13】图2－7所示为两级串联 RC 电网络系统，试求其传递函数 $G(s)=\dfrac{L[u_o(t)]}{L[u_i(t)]}$。

解：在例2－5中已求得该系统的微分方程组，在零初始条件下，对各微分方程进行拉氏变换，可得：

$$\begin{cases} u_i(t)=R_1 i_1(t)+\dfrac{1}{C_1}\displaystyle\int[i_1(t)-i_2(t)]\mathrm{d}t \\ \dfrac{1}{C_1}\displaystyle\int[i_1(t)-i_2(t)]\mathrm{d}t=R_2 i_2(t)+\dfrac{1}{C_2}\displaystyle\int i_2(t)\mathrm{d}t \\ \dfrac{1}{C_2}\displaystyle\int i_2(t)\mathrm{d}t=u_o(t) \end{cases} \Rightarrow$$

$$\begin{cases} U_i(s)=R_1 I_1(s)+\dfrac{1}{C_1 s}[I_1(s)-I_2(s)] \\ \dfrac{1}{C_1 s}[I_1(s)-I_2(s)]=R_2 I_2(s)+\dfrac{1}{C_2 s}I_2(s) \\ \dfrac{1}{C_2 s}I_2(s)=U_o(s) \end{cases}$$

消去中间变量 $I_1(s)$、$I_2(s)$，并整理得到系统的传递函数为：

$$G(s)=\frac{U_o(s)}{U_i(s)}=\frac{1}{R_1R_2C_1C_2s^2+(R_1C_1+R_1C_2+R_2C_2)s+1}$$

2.3.1.2 传递函数的主要特点

（1）传递函数是关于复变量 s 的复变函数，是复数域中系统的数学模型。

（2）传递函数的分母反映了系统本身与外界无关的固有特性，传递函数的分子反映系统与外界之间的关系。

（3）当输入确定时，系统的输出完全取决于其传递函数，即

$$x_o(t)=L^{-1}[X_o(s)]=L^{-1}[G(s)X_i(s)]$$

（4）物理性质不同的系统（或元件），可以具有相同类型的传递函数（相似系统）。

（5）传递函数分母中 s 的阶次 n 不小于分子中 s 的阶次 m，即 $n\geqslant m$（实际物理系统总存在有惯性，输出不会超前于输入）。

（6）传递函数可以是有量纲的，也可以是无量纲的。

2.3.2 传递函数的零点、极点和放大系数

系统的传递函数 $G(s)$ 是以复变函数 s 作为自变量的函数。经因式分解后，$G(s)$ 可写成式（2－11）所示的一般形式：

$$G(s)=\frac{K(s-z_1)(s-z_2)(s-z_3)\cdots(s-z_m)}{(s-p_1)(s-p_2)(s-p_3)\cdots(s-p_n)}\quad (K\text{为常数}) \tag{2-11}$$

该式也称为传递函数的零极点增益模型。

当 $s=z_j$（$j=1,2,\cdots,m$）时，均能使 $G(s)=0$，故称 z_1，z_2，$\cdots$，z_m 为传递函数 $G(s)$ 的零点。而当 $s=p_i$（$i=1,2,\cdots,n$）时，均能使 $G(s)$ 的分母为0，$G(s)$ 趋于无

穷，故称 p_1，p_2，…，p_n 为传递函数 $G(s)$ 的极点。如果令 $G(s)=\frac{N(s)}{D(s)}$，则在控制论中，传递函数的分母多项式 $D(s)=0$ 称为系统的特征方程，特征方程的根（即特征根）也就是传递函数的极点。

零点影响瞬态响应曲线的形状，不影响系统的稳定性，与系统的快速性有关。

极点决定系统瞬态响应的收敛性，即影响系统的稳定性。

放大系数（或称增益）$G(0)=\frac{b_0}{a_0}$ 决定系统的稳态输出值，与系统的准确性有关。

由以上分析可知，传递函数的零点、极点和放大系数决定着系统的瞬态性能和稳态性能。所以，对系统的研究可以转化为对系统传递函数零点、极点和放大系数的研究。

2.3.3 典型环节的传递函数

系统的传递函数往往是高阶的，高阶传递函数一般可以化为低阶（零阶、一阶、二阶）典型环节传递函数（比例、惯性、微分、积分、振荡等）的组合。所谓典型环节就是指经常遇到的环节。控制工程中，常常将具有某种运动规律的元件或元件的一部分或几个元件一起称为一个环节。

控制系统中，典型环节及其传递函数见表 2－2。

表 2－2 典型环节及其传递函数

序号	环节名称	传递函数	序号	环节名称	传递函数
1	比例环节	K	5	振荡环节	$\frac{\omega_n^2}{s^2+2\xi\omega_n s+\omega_n^2}$
2	积分环节	$\frac{1}{s}$	6	一阶微分环节	$Ts+1$
3	微分环节	s	7	二阶微分环节	$T^2s^2+2\xi Ts+1$
4	惯性环节	$\frac{1}{Ts+1}$	8	延迟环节	$e^{-\tau s}$

2.3.3.1 比例环节 K

比例环节又称放大环节、无惯性环节、零阶环节，其输出量是以一定的比例复现输入量，毫无失真和时间延迟，其运动方程为：

$$y(t)=Kx(t)$$

式中，$y(t)$ 为输出量；$x(t)$ 为输入量。

比例环节的传递函数为：

$$G(s)=\frac{Y(s)}{X(s)}=K \tag{2-12}$$

式中 K——比例环节的增益或比例系数，或放大环节的放大系数。

比例环节的实例很多。在理想情况下，机械传动中一对齿轮副转速之间的关系、电压放大器的输出电压与输入电压之间的关系、杠杆机构两端的力之间的关系、液压传动中液压缸输出速度与输入流量之间的关系，都为某常数的比例关系，都可看做比例环节。

比例环节实例如图 2－11 所示。

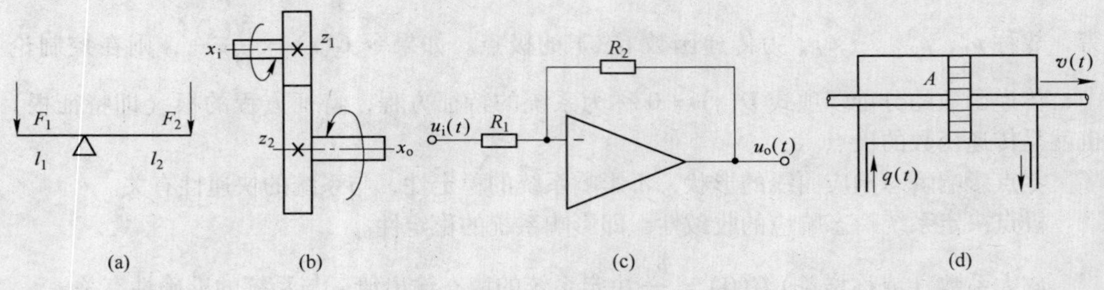

图 2-11 比例环节

(a) 杠杆机构；(b) 齿轮机构；(c) 运算放大器；(d) 液压缸

图 2-11 所示比例环节实例的传递函数见表 2-3。

表 2-3 比例环节实例传递函数

序号	系统名称	传递函数	序号	系统名称	传递函数
1	杠杆机构	$G(s)=\dfrac{F_2(s)}{F_1(s)}=\dfrac{l_1}{l_2}=K$	3	运算放大器	$G(s)=\dfrac{U_o(s)}{U_i(s)}=-\dfrac{R_2}{R_1}=K$
2	齿轮机构	$G(s)=\dfrac{X_o(s)}{X_i(s)}=\dfrac{z_1}{z_2}=K$	4	液压缸	$G(s)=\dfrac{Q(s)}{V(s)}=A=K$

2.3.3.2 积分环节 $\dfrac{1}{s}$

凡输出正比于输入对时间的积分的环节称为积分环节，其运动方程为：

$$y(t)=\int x(t)\mathrm{d}t$$

其传递函数为：

$$G(s)=\frac{Y(s)}{X(s)}=\frac{1}{s} \tag{2-13}$$

积分环节实例如图 2-12 所示。

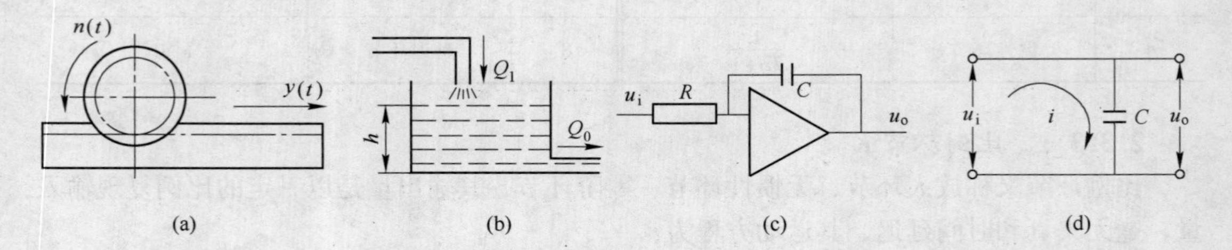

图 2-12 积分环节

(a) 齿轮齿条传动副；(b) 水箱蓄水机构；(c) 有源积分网；(d) 电容

图 2-12 所示积分环节实例的传递函数见表 2-4。

表 2-4 积分环节实例传递函数

序号	系统名称	传递函数	序号	系统名称	传递函数
1	齿轮齿条传动副	$G(s)=\dfrac{Y(s)}{N(s)}=\dfrac{\pi D}{s}=\dfrac{K}{s}$	3	有源积分网	$G(s)=\dfrac{U_o(s)}{U_i(s)}=-\dfrac{1}{RCs}=\dfrac{K}{s}$
2	水箱蓄水机构	$G(s)=\dfrac{H(s)}{Q(s)}=\dfrac{1}{As}=\dfrac{K}{s}$	4	电容	$G(s)=\dfrac{U_o(s)}{I(s)}=\dfrac{1}{s}$

2.3.3.3 微分环节 s

凡输出量正比于输入量的微分的环节称为微分环节，其运动方程为：

$$y(t) = \dot{x}(t)$$

其传递函数为：

$$G(s) = \frac{Y(s)}{X(s)} = s \tag{2-14}$$

微分环节的输出反映输入的微分，当输入为单位阶跃函数时，输出应是脉冲函数，这在实际中是不可能的。这又一次证明了对传递函数而言，分子的阶次不可能高于分母的阶次。因此，微分环节不可能单独存在，它是与其他环节同时存在的。只有在有些系统惯性很小时，其传递函数可近似地看成微分环节。

微分环节实例如图 2-13 所示。

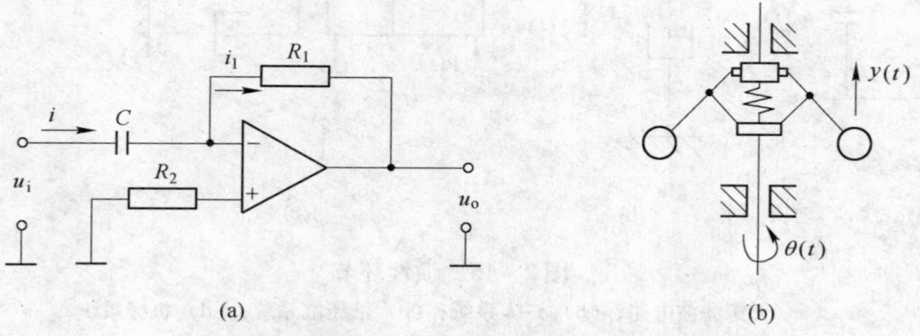

图 2-13 微分环节

（a）微分运算放大器；（b）离心测速计

图 2-13 所示微分环节实例的传递函数见表 2-5。

表 2-5 微分环节实例传递函数

序号	系统名称	传递函数	序号	系统名称	传递函数
1	微分运算放大器	$G(s) = \frac{U_o(s)}{U_i(s)} = -R_1Cs = Ks$	2	离心测速计	$G(s) = \frac{Y(s)}{\theta(s)} = Ks$

微分环节主要用来改善系统的动态性能。它能反映输入的变化规律，使输出提前，提高系统的灵敏度；能增加系统的阻尼，改善系统的相对稳定性；具有强化噪声的作用，为有效确认干扰源提供手段。

2.3.3.4 惯性环节 $\frac{1}{Ts+1}$

惯性环节又称一阶惯性环节，凡动力学微分方程为一阶微分方程，如：

$$T\dot{y}(t) + y(t) = x(t)$$

具有这样形式的环节称为惯性环节，其传递函数为：

$$G(s) = \frac{Y(s)}{X(s)} = \frac{1}{Ts+1} \tag{2-15}$$

式中 T——惯性环节的时间常数，它和环节结构参数有关，T 越小，环节的惯性也就越小。

惯性环节在阶跃信号作用下，其特性如图 2-14 所示。由图可知，惯性环节输出量有失真、不延迟，在阶跃输入下，输出不能立即达到稳态值。

在这类环节中一般包含一个储能元件和一个耗能元件，使得环节具有惯性，输出总滞后于输入。机械系统中，质量 m 和弹簧 k 是储能元件，而黏性阻尼 c 是耗能元件；电气系统中，电感 L 和电容 C 是储能元件，而电阻 R 是耗能元件。

惯性环节实例如图 2－15 所示。

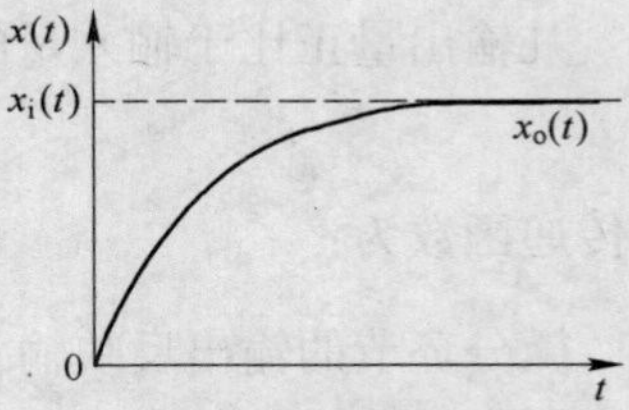

图 2－14 惯性环节阶跃响应

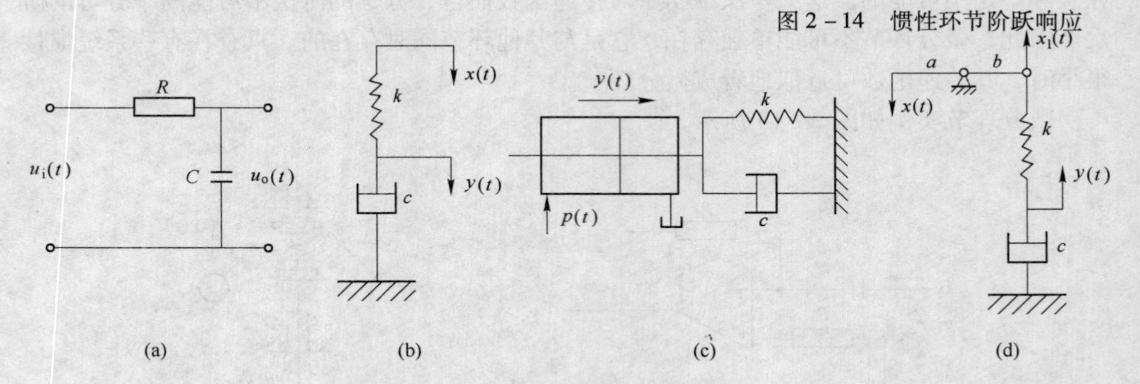

图 2－15 惯性环节

（a）无源滤波电路；（b）$c-k$ 系统；（c）液压缸系统；（d）机械系统

图 2－15 所示惯性环节实例的传递函数见表 2－6。

表 2－6 惯性环节实例传递函数

序号	系统名称	传递函数	序号	系统名称	传递函数
1	无源滤波电路	$G(s)=\dfrac{U_o(s)}{U_i(s)}=\dfrac{1}{RCs+1}=\dfrac{1}{Ts+1}$	3	液压缸驱动	$G(s)=\dfrac{Y(s)}{P(s)}=\dfrac{A/k}{\frac{c}{k}s+1}=\dfrac{K}{Ts+1}$
2	$c-k$ 系统	$G(s)=\dfrac{Y(s)}{X(s)}=\dfrac{1}{\frac{c}{k}s+1}=\dfrac{1}{Ts+1}$	4	机械系统	$G(s)=\dfrac{Y(s)}{X(s)}=\dfrac{b/a}{\frac{c}{k}s+1}=\dfrac{K}{Ts+1}$

2.3.3.5 振荡环节 $\dfrac{\omega_n^2}{s^2+2\xi\omega_n s+\omega_n^2}$（或称二阶振荡环节）

振荡环节是二阶环节，其传递函数为：

$$G(s)=\frac{Y(s)}{X(s)}=\frac{\omega_n^2}{s^2+2\xi\omega_n s+\omega_n^2} \tag{2-16}$$

或写成

$$G(s)=\frac{Y(s)}{X(s)}=\frac{1}{T^2s^2+2T\xi s+1} \tag{2-17}$$

$$T=1/\omega_n$$

式中 ω_n——无阻尼固有频率；

ξ——阻尼比，且 $0\leq\xi<1$；

T——时间常数。

必须指出，当$0\leqslant\xi<1$时，输出为一振荡过程，这时二阶环节才能称为振荡环节；当$\xi\geqslant1$时，输出为一指数上升曲线没有振荡，这时的二阶环节并非振荡环节，而是可以处理为两个一阶惯性环节的组合。

振荡环节的主要特点是含有两种形式的储能元件，而且能够将储存的能量相互转换，如动能与位能、电能与磁能间的转换等，在能量转换过程中使输出产生振荡。

振荡环节实例如图2-16所示。

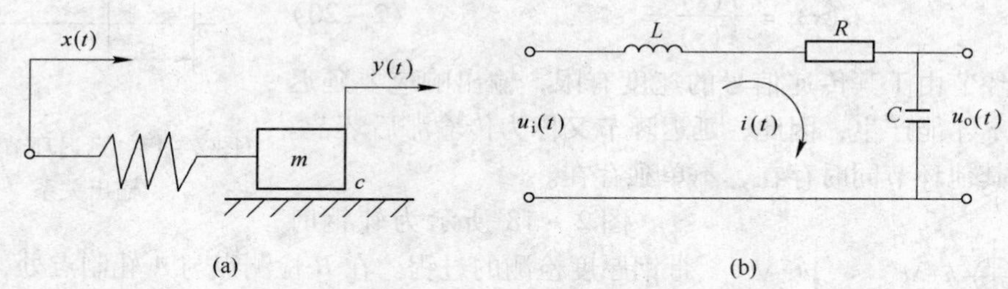

图2-16 振荡环节实例

(a) $m-c-k$系统；(b) $L-R-C$电路

图2-16所示振荡环节实例的传递函数见表2-7。

表2-7 振荡环节实例传递函数

序号	系统名称	传递函数
1	$m-c-k$系统	$G(s)=\frac{Y(s)}{X(s)}=\frac{k}{ms^2+cs+k}=\frac{\omega_n^2}{s^2+2\xi\omega_n s+\omega_n^2}\left(\omega_n=\sqrt{\frac{k}{m}},\ \xi=\frac{c}{2\sqrt{mk}}\right)$
2	$L-R-C$电路	$G(s)=\frac{U_o(s)}{U_i(s)}=\frac{1}{LCs^2+RCs+1}=\frac{1}{T^2s^2+2\xi Ts+1}\left(T=\sqrt{LC},\ \xi=\frac{RC}{2\sqrt{LC}}\right)$

2.3.3.6 一阶微分环节 $Ts+1$

一阶微分环节的传递函数为：

$$G(s)=\frac{Y(s)}{X(s)}=Ts+1 \tag{2-18}$$

式中 T——时间常数。

与微分环节一样，一阶微分环节在系统中也不会单独出现，它往往与其他典型环节组合在一起描述元件或系统的运动特性。

2.3.3.7 二阶微分环节 $T^2s^2+2\xi Ts+1$

二阶微分环节的传递函数为：

$$G(s)=\frac{Y(s)}{X(s)}=T^2s^2+2\xi Ts+1 \tag{2-19}$$

式中 T——时间常数；

ξ——阻尼比。

二阶微分环节的输出不但和输入及其一阶导数有关，同时还和输入的二阶导数有关。该环节的特性由T和ξ所决定，它们表示环节微分的特性。另外，只有式(2-19)具有一对共轭复数根时，才称其为二阶微分环节；如果具有两个实数根，则可看成是由两个一阶微分环节串联而成的。

2.3.3.8 延迟环节 $e^{-\tau s}$

延迟环节又称延时环节，是输出滞后输入时间 τ 但不失真地反映输入的环节。延迟环节在阶跃信号作用下，其特性如图 2－17 所示。

延迟环节的运动方程为：

$$y(t) = x(t-\tau)$$

其传递函数为：

$$G(s) = \frac{Y(s)}{X(s)} = e^{-\tau s} \qquad (2-20)$$

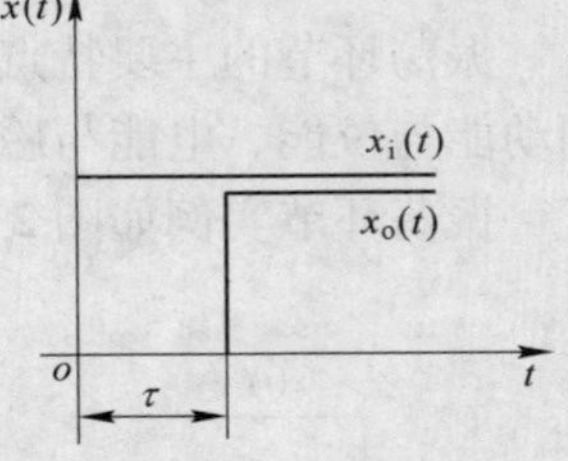

图 2－17 延迟环节输入、输出关系

延迟环节由于其传递信号的速度有限，输出响应要延迟一段时间 τ 才能产生，因此，延迟环节又称为传输滞后环节。它一般与其他环节同时存在，不单独存在。

图 2－18 所示为轧钢时带钢厚度检测的过程。在 B 检测点与 A 轧制点处，两点带钢厚度关系式为：

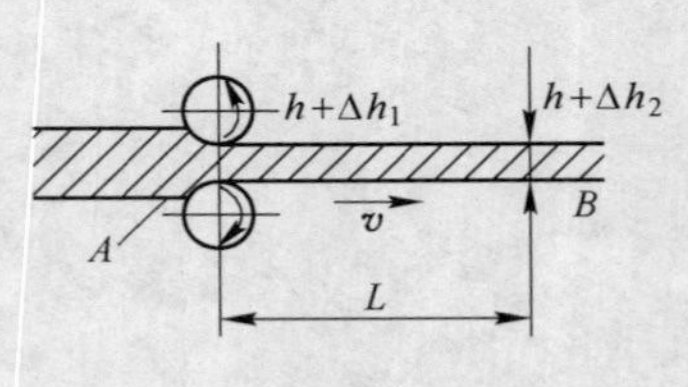

图 2－18 带钢轧制

$$\Delta h_2 = \Delta h_1\left(t - \frac{L}{v}\right)$$

推出其传递函数为：$G(s) = \dfrac{\Delta H_2(s)}{\Delta H_1(s)} = e^{-\tau s}\left(\tau = \dfrac{L}{v}\right)$

2.3.4 相似系统

分析以上典型环节的传递函数可以发现，对不同的物理系统（或环节）可用形式相同的传递函数来表示，即它们具有形式相同的数学模型，这也说明传递函数不能描述系统物理结构的性质。一般地，将数学模型相同的物理系统称为相似系统，其中作用相同的变量称为相似量。例如，图 2－15（a）、（b）所示的两个惯性环节，从表 2－6 所示的传递函数结果看，两个系统是相似系统。其中，电阻 R 与黏性阻尼系数 c 为相似量，电容的倒数 $1/C$ 与弹簧刚度 k 为相似量。

这也就是说，相似系统中的“相似”，只是就数学形式而不是就物理实质而言的。由于相似系统（或环节）的数学模型在形式上相同，因此就可以用相同的数学方法对相似系统加以研究；可以通过一种物理系统去研究另一种与之相似的物理系统，采用模拟研究，用一种比较容易实现的系统（如电气系统）模拟其他较难实现的相似系统。特别是随着现代电气、电子技术的发展，为采用相似原理对不同系统（或环节）的研究提供了良好条件。在数字计算机上，采用数字仿真技术、利用相似原理分析不同物理系统非常方便有效。

2.4 传递函数方框图及其简化

方框图是系统中各个环节的功能及信号转换和传输关系的一种图示表示。方框图具体而形象地表示了系统内部各环节的数学模型、各变量之间的相互关系以及信号流向。事实上它是系统数学模型的一种图解表示方法，提供了系统动态性能的有关信息，并且可以揭示和评价每个组成环节对系统的影响，所以方框图又称为动态结构图。目前很多仿真软件都能面向方框图，能直接接受系统的方框图，利用计算机对系统的动态性能进行仿真。

方框图也是求取系统传递函数的一种有效手段，因此，方框图对于系统的描述、分析、计算是很方便的，所以被广泛应用。

2.4.1 方框图的结构要素

(1) 方框图单元。图2－19（a）所示为方框图单元。图中方框表示一个环节（甚至是一个系统），它是各环节传递函数的图解表示，如 $G(s)$；带箭头的直线表示信号的流向，信号名称以象函数形式标明在直线上，其中作用在方框的箭头表示该环节输入的Laplace变换，如 $X(s)$，从方框出来的箭头表示该环节输出的 Laplace 变换，如 $Y(s)$。且环节的输入、输出与传递函数之间满足：

$$Y(s) = G(s)X(s)$$

(2) 相加点。相加点又称加法点或比较点。相加点是信号之间代数求和运算的图解表示，如图2－19（b）所示。在相加点处，输出信号（箭头离开相加点的信号）等于各输入信号（箭头指向相加点处的信号）的代数和。箭头前方的“+”或“－”表示该输入信号在代数运算中的符号。在相加点处的各信号应该具有相同的量纲。在相加点处，输入会有多个，但输出却是唯一的，并且所有输入信号的代数和等于输出信号。

(3) 分支点。分支点又称引出点，如图2－19（c）所示。它表示同一个信号沿不同的路径传递，即在分支点引出的信号数值相等、量纲相同。

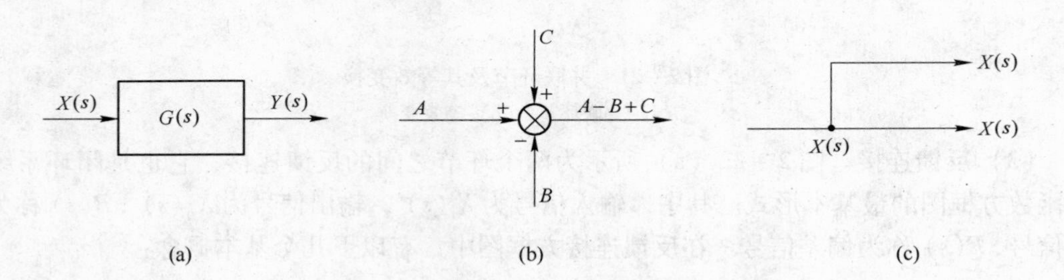

图2－19 传递函数方框图的结构要素
（a）方框图单元；（b）相加点；（c）分支点

2.4.2 环节的基本连接方式

任何动态系统和过程，都是由内部的各个环节构成的。在方框图中，各环节之间的联系归纳起来有串联、并联和反馈连接三种形式。

(1) 串联。各环节的传递函数逐个顺序连接，即前一个环节的输出是后一个环节的输入，这样的连接方式称为串联，如图2－20（a）所示。

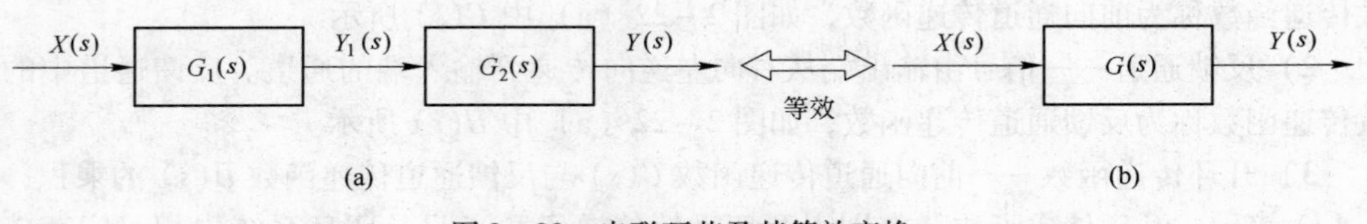

图2－20 串联环节及其等效变换
（a）串联环节；（b）等效变换

串联后的传递函数为：$G(s) = \dfrac{Y(s)}{X(s)} = \dfrac{Y_1(s)}{X(s)}\dfrac{Y(s)}{Y_1(s)} = G_1(s)G_2(s)$

这说明当各串联环节之间不存在负载效应时，各环节串联时的等效传递函数等于各串联环节传递函数的乘积，即

$$G(s) = \prod_{i=1}^{n} G_i(s) \tag{2-21}$$

（2）并联。凡是几个环节的输入相同，输出相加或相减的连接形式称为并联，如图2－21（a）所示。

其等效传递函数为：

$$G(s) = \frac{X_o(s)}{X_i(s)} = \frac{X_i(s)G_1(s) \pm X_i(s)G_2(s)}{X_i(s)}G_1(s) \pm G_2(s)$$

故环节并联时，其等效传递函数等于各并联环节传递函数的代数和，即

$$G(s) = \frac{X_o(s)}{X_i(s)} = \sum_{i=1}^{n} G_i(s) \tag{2-22}$$

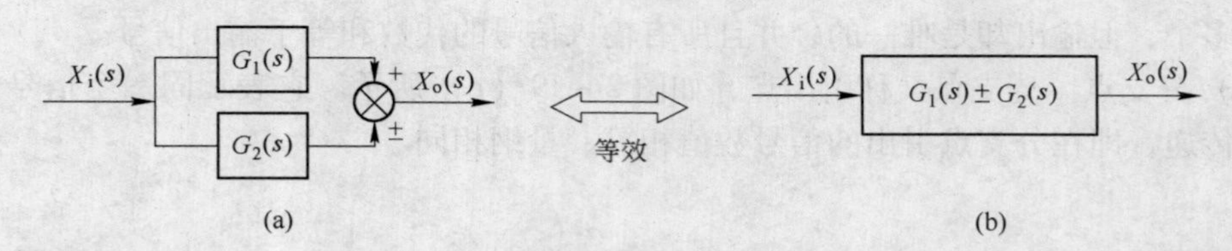

图2－21 并联环节及其等效变换
（a）并联环节；（b）等效变换

（3）反馈连接。图2－22（a）所示为两个环节之间的反馈连接，它也是闭环系统传递函数方框图的最基本形式。其中，输入信号为$X_i(s)$，输出信号为$X_o(s)$，$B(s)$称为反馈信号，$E(s)$称为偏差信号。在反馈连接方框图中，有以下几个基本概念：

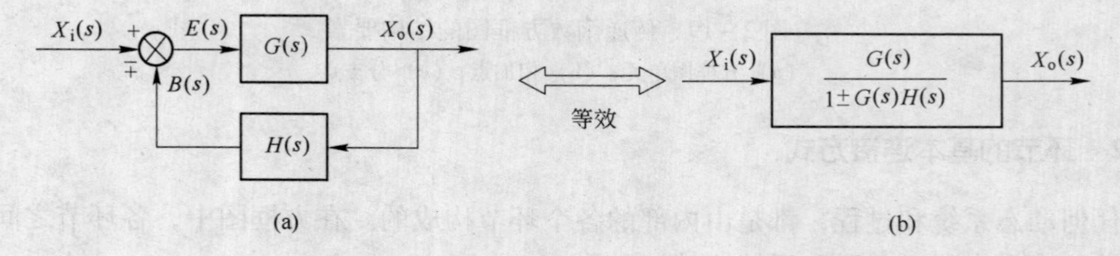

图2－22 反馈连接及其等效变换
（a）反馈连接；（b）等效变换

1）前向通道——信号由输入端从左向右顺序传递到输出端的通道。前向通道中的等效传递函数称为前向通道传递函数，如图2－22（a）中$G(s)$所示。

2）反馈通道——信号由输出端从右向左逆向传递到输入端的通道。反馈通道中的等效传递函数称为反馈通道传递函数，如图2－22（a）中$H(s)$所示。

3）开环传递函数——前向通道传递函数$G(s)$与反馈通道传递函数$H(s)$的乘积，用$G_K(s)$表示。开环传递函数（有别于开环系统传递函数）只是闭环系统中相对闭环传递函数而言的，它只是闭环系统中的一部分。由图2－22（a）分析可知：

$$G_K(s) = G(s)H(s) = \frac{B(s)}{E(s)} \tag{2-23}$$

因为反馈信号 $B(s)$ 与偏差信号 $E(s)$ 作用在同一个相加点上，它们具有相同的量纲，由式（2-23）分析可知，开环传递函数 $G_K(s)$ 是没有量纲的，即 $G(s)$ 的量纲与 $H(s)$ 的量纲互为倒数。

4）闭环传递函数——闭环系统输出的拉氏变换与输入的拉氏变换之比，用 $G_B(s)$ 表示，即

$$G_B(s) = \frac{X_o(s)}{X_i(s)} \tag{2-24}$$

由图2-22（a）分析可知：

$$\begin{aligned} E(s) &= X_i(s) \mp B(s) = X_i(s) \mp X_o(s)H(s) \\ X_o(s) &= G(s)E(s) = G(s)[X_i(s) \mp X_o(s)H(s)] \\ &= G(s)X_i(s) \mp G(s)X_o(s)H(s) \end{aligned}$$

由此可得：

$$G_B(s) = \frac{X_o(s)}{X_i(s)} = \frac{G(s)}{1 \pm G(s)H(s)} \tag{2-25}$$

故反馈连接时，其等效传递函数等于前向通道传递函数除以1加（或减）前向通道传递函数与反馈通道传递函数的乘积。

注意：在图2-22（a）中，若相加点的 $B(s)$ 处为“-”，则式（2-25）分母中符号取“+”；反之，若相加点的 $B(s)$ 处为“+”，则式（2-25）分母中符号取“-”。

另外，当反馈通道传递函数 $H(s)=1$ 时，称为单位反馈，此时的系统称为单位反馈系统。

2.4.3 方框图的变换

对于实际系统，特别是自动控制系统，通常用多回路的方框图表示，如大环回路套小环回路，或存在几个输入信号，其方框图非常复杂。为了便于分析各输入信号对系统性能的影响，需要利用等效变换的原则对方框图进行简化。这些变换必须遵循一些原则，必须保持变换前后输入与输出之间总的数学关系不变。具体说，在对方框图进行简化时，有两条基本原则：

（1）变换前后前向通道的传递函数必须保持不变。

（2）变换前后各反馈回路的传递函数必须保持不变。

表2-8列出了方框图等效变换的主要法则。

表2-8 方框图变换法则

序号	原方框图	等效方框图	说明
1	X_1 → $G(s)$ → X_2；$X_3(=X_2)$	X_1 → $G(s)$ → X_2；X_1 → $G(s)$ → $X_3(=X_2)$	分支点前移

续表 2-8

序号	原方框图	等效方框图	说明
2	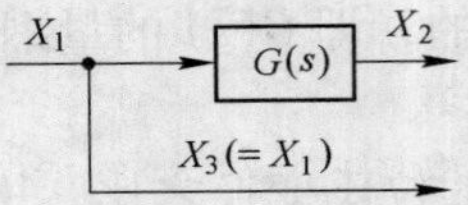 X_1 $G(s)$ X_2 $X_3(=X_1)$	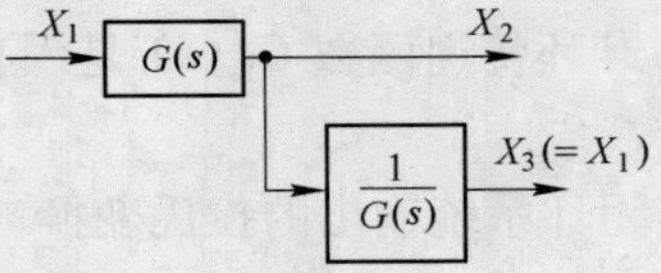 X_1 $G(s)$ X_2 $\frac{1}{G(s)}$ $X_3(=X_1)$	分支点后移
3	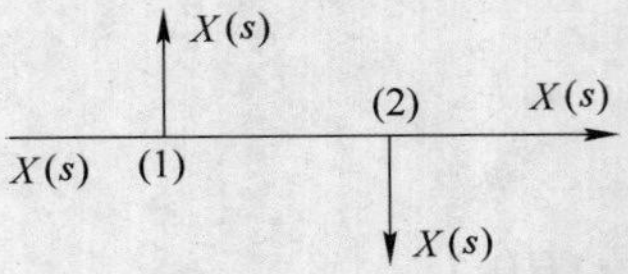 $X(s)$ $X(s)$ (2) $X(s)$ $X(s)$ (1) $X(s)$	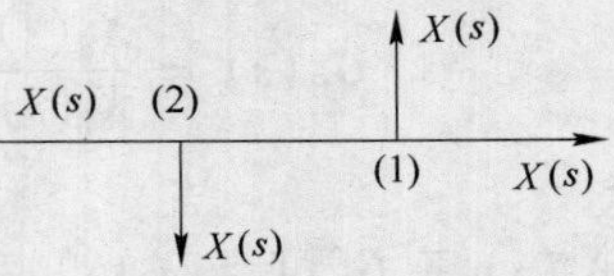 $X(s)$ $X(s)$ (2) $X(s)$ (1) $X(s)$ $X(s)$	分支点交换
4	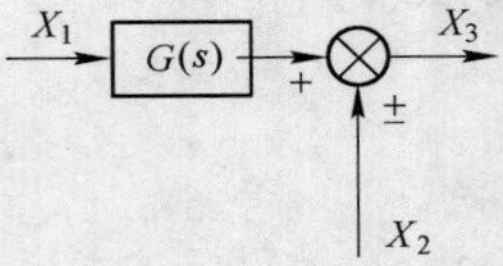 X_1 $G(s)$ X_3 + ± X_2	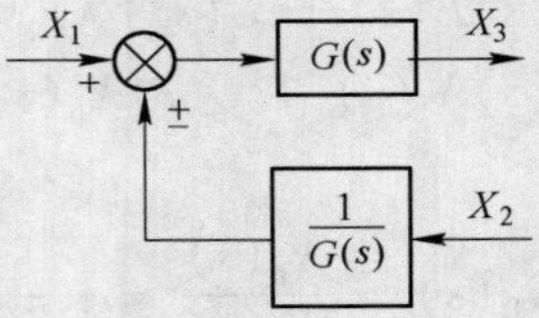 X_1 + $G(s)$ X_3 ± $\frac{1}{G(s)}$ X_2	相加点前移
5	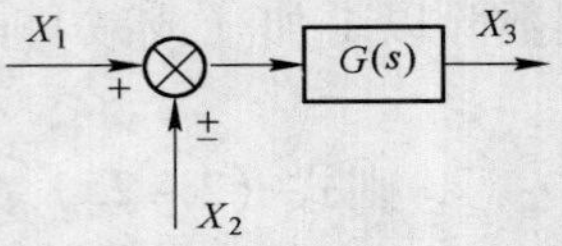 X_1 $G(s)$ X_3 + ± X_2	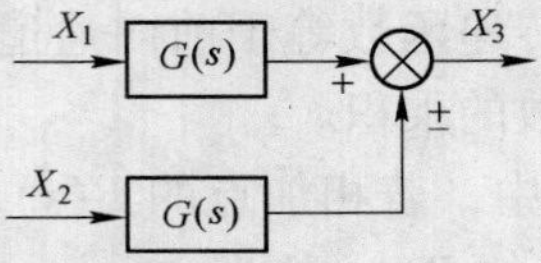 X_1 $G(s)$ X_3 + ± X_2 $G(s)$	相加点后移
6	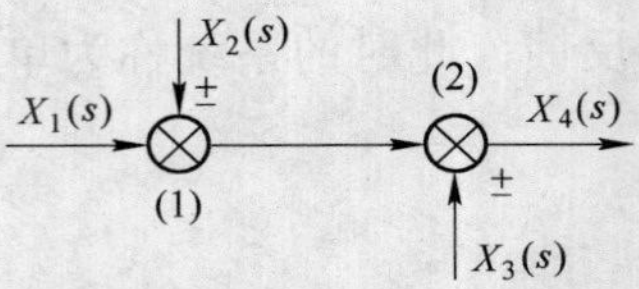 $X_2(s)$ ± $X_1(s)$ (2) $X_4(s)$ (1) ± $X_3(s)$	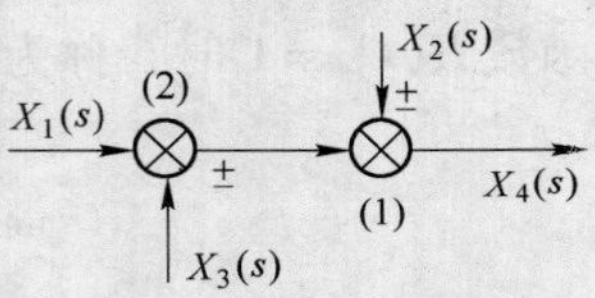 $X_2(s)$ ± $X_1(s)$ (2) ± (1) $X_4(s)$ $X_3(s)$	相加点交换

归纳——分支点前乘后除，相加点前除后乘。两个分支点（相加点）之间既没有函数方框也没有相加点（分支点）时，可互换位置。分支点和相加点彼此之间不能互相跨越。

一般地，系统方框图简化的基本步骤如下：

(1) 明确系统的输入与输出。对于多输入、多输出系统，针对每个输入及其引起的输出分别进行简化。

(2) 若系统传递函数方框图内无交叉回路，则根据环节串联、并联和反馈连接的等效规则从里往外进行简化。

(3) 若系统传递函数方框图内有交叉回路，则根据相加点、分支点等移动规则消除交叉回路，然后按步骤 (2) 进行简化。

【例 2-14】 利用方框图等效变换规则，求图 2-23 (a) 所示系统的传递函数。

解： 将 A 点前移，B 点后移，得到图 2-23 (b) 所示系统。

消去回路Ⅰ、Ⅲ，得到图 2-23 (c) 所示系统。

最后消去回路Ⅱ，得到图 2-23 (d) 所示系统。

因此

$$G(s) = \frac{C(s)}{R(s)} = \frac{G_1(s)G_2(s)G_3(s)}{1 + G_1(s)H_1(s) + G_2(s)H_2(s) + G_3(s)H_3(s) + G_1(s)H_1(s)G_3(s)H_3(s)}$$

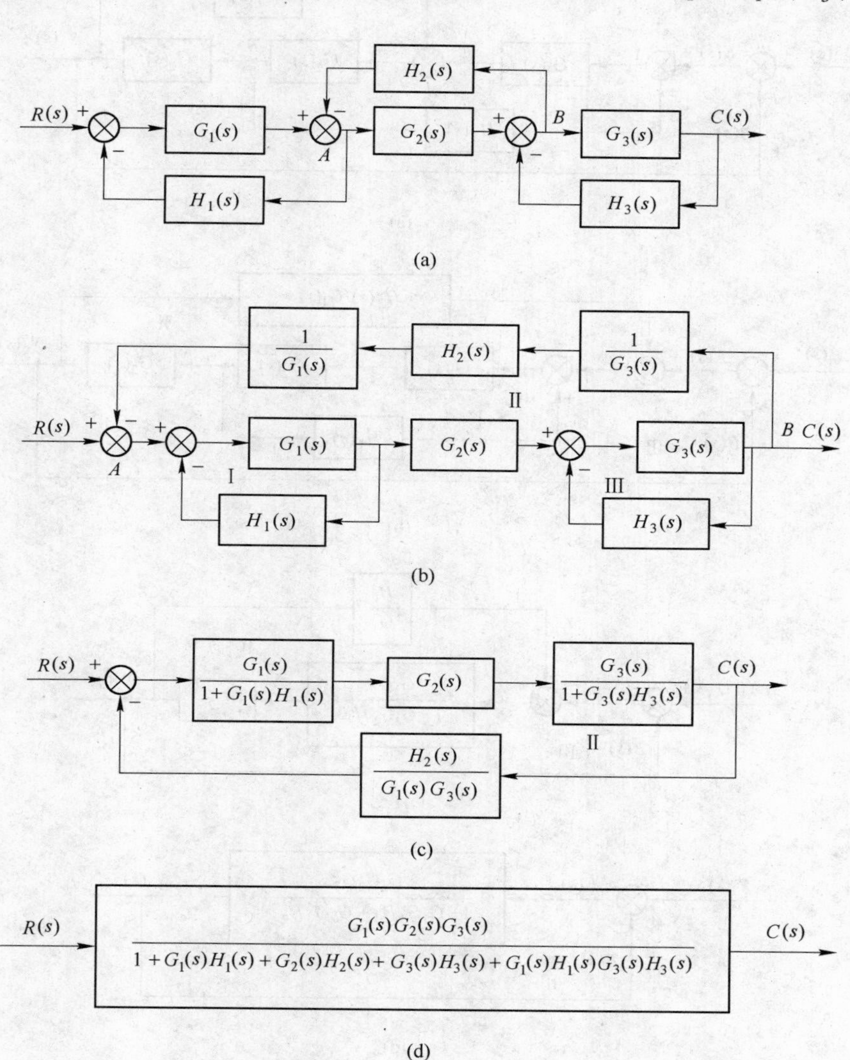

图 2-23 例 2-14 图

【例 2-15】 利用方框图等效变换规则，求图 2-24（a）所示系统的传递函数。

解： 将 A 点前移，B 点后移，得到图 2-24（b）所示系统。

消去回路Ⅰ，得到图 2-24（c）所示系统。

消去回路Ⅱ，得到图 2-24（d）所示系统。

最后消去回路Ⅲ，得到图 2-24（e）所示系统。

因此

$$G(s) = \frac{X_o(s)}{X_i(s)} = \frac{G_1(s)G_2(s)G_3(s)}{1 - G_1(s)G_2(s)H_1(s) + G_2(s)G_3(s)H_2(s) + G_1(s)G_2(s)G_3(s)}$$

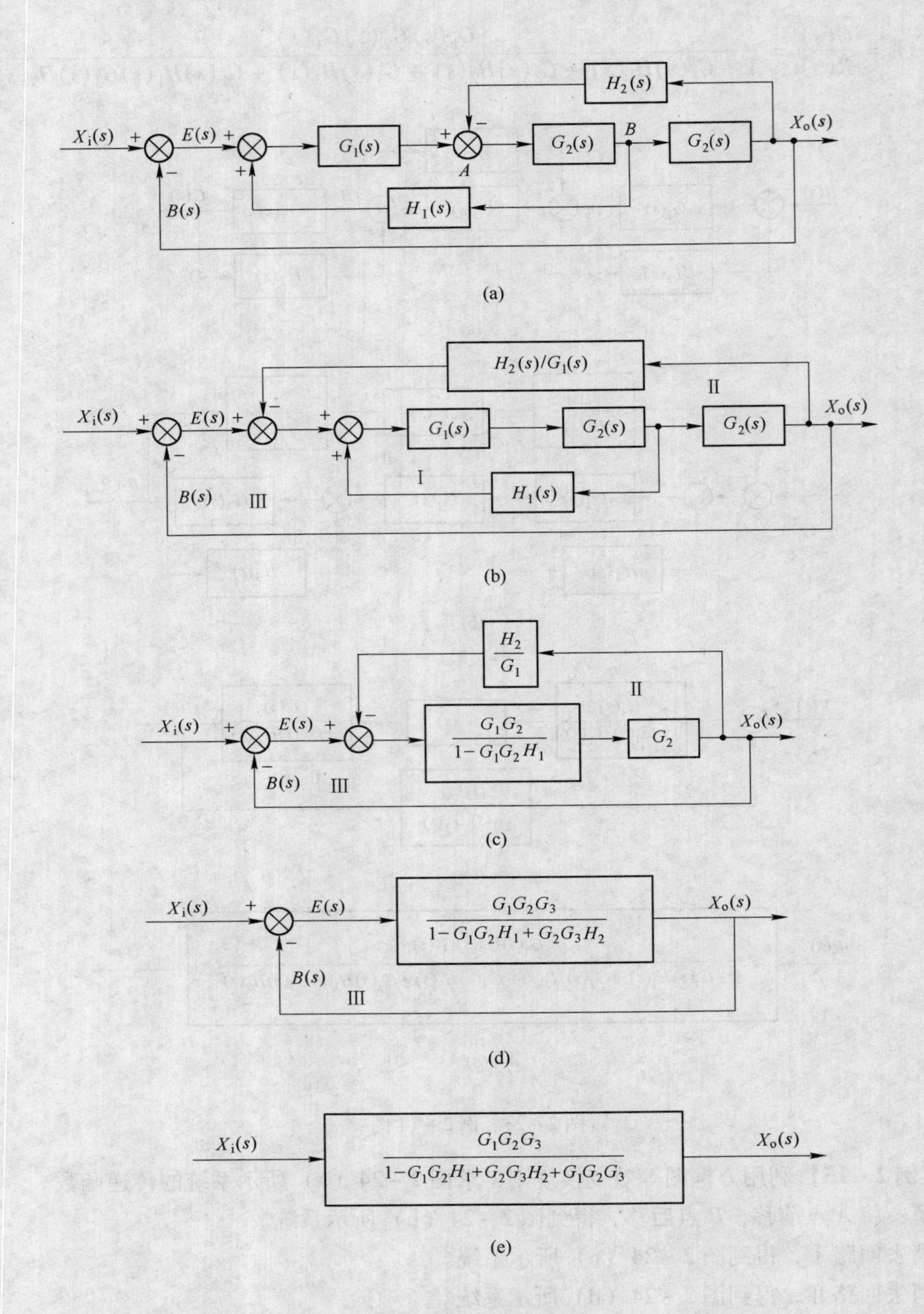

图 2-24 例 2-15 图

2.4.4 梅森公式

如果一个系统传递函数方框图满足以下两个条件：

（1）只有一条前向通道。

（2）各局部反馈回路相互接触，包含公共传递函数方框。

则

$$G_B(s)=\frac{X_o(s)}{X_i(s)}=\frac{\text{前向通道传递函数}}{1+\sum(\text{每一反馈回路开环传递函数})} \tag{2-26}$$

符号确定：在相加点处，对反馈信号相加时取“-”；相反取“+”。

【例 2-16】 利用梅森公式，求出图 2-24（a）所示系统的传递函数。

解：（1）该系统只有一条前向通道，其传递函数为 $G_1(s)G_2(s)G_3(s)$。

（2）反馈回路有

$$L_1=+G_1(s)G_2(s)H_1(s),\ L_2=-G_2(s)G_3(s)H_2(s)$$
$$L_3=-G_1(s)G_2(s)G_3(s)$$

且各反馈回路中包含公共的传递函数方框，因此利用式（2-26），可得：

$$G(s)=\frac{X_o(s)}{X_i(s)}=\frac{G_1(s)G_2(s)G_3(s)}{1-G_1(s)G_2(s)H_1(s)+G_2(s)G_3(s)H_2(s)+G_1(s)G_2(s)G_3(s)}$$

很明显，这一结果与例 2-15 中通过等效变换法则得到的结果相同，但利用梅森公式的方法显然更为简化。

另外，当系统不同时满足前述两个条件时，系统简化就不能利用式（2-26），如图 2-23（a）所示系统。此时，应利用完整的梅森公式求解系统传递函数，这个公式对任何方框图形式的系统均适用。完整的梅森公式表述如下：

$$G(s)=\frac{C(s)}{R(s)}=\frac{\sum P_i\Delta_i}{\Delta} \tag{2-27}$$

式中 P_i——第 i 条前向通道传递函数；

Δ_i——在 Δ 中，将与第 i 条前向通路相接触的回路有关项去掉后所剩余的部分，故称为 Δ 的余子式；

Δ——特征式，且 $\Delta=1-\sum L_i+\sum L_iL_j-\sum L_iL_jL_k+\cdots$，其中 $\sum L_i$ 为所有不同回路的回路传递函数乘积之和，$\sum L_iL_j$ 为所有两两不接触回路，其回路传递函数乘积之和，$\sum L_iL_jL_k$ 为所有三个互不接触回路，其回路传递函数乘积之和。

不同回路开环传递函数的符号确定：在相加点处，对反馈信号相加时取“+”；相反取“-”。

【例 2-17】 利用梅森公式，求出图 2-23（a）所示系统的传递函数。

解： 本系统只有一条前向通道，其传递函数为：

$$P_1=G_1(s)G_2(s)G_3(s)$$

本系统有三个反馈回路，其传递函数分别为：

$$L_1=G_1(s)H_1(s),\ L_2=G_2(s)H_2(s),\ L_3=G_3(s)H_3(s)$$

在这三个反馈回路中，回路Ⅰ与回路Ⅲ彼此独立，互不接触；回路Ⅱ与回路Ⅰ和回路Ⅲ均有交错现象，彼此有接触。故

$$\sum L_iL_j = \sum L_1L_3 = [-G_1(s)H_1(s)] \times [-G_3(s)H_3(s)] = G_1(s)H_1(s)G_3(s)H_3(s)$$

由此可推出特征式为：

$$\begin{aligned}\Delta &= 1 - \sum L_i + \sum L_iL_j \\ &= 1 + G_1(s)H_1(s) + G_2(s)H_2(s) + G_3(s)H_3(s) + G_1(s)H_1(s)G_3(s)H_3(s)\end{aligned}$$

根据式（2－27）可求得系统传递函数为：

$$G(s) = \frac{C(s)}{R(s)} = \frac{G_1(s)G_2(s)G_3(s)}{1 + G_1(s)H_1(s) + G_2(s)H_2(s) + G_3(s)H_3(s) + G_1(s)H_1(s)G_3(s)H_3(s)}$$

同样，该结果与例2－14中通过等效变换法则得到的结果相同。

2.5 多输入反馈控制系统的传递函数

控制系统在工作过程中通常会有两种类型的输入信号作用其上，一类是控制输入，或称参考输入、给定输入等；另一类是干扰信号，或称扰动。控制输入信号 $x_i(t)$ 一般作用在控制装置的输入端，也就是系统的输入端；而干扰信号 $n(t)$ 一般作用在被控对象上。为了提高系统的准确性和抗干扰的能力，一般采用反馈控制的方式，将系统设计成闭环控制系统。具有扰动的闭环控制系统的典型方框图如图2－25所示。

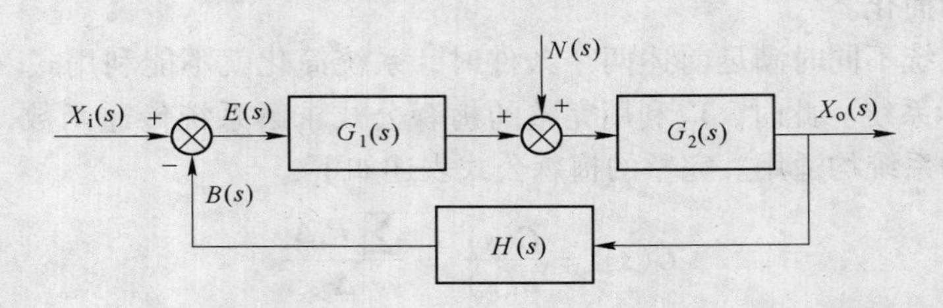

图2－25 多输入反馈控制系统典型方框图

图2－26所示数控机床进给系统，在控制输入 $X_i(s)$ 作用下产生偏差信号 $E(s)$ 后，伺服电动机1（驱动装置）使丝杠3转动，并通过螺母移动工作台4，产生位移输出 $X_o(s)$，固定在工作台4上的直线位移检测装置2将输出 $X_o(s)$ 检测出来，检测结果再经放大，反馈为信号 $B(s)$，与输入 $X_i(s)$ 进行比较。如果偏差 $E(s) = X_i(s) - B(s) \neq 0$，则继续通过伺服电动机1驱动工作台4，进而改变输出 $X_o(s)$。只有当偏差信号 $E(s) = 0$ 时，伺服电动机1的输入为零，电动机停转，工作台停止移动，系统的输出才会停止改变。这就是所谓的反馈控制。

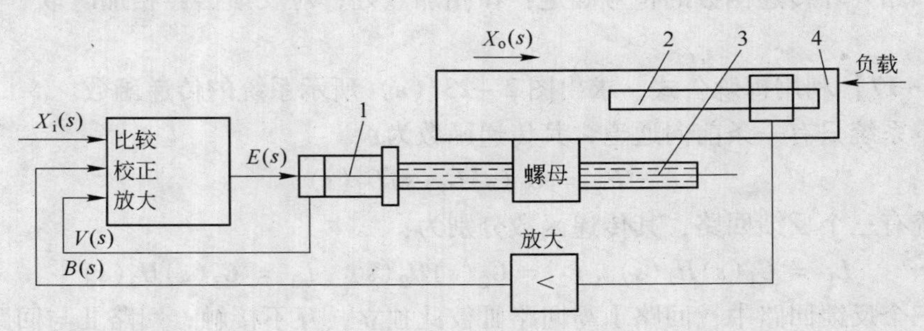

图2－26 数控机床进给系统

系统除了受到控制输入 $X_i(s)$ 作用之外，工作台在移动过程中受到的负载，就相当于作用在系统中的第二个输入信号。当要求无论负载如何变化，工作台的位移输出 $X_o(s)$ 都必须准确地跟随控制输入 $X_i(s)$ 时，则此负载的作用就可视为干扰输入，通常记为 $N(s)$。

在多输入信号作用下的线性控制系统，可以利用叠加原理来分析系统总的输出，即可以对每个输入量分别进行处理，然后将各自引起的输入量进行叠加，就可求得总的输出量。

(1) 只考虑控制输入 $X_i(s)$ 时，此时，令 $N(s)=0$。图 2-25 所示方框图可等效变换为图 2-27。

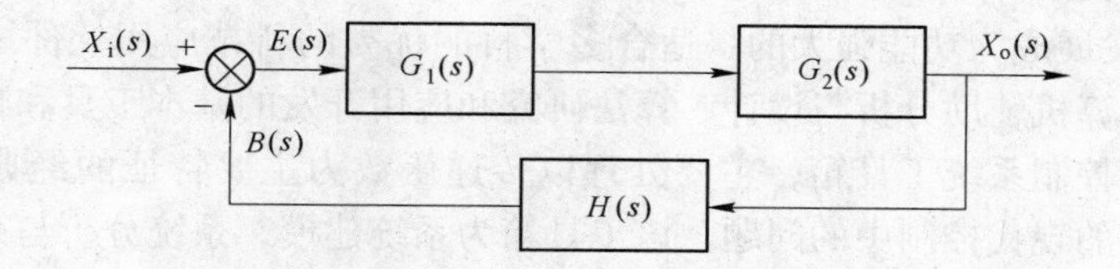

图 2-27 当 $N(s)=0$ 时多输入反馈控制系统等效图

由此可得 $X_i(s)$ 单独作用下系统的传递函数为：

$$G_{X_i}(s)=\frac{X_{o1}(s)}{X_i(s)}=\frac{G_1(s)G_2(s)}{1+G_1(s)G_2(s)H(s)}$$

因此
$$X_{o1}(s)=G_{X_i}(s)X_i(s)=\frac{G_1(s)G_2(s)}{1+G_1(s)G_2(s)H(s)}X_i(s)$$

(2) 只考虑干扰输入 $N(s)$ 时，此时，令 $X_i(s)=0$。图 2-25 所示方框图可等效变换为图 2-28。

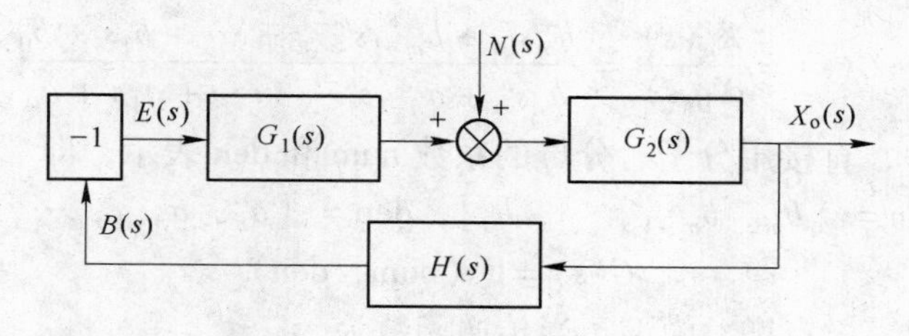

图 2-28 当 $X_i(s)=0$ 时多输入反馈控制系统等效图

由此可得 $N(s)$ 单独作用下系统的传递函数为：

$$G_N(s)=\frac{X_{o2}(s)}{N(s)}=\frac{G_2(s)}{1+G_1(s)G_2(s)H(s)}$$

因此
$$X_{o2}(s)=G_N(s)N(s)=\frac{G_2(s)}{1+G_1(s)G_2(s)H(s)}N(s)$$

(3) 系统总的输出 $X_o(s)$ 为：

$$X_o(s)=X_{o1}(s)+X_{o2}(s)$$
$$=\frac{G_1(s)G_2(s)}{1+G_1(s)G_2(s)H(s)}X_i(s)+\frac{G_2(s)}{1+G_1(s)G_2(s)H(s)}N(s)$$

如果 $|G_1(s)G_2(s)H(s)| \gg 1$，且 $|G_1(s)H(s)| \gg 1$，则

$$X_{o2}(s) = \frac{G_2(s)}{1 + G_1(s)G_2(s)H(s)}N(s) \approx \frac{1}{G_1(s)H(s)}N(s) \approx \delta N(s)$$

显然，δ 为极小值，因此干扰 $N(s)$ 引起的输出极小。这说明闭环控制系统可以具有很好的抗干扰性，系统总的输出只跟随控制输入 $X_i(s)$ 变化。但如果系统中没有反馈回路，即 $H(s)=0$，此时系统是一个开环控制系统，那么由干扰引起的输出为 $X_{o2}(s)=G_2(s)N(s)$ 无法消除，此时的系统不具有抗干扰的能力。

2.6 利用 MATLAB 建立系统数学模型

MATLAB 是美国 MathWorks 公司于 20 世纪 80 年代中期推出的高性能数值计算软件，近 30 年来，已发展成为功能强大的、适合多学科的优秀的科技应用软件之一，在许多学科领域中成为计算机辅助分析与设计、算法研究和应用开发的基本工具和首选平台。

MATLAB 的控制系统工具箱，主要处理以传递函数为主要特征的经典控制和以状态空间为主要特征的现代控制中的问题。该工具箱为系统建模、系统分析与系统设计提供了一个完整的解决方案，是 MATLAB 最有力和最基本的工具箱之一。

MATLAB 语言最基本的赋值语句结构为：

变量名列表 = 表达式

2.6.1 MATLAB 中数学模型的表示

MATLAB 中数学模型的表示主要有三种基本形式：传递函数分子/分母多项式模型、传递函数零极点增益模型和状态空间模型。它们各有特点，有时需在各种模型之间进行转换。

（1）传递函数分子/分母多项式模型。当传递函数为

$$G(s) = \frac{X_o(s)}{X_i(s)} = \frac{b_m s^m + b_{m-1}s^{m-1} + \cdots + b_1 s + b_0}{a_n s^n + a_{n-1}s^{n-1} + \cdots + a_1 s + a_0}$$

时，在 MATLAB 中，直接用分子、分母的系数 num 和 den 表示，即

$$\text{num} = [b_m, b_{m-1}, \cdots, b_0],\ \text{den} = [a_n, a_{n-1}, \cdots, a_0]$$

$$G(s) = \text{tf}(\text{num}, \text{den})$$

（2）传递函数零极点增益模型。当传递函数为

$$G(s) = \frac{K(s-z_1)(s-z_2)(s-z_3)\cdots(s-z_m)}{(s-p_1)(s-p_2)(s-p_3)\cdots(s-p_n)}$$

时，在 MATLAB 中，用［z，p，k］矢量组表示，即

$$z = [z_1, z_2, \cdots, z_m],\ p = [p_1, p_2, \cdots, p_n]$$

$$k = [K],\ G(s) = \text{zpk}(z, p, k)$$

（3）状态空间模型。当系统的数学模型为状态空间表达式

$$\begin{cases} \dot{X} = AX + Bu \\ Y = CX + Du \end{cases}$$

时，在 MATLAB 中，用［A，B，C，D］矩阵组表示，即系统表示为 ss（A，B，C，D）。

在 MATLAB 中，可用 conv 函数实现复杂传递函数的求取。conv 函数是标准的 MAT-

LAB 函数，用来求取两个向量的卷积，也可用来求取多项式乘法。conv 函数允许多重嵌套，从而实现复杂计算。

【例 2-18】 用 MATLAB 表示传递函数为 $\dfrac{3(s^3+2s^2+5s+3)}{s(s+2)(5s^2+7s+1)}$ 的系统。

解：
```
num = 3 * [1, 2, 5, 3]
den = conv (conv([1,0],[1,2]),[5,7,1])
G(s) = tf(num,den)
```

2.6.2 模型之间的转换

同一个系统可用上述三种不同形式的模型表示，为了分析方便，有时需在三种模型形式之间进行转换。MATLAB 的控制系统工具箱提供了模型转换的函数，如图 2-29 所示。

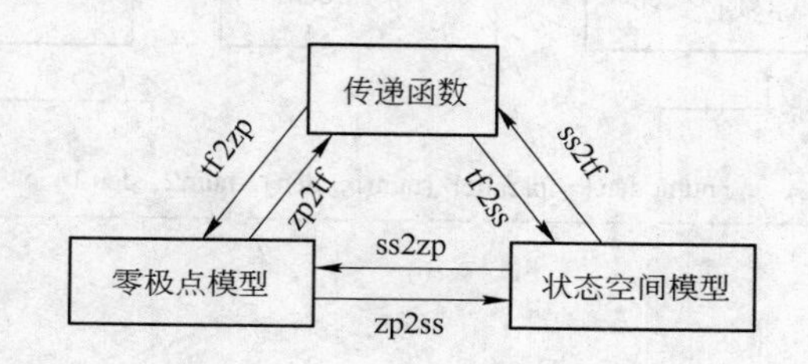

图 2-29 三种模型之间的转换

2.6.3 系统建模

对简单系统的建模可直接采用三种基本模型：传递函数分子/分母多项式模型、传递函数零极点增益模型和状态空间模型。但实际工程中经常遇到由多个简单系统组合成一个复杂系统的情况，其常见组合形式有串联、并联和反馈连接。

(1) 串联。将两个系统按串联方式连接，如图 2-30 (a) 所示，在 MATLAB 中可用 series 函数实现，如图 2-30 (b) 所示。

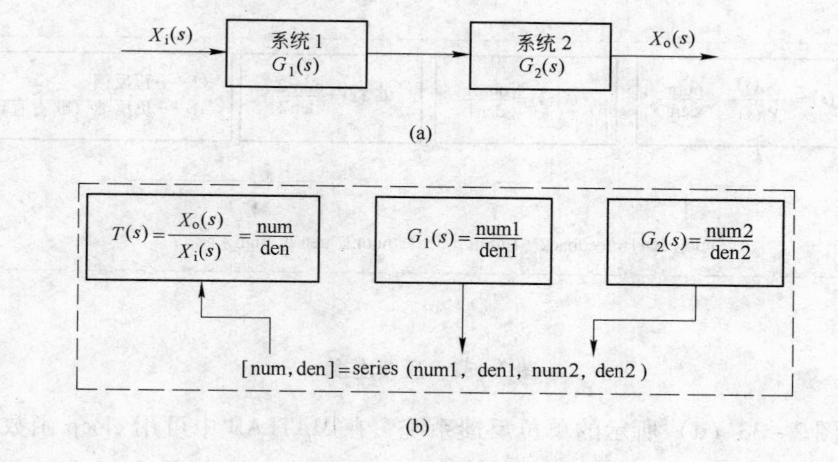

图 2-30 系统串联

（2）并联。将两个系统按并联方式连接，如图 2－31（a）所示，在 MATLAB 中可用 parallel 函数实现，如图 2－31（b）所示。

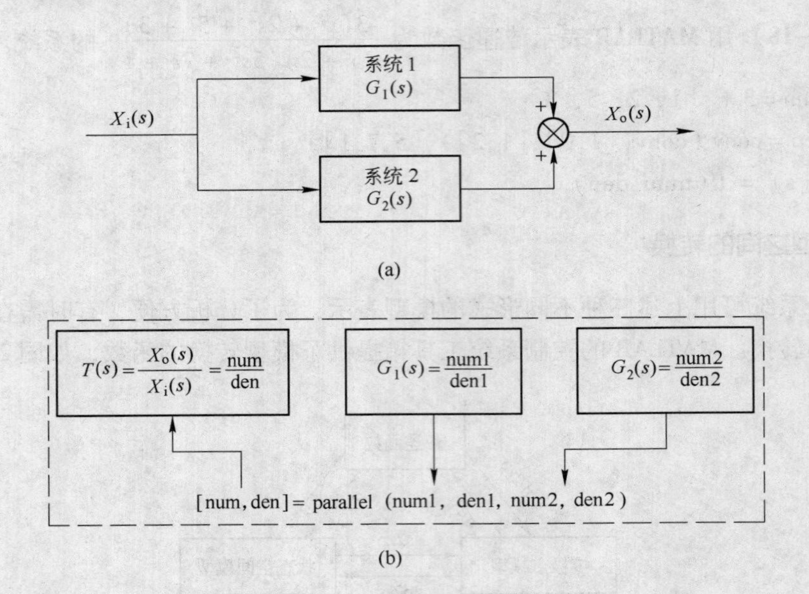

图 2－31 系统并联

（3）反馈连接。对于如图 2－32（a）所示的反馈连接，在 MATLAB 中可用 feedback 函数实现，如图 2－32（b）所示。

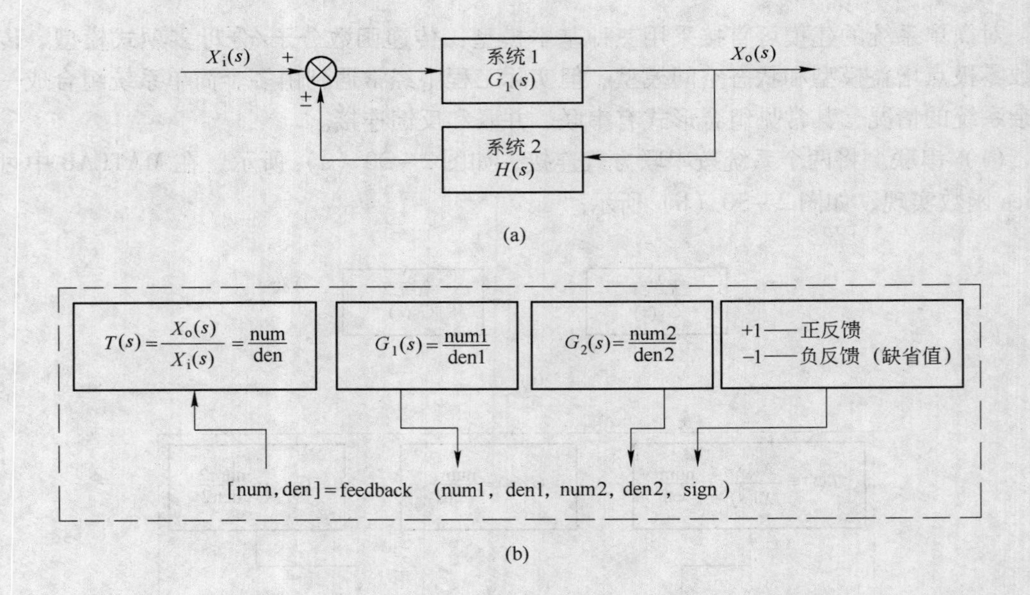

图 2－32 反馈连接

对于如图 2－33（a）所示的单位反馈系统，在 MATLAB 中可用 cloop 函数实现，如图 2－33（b）所示。

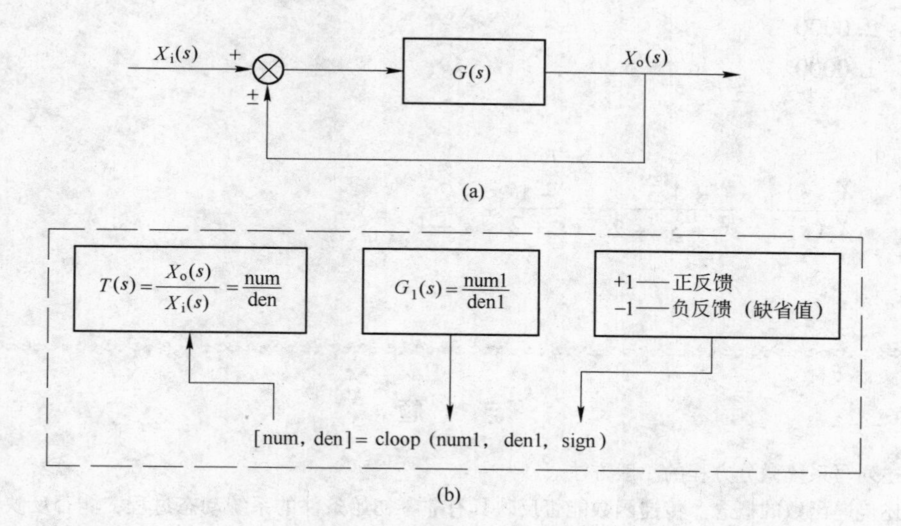

图 2-33 单位反馈系统

2.6.4 进行部分分式展开

传递函数的一般表达式为：

$$G(s)=\frac{X_o(s)}{X_i(s)}=\frac{b_m s^m+b_{m-1}s^{m-1}+b_{m-2}s^{m-2}+\cdots+b_1 s+b_0}{a_n s^n+a_{n-1}s^{n-1}+a_{n-2}s^{n-2}+\cdots+a_1 s+a_0}$$

在 MATLAB 中可用 residue 函数实现该传递函数的部分分式展开。

num = $[b_m, b_{m-1}, \cdots, b_0]$

den = $[a_n, a_{n-1}, \cdots, a_0]$

命令：

[r, p, k] = residue (num, den)

求出传递函数的部分分式展开式中的留数、极点和余项，即得到

$$\frac{X_o(s)}{X_i(s)}=\frac{r_1}{s-p_1}+\frac{r_2}{s-p_2}+\cdots+\frac{r_n}{s-p_n}+k(s)$$

【例 2-19】 对于系统传递函数 $\frac{X_o(s)}{X_i(s)}=\frac{s+3}{s^2+3s+2}$，利用 MATLAB 进行部分分式展开。

解： 根据题意，在 MATLAB 中输入程序

```
num = [0, 1, 3]
den = [1, 3, 2]
[r, p, k] = residue (num, den)
```

运行该程序得到：

```
r =
    -1.0000
    2.0000
p =
```

```
   -2.0000
   -1.0000
k =
   []
```

即
$$\frac{X_o(s)}{X_i(s)}=\frac{s+3}{s^2+3s+2}=\frac{-1}{s+2}+\frac{2}{s+1}$$

习 题

2-1 简述列写系统微分方程的一般方法。

2-2 简述传递函数的概念。传递函数能否反映具有非零初始条件的系统动态过程，能否反映系统的物理属性?

2-3 求图2-34所示各机械系统的微分方程。其中，输入为外力$f(t)$，输出为位移$y(t)$。

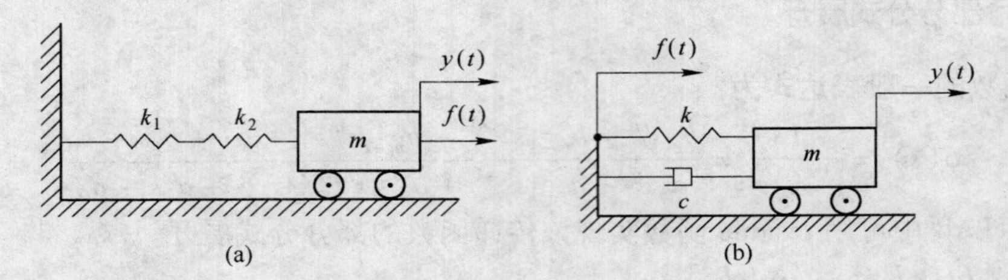

图2-34 机械系统

2-4 用拉普拉斯数学方法求解下列微分方程：

(1) $\ddot{y}(t)+3\dot{y}(t)+2y(t)=\delta(t)$，其中$\dot{y}(0)=x(0)=0$；

(2) $5\dot{y}(t)+8y(t)=12$，其中$\dot{y}(0)=4$；

(3) $\ddot{y}(t)+6\dot{y}(t)+8y(t)=1$，其中$\dot{y}(0)=0, y(0)=1$。

2-5 证明图2-35所示电气系统和机械系统相似，即证明二者的传递函数具有相同的形式。

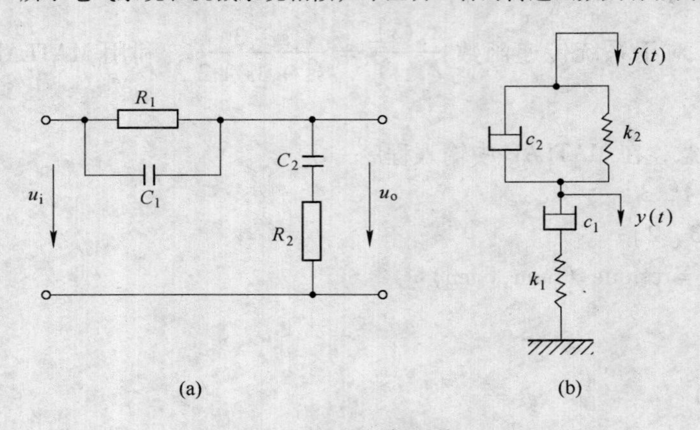

图2-35 相似系统

(a) 电气系统；(b) 机械系统

2-6 图2-36为汽车在不平坦路面上行驶时承载系统的简化力学模型，路面的高低变化形成激励源，由此造成汽车的振动和轮胎受力。试求以 $x_i(t)$ 为输入，分别以汽车质量垂直位移 $x_o(t)$ 和轮胎垂直受力 $F_2(t)$ 为输出的传递函数。

2-7 冷连轧机通常有4~6个机架组成，带材从第一机架连续被轧至最后一机架。实际轧机机座与辊系系统是一个复杂的多自由度质量分布系统。为了便于分析，可将其简化为一个三自由度质量-弹簧-阻尼系统，如图2-37所示。其中，m_0、m_1、m_2 分别为机架上部（包括下工作辊、下支撑辊、下部立柱、横梁等）等效质量；x_0、x_1、x_2 分别为机架上部、上支撑辊和上工作辊、整个机架下辊系质心位移；f_0、f_1 分别为整个机架上辊系、机架下辊系等效阻尼；k_0、k_1 分别为整个机架上辊系、机架下辊系等效刚度。设轧制力为 F_w，试求以压力 p_L 为输入，分别以 x_0、x_1、x_2 为输出的动力学模型。

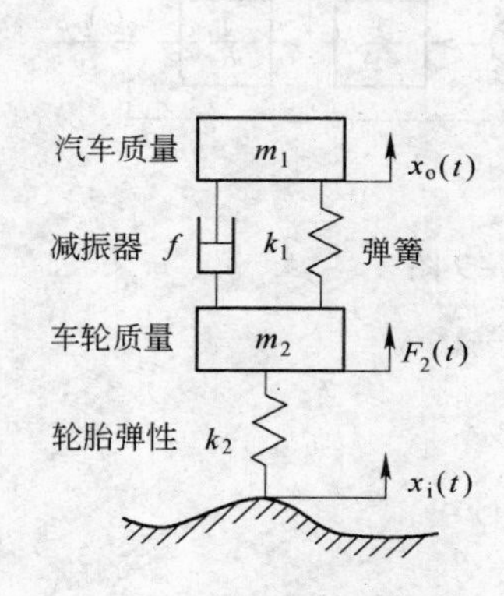

图2-36　汽车承载简化模型

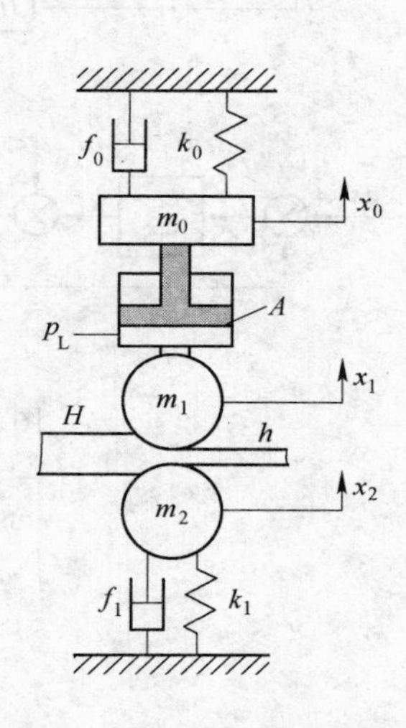

图2-37　冷连轧机系统

2-8 若系统传递函数方框图如图2-38所示，求：

(1) 以 $X_i(s)$ 为输入，当 $N(s)=0$ 时，分别以 $X_o(s)$、$Y(s)$、$B(s)$、$E(s)$ 为输出的闭环传递函数；

(2) 以 $N(s)$ 为输入，当 $X_i(s)=0$ 时，分别以 $X_o(s)$、$Y(s)$、$B(s)$、$E(s)$ 为输出的闭环传递函数；

(3) 比较以上各传递函数的分母，从中可以得出什么结论。

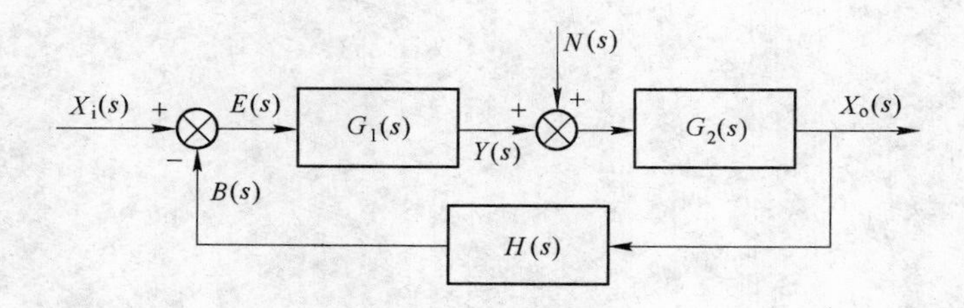

图2-38　多输入反馈控制系统方框图

2-9 化简图2-39所示各系统方框图，求闭环传递函数。

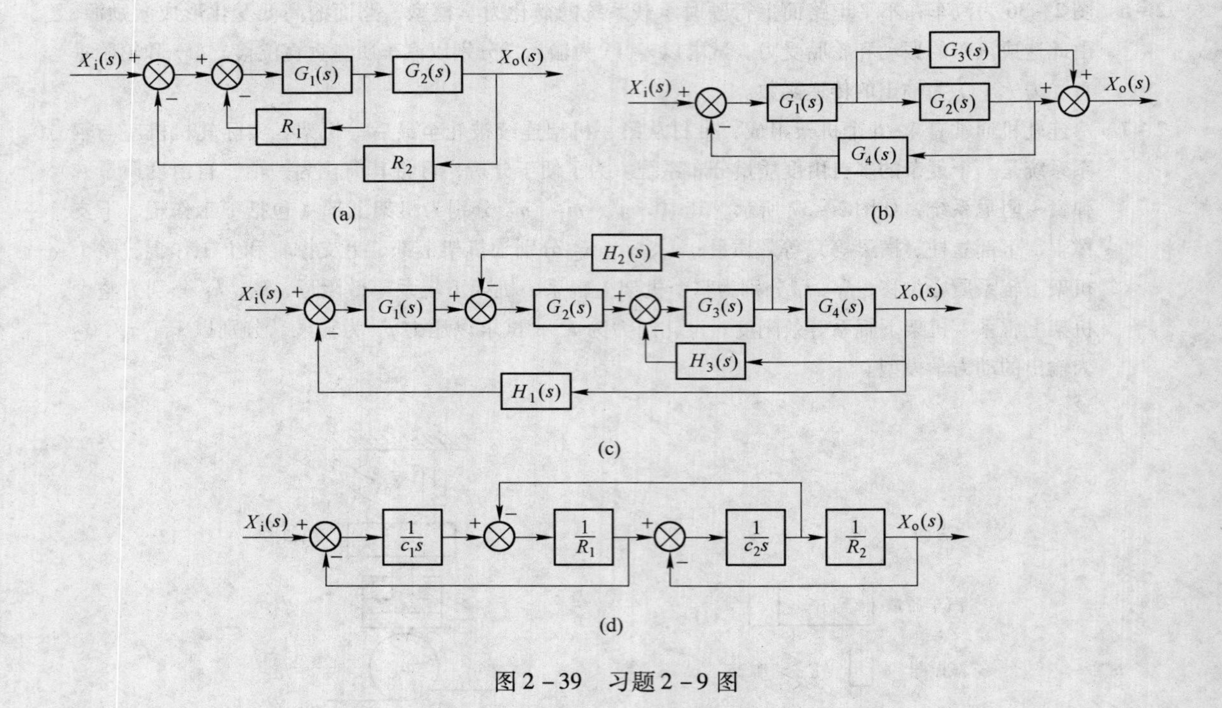

$X_i(s)$
$G_1(s)$
$G_2(s)$
$X_o(s)$
R_1
R_2
(a)
$G_3(s)$
$G_4(s)$
(b)
$H_2(s)$
$H_3(s)$
$H_1(s)$
(c)
$\frac{1}{c_1 s}$
$\frac{1}{R_1}$
$\frac{1}{c_2 s}$
$\frac{1}{R_2}$
(d)

图 2－39　习题 2－9 图

3 控制系统的时域分析

在建立起系统的数学模型（微分方程、传递函数）之后，就可以采用不同的方法，通过系统的数学模型分析系统的性能，从而得出改进系统性能的方法。对于线性定常系统，常用的系统分析方法有时域分析法、根轨迹法和频域分析法。

所谓时域分析法（时间响应分析），就是根据系统的微分方程，以拉普拉斯变换为数学工具，直接解算出系统的输出量随时间变化的规律，并由此来确定系统的性能，如稳定性、快速性和准确性等。时域分析法是一种直接分析的方法，易于接受，而且也是一种比较准确的方法，能够提供系统时间响应的全部信息。本章的知识结构框图如图 3 – 1 所示。

3.1 概述

3.1.1 时间响应及其组成

系统在输入信号的作用下，其输出随时间变化的过程称为系统的时间响应。它反映系统本身的固有特性以及系统在输入作用下的动态历程。

一般情况下，设系统的动力学方程为：

$$a_n y^{(n)}(t) + a_{n-1} y^{(n-1)}(t) + \cdots + a_1 \dot{y}(t) + a_0 y(t) = x(t)$$

方程解的一般形式为：

$$y(t) = \underbrace{\overbrace{\sum_{i=1}^{n} A_{1i} e^{s_i t}}^{} + \sum_{i=1}^{n} A_{2i} e^{s_i t}}_{} + B(t) \tag{3-1}$$

（式中标注：$\sum_{i=1}^{n} A_{1i} e^{s_i t} + \sum_{i=1}^{n} A_{2i} e^{s_i t}$ 为自由响应；$B(t)$ 为强迫响应；$\sum_{i=1}^{n} A_{1i} e^{s_i t}$ 为零输入响应；$\sum_{i=1}^{n} A_{2i} e^{s_i t} + B(t)$ 为零状态响应）

式中，s_i（$i=1, 2, \cdots, n$）为方程的特征根。系统的阶次 n 和 s_i 取决于系统的固有特性，与系统的初态无关。

由此可见，系统的时间响应可从两方面分类，如式（3 – 1）所示。按振动性质分，可分为自由响应与强迫响应；按振动来源分，可分为零输入响应（输入信号为零时仅由初始状态引起的自由响应）与零状态响应（初始状态为零时而仅由输入引起的响应）。经典控制论中所要研究的响应往往是零状态响应。

当 $t \to \infty$ 时，输出 $y(t) \to$ 稳态值，则系统稳定。此时，自由响应可称为瞬态响应，强迫响应可称为稳态响应。

（1）瞬态响应：系统在某一输入信号作用下，其输出从初始状态到稳定状态的响应过程，也称为过渡过程。

（2）稳态响应：系统在某一输入信号作用下，时间 t 趋于无穷大时，系统的输出状态。

在工程实际中，总会用一定的方法来界定时间 $t \to \infty$ 的概念。通常将时间响应中实际

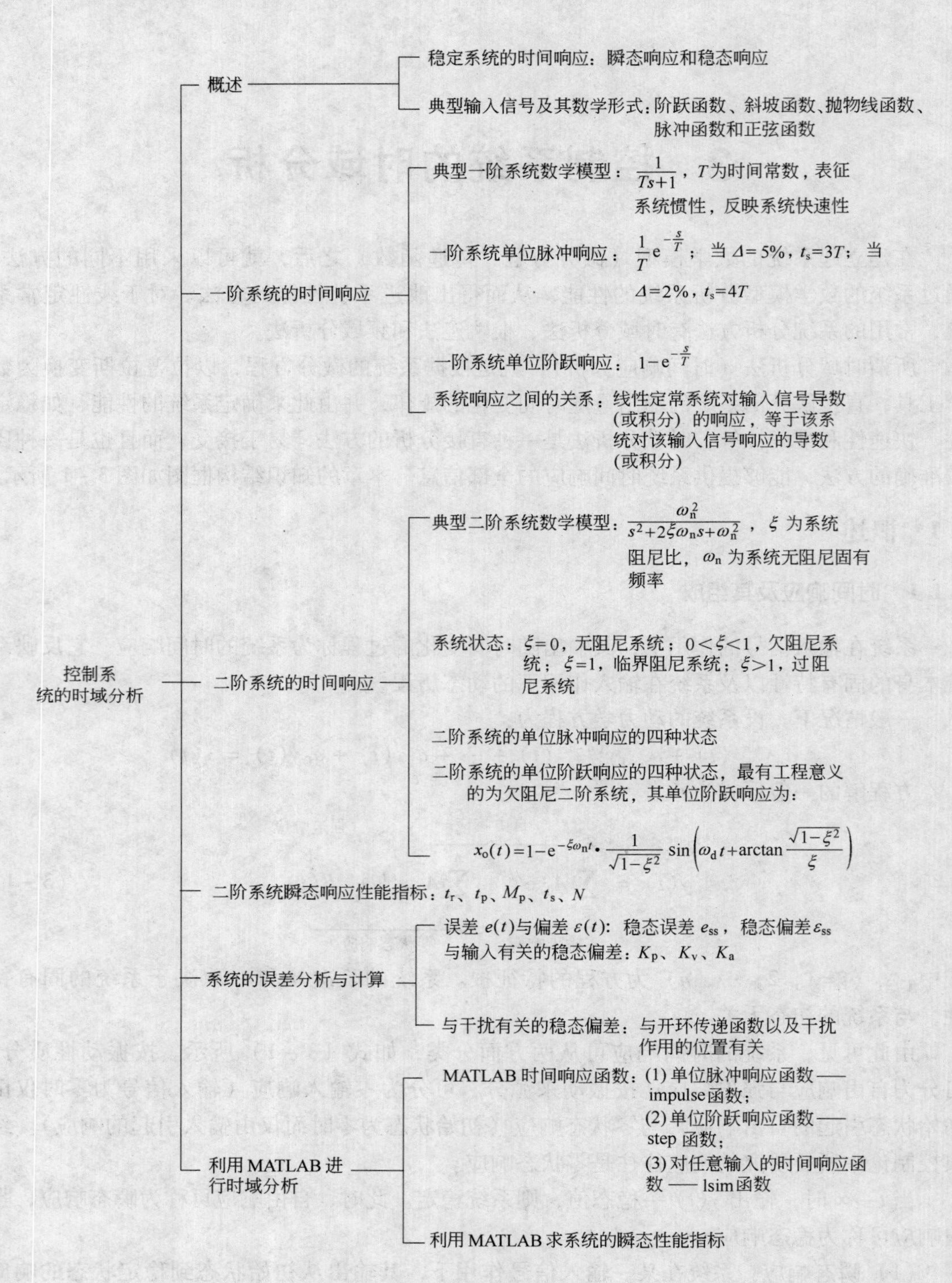

图 3-1 第 3 章知识结构

输出与理想输出的误差进入系统规定的误差带之前的过程称为瞬态响应，之后的过程称为稳态响应。图 3-2 所示为某系统在单位阶跃信号作用下的时间响应，$\pm\Delta$ 为系统规定的误差范围。很显然，$0\sim t_s$ 的过程为瞬态响应，之后为稳态响应。

瞬态响应反映了系统的动态性能，表征系统的振荡特性和快速性；稳态响应偏离系统希望值的程度可用来衡量系统的精确程度，表征系统的准确性和抗干扰的能力。

(3) 系统的特征根影响系统自由响应的收敛性和振荡：Re[s_i] 能反映系统的稳定与否以及快速性。当 Re[s_i] 全部具有负实部时，系统的自由响应收敛，系统稳定；若存在 Re[s_i] >0，则自由响应发散，若 Re[s_i] =0，自由响应等幅振荡，这两种情况系统均不稳定。当系统稳定时，Re[s_i] 绝对值越大，系统收敛所需要的时间越短，系统的快速性越好。

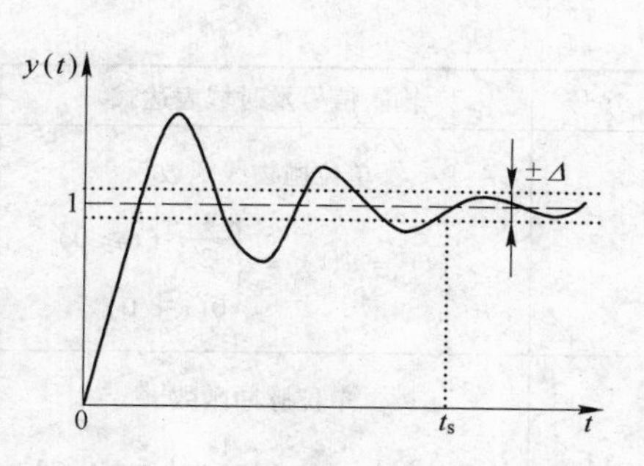

图 3－2 某系统的单位阶跃响应

Im[s_i] 的绝对值大小能反映系统自由响应的振荡情况，决定了系统的响应在规定时间内接近稳态响应的情况，影响着响应的准确性。Im[s_i] 的绝对值越大，自由响应振荡得越剧烈，系统准确性越差。

3.1.2 典型输入信号

控制系统的动态性能可以通过在输入信号作用下系统的瞬态响应来评价。系统的动态响应不仅取决于系统本身的特性，也和外加输入信号的形式有关。时域分析中，为了比较不同系统的控制性能，需要预先规定一些具有特殊形式的实验输入信号来建立分析比较的基础，这些信号称为控制系统的典型输入信号。

实验输入信号的选取主要考虑以下原则：

(1) 实验输入信号的形式应尽量简单，便于用数学表达及分析处理。

(2) 实验输入信号应当具有典型性，能够反映系统工作的大部分实际情况。

(3) 实验输入信号能使系统工作在最不利的情况。

常用的典型输入信号有阶跃函数、斜坡函数（速度函数）、抛物线函数（加速度函数）、脉冲函数和正弦函数。其中，阶跃函数使用最为广泛。各典型输入信号具体情况见表 3－1。

表 3－1 典型输入信号

序号	输入信号及时域表达式	拉氏变换式	时域图形	实例
1	单位阶跃函数 $x_i(t)=1(t)=\begin{cases}1(t\geqslant 0)\\0(t<0)\end{cases}$	$\frac{1}{s}$	$x_i(t)$ / 0 / t	开关量
2	单位斜坡函数 $x_i(t)=r(t)=\begin{cases}t(t\geqslant 0)\\0(t<0)\end{cases}$	$\frac{1}{s^2}$	$x_i(t)$ / 0 / t	等速跟踪

续表 3－1

序号	输入信号及时域表达式	拉氏变换式	时 域 图 形	实 例
3	单位抛物线函数 $x_i(t) = a(t) = \begin{cases} \frac{1}{2}t^2 (t \geqslant 0) \\ 0 (t < 0) \end{cases}$	$\frac{1}{s^3}$		振动加速度
4	单位脉冲函数 $x_i(t) = \delta(t) = \begin{cases} \frac{1}{\varepsilon} (0 \leqslant t < \varepsilon) \\ 0 (t < 0, t > \varepsilon) \end{cases}$	1		电脉冲 后坐力 撞 击
5	正弦函数 $x_i(t) = A\sin\omega t$	$\frac{A\omega}{s^2 + \omega^2}$		正弦交变力 正弦交流电

3.2 一阶系统的时间响应

3.2.1 典型一阶系统的数学模型

用一阶微分方程描述的系统称为一阶系统。典型一阶系统的方框图如图 3－3 所示。其闭环传递函数为：

$$G(s) = \frac{X_o(s)}{X_i(s)} = \frac{1}{Ts + 1} \qquad (3-2)$$

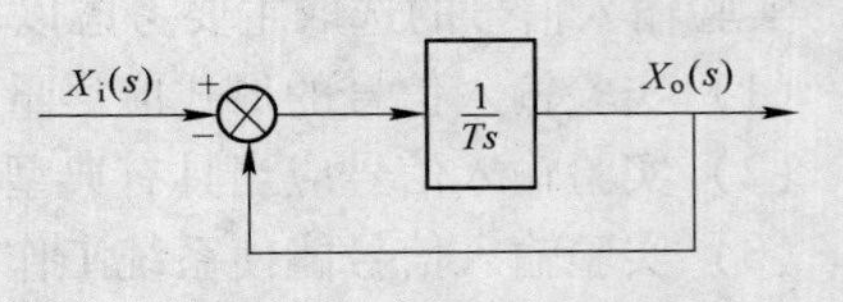

图 3－3 典型一阶系统

式中 T——时间常数，具有时间的量纲，s。

T 表达了一阶系统本身与外界作用无关的固有特性，是一阶系统的特征参数，是表征系统惯性的主要参数。T 越小，系统的惯性越小，系统的快速性能越好。

3.2.2 一阶系统的单位脉冲响应

设一阶系统的输入信号为理想的单位脉冲函数 $\delta(t)$，则系统输出 $x_o(t)$ 为一阶系统的单位脉冲响应，其结果为：

$$x_o(t) = L^{-1}[G(s)X_i(s)] = L^{-1}\left[\frac{1}{Ts+1} \times 1\right]$$

$$= \frac{1}{T}e^{-\frac{s}{T}} \quad (t \geqslant 0) \qquad (3-3)$$

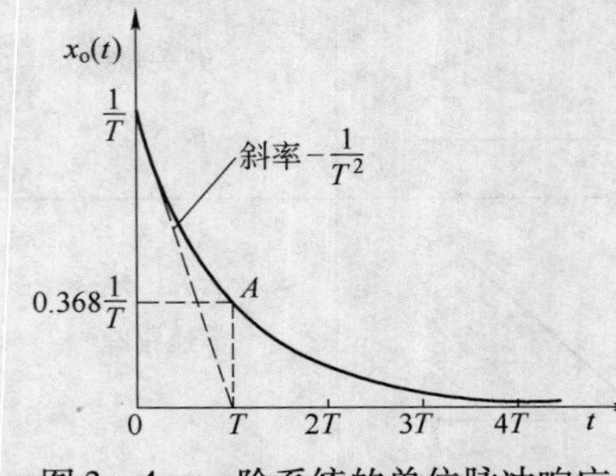

图 3－4 一阶系统的单位脉冲响应

因为 $\lim_{t \to \infty} x_o(t) = 0$，所以一阶系统的单位脉冲响应稳态值为 0，$\frac{1}{T}e^{-\frac{s}{T}}$ 为瞬态项。

一阶系统的单位脉冲响应曲线如图 3－4 所示。该曲线是一条单调下降的指数曲线。$x_o(t)$ 的初始值为$\frac{1}{T}$，收敛于0。且响应曲线在0时刻的切线与稳态值相交的时间，恰为系统的时间常数 T。

如果将时间响应与稳态值之间误差为 Δ 之前的过程称为过渡过程（或调整过程），则过渡过程所需的时间就称为调整时间（或过渡过程时间），记作 t_s。利用式（3-3），有：

当 $\Delta=5\%$ 时，$t_s=3T$；当 $\Delta=2\%$ 时，$t_s=4T$。

由此可见，系统的时间常数 T 越小，其过渡过程的持续时间越短，这表明系统的惯性越小，系统对输入信号反应的快速性能越好。

在实际应用时，由于理想的脉冲信号不可能得到，故常以具有一定脉冲宽度和有限幅值的脉冲来代替它。当脉冲宽度 ε（如表3-1所示）与系统的时间常数 T 相比足够小（一般要求为 $\varepsilon<0.1T$），这时可以得到近似程度很高的脉冲响应函数。

3.2.3 一阶系统的单位阶跃响应

当输入为单位阶跃函数，即

$$X_i(s)=L[1(t)]=\frac{1}{s}$$

$$x_o(t)=L^{-1}[G(s)X_i(s)]=L^{-1}\left[\frac{1}{Ts+1}\cdot\frac{1}{s}\right]$$

$$=L^{-1}\left[\frac{1}{s}-\frac{1}{s+\frac{1}{T}}\right]=1-e^{-\frac{t}{T}}\quad(t\geqslant 0)\qquad(3-4)$$

因为 $\lim\limits_{t\to\infty}x_o(t)=1$，所以一阶系统的单位阶跃响应稳态值为1，$-e^{-\frac{t}{T}}$为瞬态项。

一阶系统的单位阶跃响应曲线如图3-5所示。该曲线是一条单调上升指数曲线，稳态值为1。曲线上有两个重要的特征点。一个是零点，响应曲线在0时刻的切线与稳态值相交的时间，恰为系统的时间常数 T。而另一个是 A 点，即 $t=T$ 时，输出响应值为稳态值的63.2%。这两个特征点十分直接地同系统的时间常数 T 相联系，都包含了一阶系统的与固有特性有关的信息。

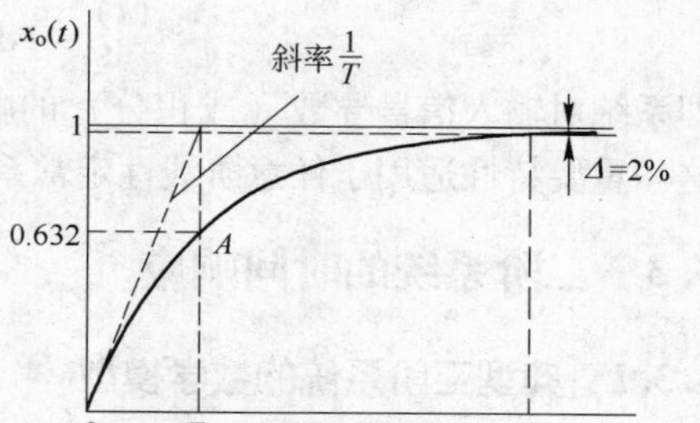

同样，类似于一阶系统单位脉冲响应的分析结论，利用式（3-4），可得：

当 $\Delta=5\%$ 时，$t_s=3T$；

当 $\Delta=2\%$ 时，$t_s=4T$。

图3-5 一阶系统的单位阶跃响应

可见，时间常数 T 确实反映了一阶系统的固有特性，其值越小，系统的惯性越小，系统响应的快速性能越好。

类似地，可求得一阶系统的单位斜坡响应为：

$$x_o(t)=L^{-1}[G(s)X_i(s)]=L^{-1}\left[\frac{1}{Ts+1}\cdot\frac{1}{s^2}\right]=t-T+Te^{-\frac{t}{T}}(t\geqslant 0)\qquad(3-5)$$

【例3-1】 设温度计能在1分钟内指示出响应稳态值的98%，且假设温度计为一阶系统，求其时间常数；若将此温度计放在澡盆中，澡盆的温度依10℃/min的速度线性变化，求温度计示值误差是多大?

解：(1) 因为一阶系统 $G(s)=\dfrac{1}{Ts+1}$ 的单位阶跃响应函数为 $x_o(t)=1-e^{-\frac{s}{T}}$，当 $x_o(t)=1-e^{-\frac{t}{T}}|_{t=1}=0.98$ 时，求得：

$$T=0.256\text{min}=15.36\text{s}$$

(2) 由题目已知条件可知，澡盆的实际温度即为温度计的理想输出，即输入 $x_i(t)=x_{or}(s)=10t$。根据一阶系统的单位斜坡响应式（3-5）可知，温度计的实际输出应为：

$$x_o(t)=10(t-T+Te^{-\frac{s}{T}})$$

温度计的示值误差函数为：

$$e(t)=x_{or}(t)-x_o(t)=10t-10(t-T+Te^{-\frac{s}{T}})$$
$$=10T(1-e^{-\frac{t}{T}})=2.56(1-e^{-\frac{t}{0.256}})$$

根据题意，当 $t=1$min，温度计指示值可达到稳态值的98%，可认为此时的温度计示值已达到误差允许的范围，达到稳态，此时温度计的示值误差为：

$$e(t)|_{t=1}=2.56(1-e^{-\frac{t}{0.256}})=2.53℃$$

3.2.4 线性系统响应之间的关系

比较一阶系统的单位脉冲、单位阶跃和单位斜坡输入及其响应，可以发现三种输入信号之间有以下关系：

$$\delta(t)=\frac{d}{dt}[1(t)]=\frac{d^2}{dt^2}[t] \tag{3-6}$$

相应的时间响应之间也有对应的关系，即

$$x_{o\delta}(t)=\frac{d}{dt}[x_{o1}(t)]=\frac{d^2}{dt^2}[x_{ot}(t)] \tag{3-7}$$

即系统对输入信号导数（或积分）的响应，等于系统对该输入信号响应的导数（或积分）。这一重要特性适用于任意阶线性定常系统，但不适用于线性时变系统和非线性系统。

3.3 二阶系统的时间响应

3.3.1 典型二阶系统的数学模型

用二阶微分方程描述的系统称为二阶系统。在控制工程实践中，二阶系统应用极为广泛，如大家熟悉的钟铃、弹簧以及电路在受到冲击后的短暂振动，都是二阶系统动态性能的外在表现。二阶系统的响应特性常被视为一种基准，许多高阶系统在一定条件下常被近似地作为二阶系统来研究。因此详细讨论和分析二阶系统的响应特性具有重要的意义。

典型二阶系统的方框图如图3-6所示。它的前向通道由一个惯性环节和一个积分环节串联而成，其闭环传递函数为：

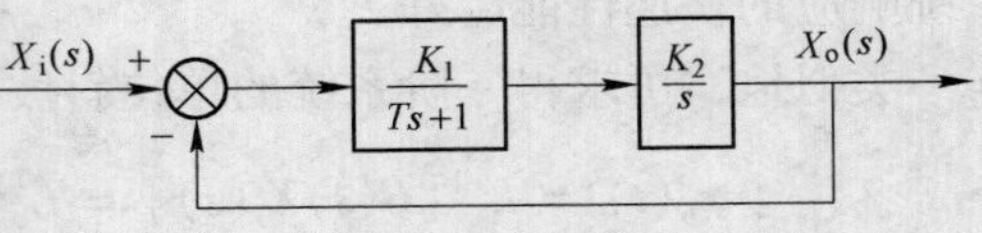

图3-6 典型二阶系统

$$G(s)=\frac{X_o(s)}{X_i(s)}=\frac{K_1K_2}{Ts^2+s+K_1K_2}$$

令
$$\frac{K_1K_2}{T}=\omega_n^2,\ \frac{1}{T}=2\xi\omega_n$$

则
$$G(s)=\frac{X_o(s)}{X_i(s)}=\frac{\omega_n^2}{s^2+2\xi\omega_n s+\omega_n^2} \tag{3-8}$$

式中，ξ 为系统阻尼比；ω_n 为系统无阻尼固有频率。

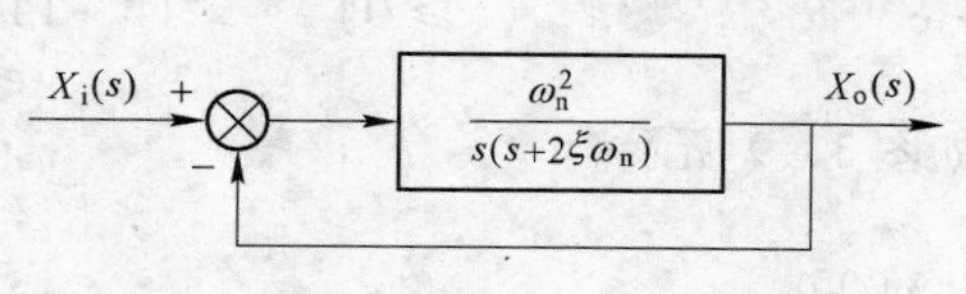

图 3-7 典型二阶系统

显然 ξ 与 ω_n 是二阶系统特征参数，它们表明了二阶系统本身与外界作用无关的特性。此时，典型二阶系统的方框图可转换为图 3-7。

令式（3-8）的分母为 0，即可得到二阶系统的特征方程 $s^2+2\xi\omega_n s+\omega_n^2=0$，由此求得特征方程的特征根，也即闭环传递函数的极点，如图 3-8 所示。

$$s_{1,2}=-\xi\omega_n\pm\omega_n\sqrt{\xi^2-1} \tag{3-9}$$

由式（3-9）可见，随着阻尼比 ξ 取值的不同，二阶系统的特征根也不同。

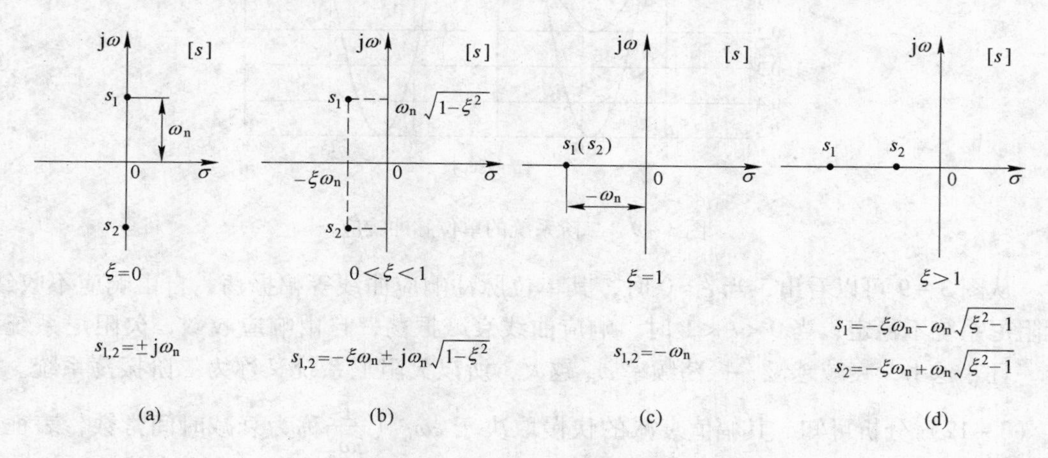

图 3-8 二阶系统的特征根分布

（a）无阻尼系统；（b）欠阻尼系统；（c）临界阻尼系统；（d）过阻尼系统

3.3.2 二阶系统的单位脉冲响应

与一阶系统的单位脉冲响应的分析方法类似，

$$x_o(t)=L^{-1}[G(s)X_i(s)]=L^{-1}\left[\frac{\omega_n^2}{s^2+2\xi\omega_n+\omega_n^2}\times 1\right] \tag{3-10}$$

根据 ξ 的值有不同的输出。

（1）$\xi=0$（无阻尼系统）时：

$$x_o(t)=\omega_n\sin\omega_n t\quad(t\geqslant 0) \tag{3-11}$$

（2）$0<\xi<1$（欠阻尼系统）时：

$$x_o(t) = \frac{\omega_n}{\sqrt{1-\xi^2}} e^{-\xi\omega_n t}\sin\omega_d t \quad (t \geqslant 0) \tag{3-12}$$

式中，$\omega_d = \omega_n \sqrt{1-\xi^2}$称为有阻尼固有频率。

（3）$\xi=1$（临界阻尼系统）时：

$$x_o(t) = \omega_n^2 t e^{-\omega_n t} \quad (t \geqslant 0) \tag{3-13}$$

（4）$\xi>1$（过阻尼系统）时：

$$x_o(t) = \frac{\omega_n}{2\sqrt{\xi^2-1}}\left[e^{-(\xi-\sqrt{\xi^2-1})\omega_n t} - e^{-(\xi+\sqrt{\xi^2-1})\omega_n t}\right] \quad (t \geqslant 0) \tag{3-14}$$

各种状态下，二阶系统的单位脉冲响应曲线如图 3-9 所示。

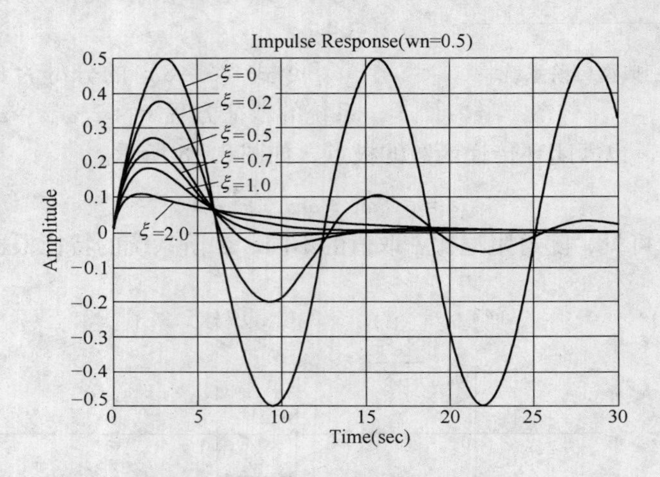

图 3-9 二阶系统的单位脉冲响应

从图 3-9 可以看出，当$\xi=0$时，其单位脉冲响应曲线等幅振荡，自由响应不收敛，无阻尼系统不稳定；当$0<\xi<1$时，响应曲线衰减振荡，自由响应收敛，欠阻尼系统稳定，且ξ越小，衰减越慢，振荡频率ω_d越大，所以欠阻尼系统又称为二阶振荡系统。由式（3-12）分析可知，其幅值衰减的快慢取决于$\xi\omega_n$（$\frac{1}{\xi\omega_n}$称为衰减时间常数，表征系统的惯性）。当$\xi\geqslant 1$时，其响应曲线均无振荡，自由响应收敛。

3.3.3 二阶系统的单位阶跃响应

输入为单位阶跃信号

$$X_i(s) = L[1(t)] = \frac{1}{s}$$

$$x_o(t) = L^{-1}[G(s)X_i(s)] = L^{-1}\left[\frac{\omega_n^2}{s^2+2\xi\omega_n+\omega_n^2}\cdot\frac{1}{s}\right] \tag{3-15}$$

同样，根据ξ的值有不同的输出。

（1）$\xi=0$时：

$$x_o(t) = 1-\cos\omega_n t \quad (t \geqslant 0) \tag{3-16}$$

(2) $0<\xi<1$ 时：

$$x_o(t)=1-e^{-\xi\omega_n t}\left(\cos\omega_d t+\frac{\xi}{\sqrt{1-\xi^2}}\sin\omega_d t\right)\quad(t\geqslant 0)\tag{3-17}$$

或

$$x_o(t)=1-e^{-\xi\omega_n t}\cdot\frac{1}{\sqrt{1-\xi^2}}\sin\left(\omega_d t+\arctan\frac{\sqrt{1-\xi^2}}{\xi}\right)\quad(t\geqslant 0)\tag{3-18}$$

式（3-18）中第一项为稳态项，第二项为瞬态项，是衰减振荡的正弦函数。

(3) $\xi=1$ 时：

$$x_o(t)=1-(1+\omega_n t)e^{-\omega_n t}\quad(t\geqslant 0)\tag{3-19}$$

(4) $\xi>1$ 时：

$$x_o(t)=1+\frac{\omega_n}{2\sqrt{\xi^2-1}}\left(\frac{e^{s_1 t}}{-s_1}-\frac{e^{s_2 t}}{-s_2}\right)\quad(t\geqslant 0)\tag{3-20}$$

式中，$s_1=-(\xi+\sqrt{\xi^2-1})\omega_n$；$s_2=-(\xi-\sqrt{\xi^2-1})\omega_n$。

计算表明，当 $\xi>1.5$ 时，s_1 所在指数项要比 s_2 所在指数项衰减快得多，过渡过程的变化以 $e^{s_2 t}$ 项起主要作用。从图 3-8（d）看，越靠近虚轴的根，过渡过程的时间越长，对瞬态响应的影响大，更起主导作用。

各种状态下，二阶系统的单位阶跃响应曲线如图 3-10 所示。

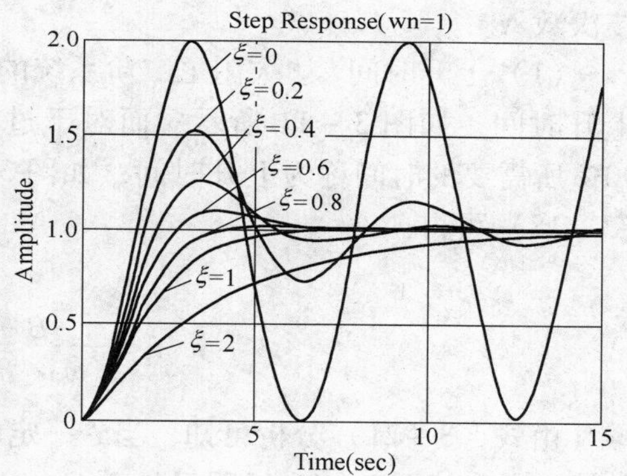

图 3-10 二阶系统的单位阶跃响应

由图可知，$0<\xi<1$ 时，二阶系统的单位阶跃响应函数的过渡过程为衰减振荡，并且随着阻尼 ξ 的减小，其振荡特性表现得更加强烈，当 $\xi=0$ 时达到等幅振荡。在 $\xi=1$ 和 $\xi>1$ 时，二阶系统的过渡过程具有单调上升的特性。从过渡过程持续的时间来看，在无振荡单调上升的曲线中，以 $\xi=1$ 时的调整时间 t_s 最短。在欠阻尼中，当 $\xi=0.4\sim0.8$ 时，不仅其调整过程比 $\xi=1$ 时更短，而且振荡也不太严重。因此，一般希望二阶系统工作在 $\xi=0.4\sim0.8$ 的欠阻尼状态。因为这个工作状态有一个振荡特性适度而持续时间又较短的过渡过程。由以上分析可知，决定过渡过程特性的是瞬态响应这部分。选择合适的过渡过程实际上是选择合适的瞬态响应，也就是选择合适的特征参数 ξ 和 ω_n 值。

在根据给定的性能指标设计系统时，将一阶系统与二阶系统比较，通常选择二阶系统。这是因为二阶系统容易得到较短的过渡过程时间，并且也能同时满足对振荡性能的要求。

3.4 二阶系统瞬态响应性能指标

对控制系统的基本性能要求为“稳、快、准”。在时域分析中，系统的瞬态响应反映了系统本身的动态性能，表征系统的灵敏度、相对稳定性和快速性。系统的准确性则是在稳态响应部分用误差来衡量，而稳定性是由系统的固有特性所决定，主要根据系统特征根的分布来确定。

通常，系统瞬态响应性能指标的定义有以下几个前提：

(1) 系统在单位阶跃信号作用下的瞬态响应。

(2) 初始条件为零，即在单位阶跃输入作用前，系统处于静止状态，输出量及其各阶导数均为零。

(3) 主要针对欠阻尼二阶系统。

这样规定，其主要原因一是单位阶跃信号容易产生，而利用系统对单位阶跃输入的响应也较容易求得任何输入的响应；二是阶跃信号对于系统来说，工作状态较为恶劣，如果系统在这种工况下具有良好的性能指标，则对其他形式的输入也就能满足使用要求；三是因为完全无振荡的单调过程其调整时间较长，除了那些不允许产生振荡的系统外，通常都允许系统有适度的振荡，以便保证系统的快速性。因此，下面有关二阶系统瞬态响应的性能指标除特别说明外，都是针对欠阻尼（通常取 $0.4 \leqslant \xi \leqslant 0.8$）的二阶系统的单位阶跃响应的过渡过程给出的。

3.4.1 常用的性能指标

通常采用的性能指标有上升时间 t_r、峰值时间 t_p、最大超调量 M_p、调整时间 t_s 和振荡次数 N。

(1) 上升时间 t_r。欠阻尼二阶系统的单位阶跃响应第一次达到稳态值所需要的时间为上升时间，如图 3－11 所示。而对于过阻尼系统，一般将响应曲线从稳态值的 10% 到 90% 所需要的时间称为上升时间，如图 3－12 所示。在欠阻尼状态下，根据此定义及式（3－18）可得：

$$t_r = \frac{\pi - \beta}{\omega_d} = \frac{\pi - \arctan \dfrac{\sqrt{1-\xi^2}}{\xi}}{\omega_n \sqrt{1-\xi^2}} \tag{3-21}$$

由式（3－21）分析可知，当 ξ 一定时，ω_n 增大，t_r 就减小；当 ω_n 一定时，ξ 增大，t_r 就增大。从图 3－11 很明显地看到，t_r 反映系统的灵敏度，t_r 越小，系统的灵敏度越高，系统在外界输入作用下反应得越快。

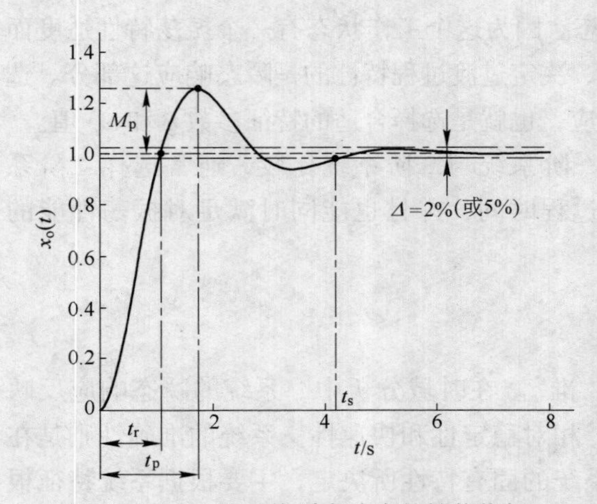

图 3－11 二阶系统瞬态响应的性能指标

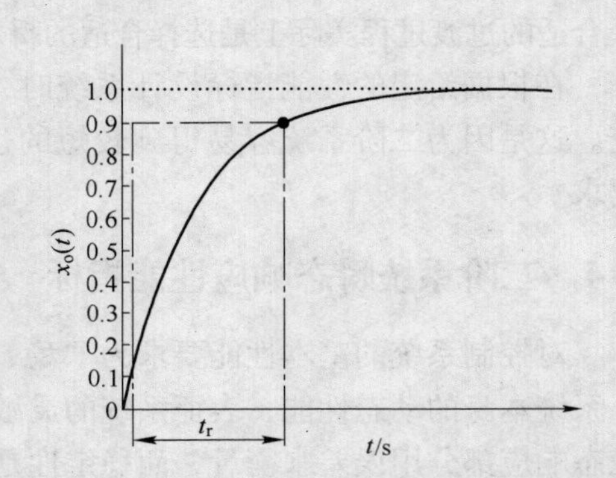

图 3－12 过阻尼二阶系统单位阶跃响应曲线

（2）峰值时间 t_p。欠阻尼二阶系统的单位阶跃响应第一次达到峰值所需要的时间即为峰值时间，如图 3－11 所示。根据此定义及式（3－18）可得：

$$t_p = \frac{\pi}{\omega_d} = \frac{\pi}{\omega_n\sqrt{1-\xi^2}} \tag{3-22}$$

可见，峰值时间 t_p 恰为有阻尼振荡周期的一半。与上升时间 t_r 类似，当 ξ 一定时，ω_n 增大，t_p 就减小；当 ω_n 一定时，ξ 增大，t_p 就增大。同样，t_p 反映了系统的灵敏度。

（3）最大超调量 M_p。欠阻尼二阶系统的单位阶跃响应的最大值对稳态值的偏差，再与稳态值之比的百分数，即为最大超调量（见图 3－11）。

$$M_p = \frac{x_o(t_p) - x_o(\infty)}{x_o(\infty)} \times 100\% \tag{3-23}$$

对于衰减振荡曲线，最大超调量发生在 t_p 处。根据式（3－18）、式（3－22）与式（3－23），可得：

$$M_p = e^{-\xi\pi/\sqrt{1-\xi^2}} \times 100\% \tag{3-24}$$

显然，最大超调量 M_p 只与阻尼比 ξ 有关，直接反映系统的阻尼特性，表征系统的相对稳定性能。最大超调量 M_p 与阻尼比 ξ 的关系曲线如图 3－13 所示。由图可见，M_p 与 ξ 成反比。通常取 $\xi = 0.4 \sim 0.8$，相应的最大超调量 $M_p = 25\% \sim 1.5\%$。

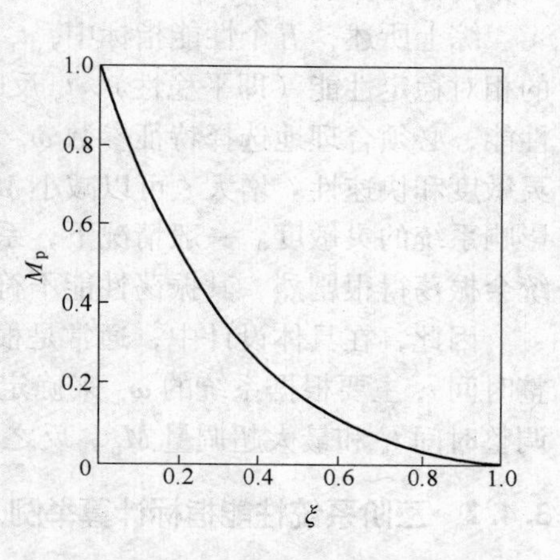

图 3－13 M_p 与 ξ 的关系曲线

另外，欠阻尼二阶系统的单位阶跃响应的最大值与稳态值之差，通常称为最大超调值，记作 M'_p。

（4）调整时间 t_s。在响应曲线的稳态值上下取 $\pm\Delta$（一般取 2% 或 5%）倍的稳态值作为误差带。响应曲线达到并不再超出误差带范围所需要的时间，即为调整时间（见图 3－11）。

$$|x_o(t) - x_o(\infty)| \leqslant \Delta x_o(\infty) \quad (t \geqslant t_s) \tag{3-25}$$

根据式（3－18）与式（3－25）可导出计算 t_s 的近似关系，t_s 与 ξ 之间的关系曲线如图 3－14 所示。

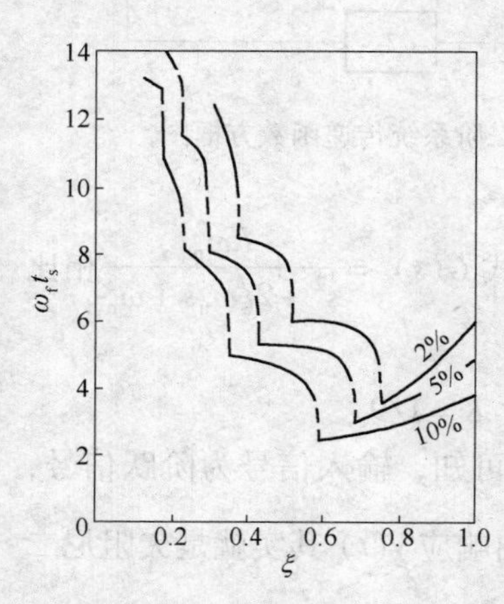

图 3－14 二阶系统 t_s 与 ξ 的关系

$0 < \xi < 0.7$ 时，t_s 与 ω_n、ξ 的近似关系为：

$$t_s \approx \frac{4}{\xi\omega_n} \quad (\Delta = 0.02 \text{ 时}) \tag{3-26}$$

$$t_s \approx \frac{3}{\xi\omega_n} \quad (\Delta = 0.05 \text{ 时}) \tag{3-27}$$

t_s 反映了系统的快速性，t_s 越小，系统的快速性越好。由图 3－14 可见，当 $\Delta = 2\%$ 时，在 $\xi = 0.76$ 处 t_s 达到最小值；当 $\Delta = 5\%$ 时，在 $\xi = 0.68$ 处 t_s 达到最小值。当 $\xi > 0.7$ 时，t_s 不但不减小，反而趋于增大，这主要是由于当系统的阻尼过大时，会造成其响应迟缓。所以在二阶系统的设计中，一般取 $\xi = 0.707$ 作为最佳阻尼比。在此情况下不仅调整时间 t_s 小，而且最大超调量 M_p 也不大，系统的快速性和相对稳定性要求兼顾得较好。

(5) 振荡次数 N。在过渡过程时间 $0\leqslant t\leqslant t_s$ 内，$x_o(t)$ 穿越其稳态值 $x_o(\infty)$ 次数的一半为振荡次数。因为系统的振荡周期为 $2\pi/\omega_d$，根据式（3－18）可得：

$$N=\frac{t_s}{2\pi/\omega_d}\quad（数值向上圆整）\tag{3-28}$$

当 $0<\xi<0.7$ 时，

$$N\approx\frac{2\sqrt{1-\xi^2}}{\pi\xi}\quad(\Delta=0.02\text{ 时})\tag{3-29}$$

$$N\approx\frac{1.5\sqrt{1-\xi^2}}{\pi\xi}\quad(\Delta=0.05\text{ 时})\tag{3-30}$$

与最大超调量 M_p 类似，N 只与阻尼比 ξ 有关，直接反映系统的阻尼特性，表征系统的相对稳定性能。ξ 越大，N 越小，系统振荡得越平缓，系统平稳性越好。

综上所述，五个性能指标中，t_r、t_p 都反映了系统的灵敏度，M_p 和 N 都反映了系统的相对稳定性能（即平稳性），t_s 反映了系统的快速性能。要使二阶系统具有满意的综合性能，必须合理地选择特征参数 ω_n 和 ξ。提高 ω_n 可以减小 t_r、t_p 和 t_s，从而提高系统的灵敏度和快速性。增大 ξ 可以减小 M_p 和 N，使系统的平稳性得到改善，但会增大 t_r、t_p，影响系统的灵敏度。一般情况下，系统在欠阻尼（$0<\xi<1$）状态下工作，若 ξ 过小，系统会振荡得很剧烈，其振荡性能不符合要求，瞬态特性差。

因此，在具体设计中，通常是根据对最大超调量 M_p 的要求来确定阻尼比 ξ，所以调整时间 t_s 主要根据系统的 ω_n 来确定。由此可见，系统的特征参数 ω_n 和 ξ 决定了系统的调整时间 t_s 和最大超调量 M_p。反之，根据要求的 t_s 和 M_p 也能确定 ω_n 和 ξ。

3.4.2 二阶系统性能指标计算举例

【例 3－2】 系统传递函数方框图如图 3－15 所示。当 $x(t)=10$ 时，试求：

(1) 该系统的时间响应 $y(t)$；

(2) 系统的峰值时间 t_p、最大超调量 M_p 和调整时间 t_s。

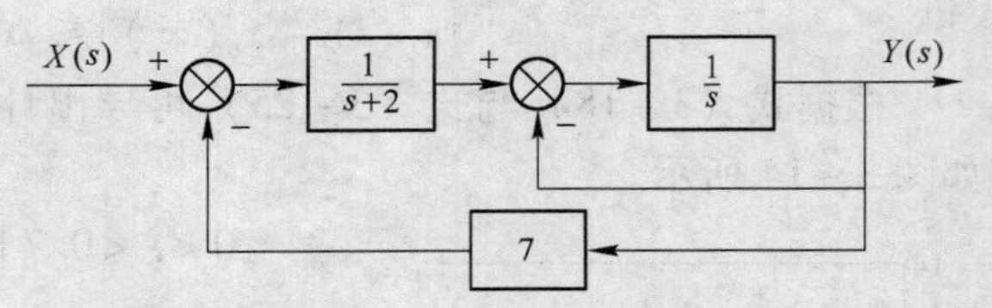

图 3－15 二阶系统传递函数方框图

解：(1) 简化方框图，得到其闭环传递函数为：

$$G(s)=\frac{1}{s^2+3s+9}=\frac{1}{9}\cdot\frac{3^2}{s^2+3s+3^2}$$

显然该系统是一个二阶系统，与二阶系统典型传递数形式 $G(s)=\dfrac{K\omega_n^2}{s^2+2\xi\omega_n s+\omega_n^2}$ 相比较，得：

$$\omega_n^2=9,\ 2\xi\omega_n=3\Rightarrow\omega_n=3\text{rad/s},\ \xi=0.5,\ K=1/9$$

由此可知，该系统是一个欠阻尼二阶系统。由已知条件可知，输入信号为阶跃信号，$X(s)=\dfrac{10}{s}$，且系统有比例系数 $K=\dfrac{1}{9}$，所要求的系统的输出响应 $y(t)$ 其实就是欠阻尼二阶系统的阶跃响应。

根据以上分析以及式（3－18），可得：

$$y(t)=\frac{10}{9}\left[1-\mathrm{e}^{-\xi\omega_n t}\cdot\frac{1}{\sqrt{1-\xi^2}}\sin\left(\omega_d t+\arctan\frac{\sqrt{1-\xi^2}}{\xi}\right)\right]$$

将求得的特征参数 ω_n 和 ξ 代入，即得：

$$y(t)=\frac{10}{9}[1-1.15\mathrm{e}^{-1.5t}\sin(2.6t+60°)]\quad(t\geqslant 0)$$

（2）将求得的特征参数 ω_n 和 ξ 代入式（3－22）、式（3－24）、式（3－26）和式（3－27），可得：

$$t_p=\frac{\pi}{\omega_d}=\frac{\pi}{3\sqrt{1-0.5^2}}=1.21\mathrm{s}$$

$$M_p=\mathrm{e}^{\frac{-\xi\pi}{\sqrt{1-\xi^2}}}\times 100\%=\mathrm{e}^{\frac{-0.5\pi}{\sqrt{1-0.5^2}}}=16.3\%$$

$$\Delta=0.02\text{ 时，}t_s\approx\frac{4}{\xi\omega_n}=\frac{4}{0.5\times 3}=2.67\mathrm{s}$$

$$\Delta=0.05\text{ 时，}t_s\approx\frac{3}{\xi\omega_n}=\frac{3}{0.5\times 3}=2\mathrm{s}$$

【例3－3】 如图3－16（a）所示的机械系统，在质量块 m 上作用 $x_i(t)=8\mathrm{N}$ 的阶跃力后，系统中 m 的时间响应 $x_o(t)$ 如图3－16（b）所示。试求系统的质量 m、黏性阻尼系数 c 和弹簧刚度系数 k 的值。

解：（1）根据图3－16（a）进行受力分析，并根据牛顿第二定律列写其动力学方程。

$$m\ddot{x}_o(t)+c\dot{x}_o(t)+kx_o(t)=x_i(t)$$

利用拉氏变换，求其传递函数为：

$$G(s)=\frac{Y(s)}{X_i(s)}=\frac{1}{ms^2+cs+k}=\frac{\frac{1}{k}\cdot\frac{k}{m}}{s^2+\frac{c}{m}s+\frac{k}{m}}$$

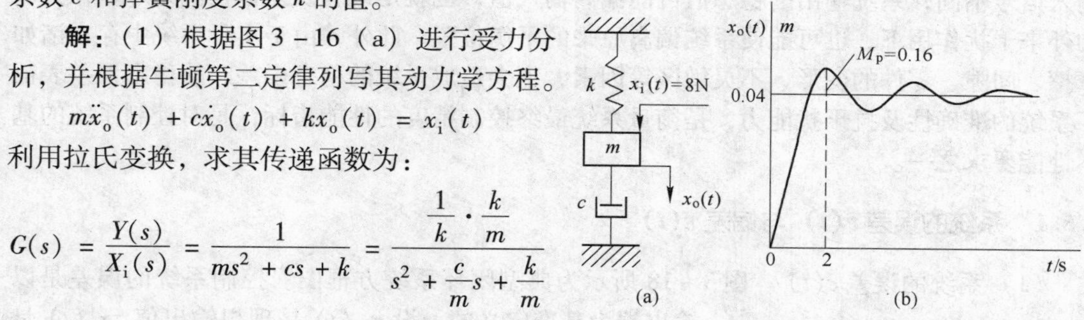

图3－16 机械系统及其时间响应曲线
（a）机械系统；（b）时间响应曲线

式中，$X_i(s)=\frac{8\mathrm{N}}{s}$。

（2）求 k。利用终值定理可知：

$$\lim_{t\to\infty}x_o(t)=\lim_{s\to 0}s\cdot X_o(s)=\lim_{s\to 0}s\cdot\frac{1}{ms^2+cs+k}\cdot\frac{8}{s}=\frac{8}{k}$$

根据图3－16（b）有：

$$\lim_{t\to\infty}x_o(t)=0.04\mathrm{m}\Rightarrow\frac{8\mathrm{N}}{k}=0.04\mathrm{m}\Rightarrow k=200\mathrm{N/m}$$

（3）求 m。由图3－16（b）可知，该系统最大超调量 $M_p=0.16$。根据式（3－24），解得：

$$\xi=0.5$$

将 $t_p=2\mathrm{s}$，$\xi=0.5$ 代入式（3－22），得 $\omega_n=1.82\mathrm{rad/s}$。再由 $k/m=\omega_n^2$ 求得：

$$m=60.78\mathrm{kg}$$

（4）求 c。由 $2\xi\omega_n=c/m$，求得 $c=110.25\mathrm{N\cdot s/m}$。

【**例 3-4**】要使图 3-17 所示系统的单位阶跃响应的最大超调量 $M_p=15\%$，峰值时间 $t_p=1.8\mathrm{s}$，试确定 K 和 K_f 的值。

解：根据图 3-17 所示系统的方框图，求出系统的闭环传递函数为：

$$G_B(s)=\frac{K}{s^2+K\cdot K_f s+K}=\frac{\omega_n^2}{s^2+2\xi\omega_n s+\omega_n^2}$$

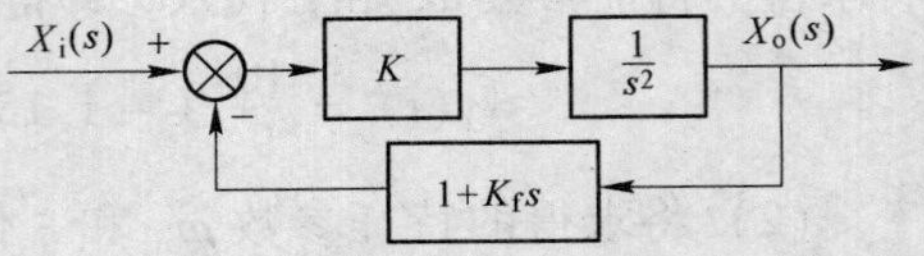

图 3-17 系统方框图

由此可知，$\omega_n^2=K$，$2\xi\omega_n^2=KK_f$。

$$M_p=e^{\frac{-\xi\pi}{\sqrt{1-\xi^2}}}=15\%\Rightarrow\xi=\sqrt{\frac{1}{1+\left(\frac{\pi}{\ln M_p}\right)^2}}=0.517$$

$$t_p=\frac{\pi}{\omega_d}=\frac{\pi}{\omega_n\sqrt{1-\xi^2}}=1.8\mathrm{s}\Rightarrow\omega_n^2=\frac{\pi^2}{1.8^2\ (1-0.517^2)}=4.157=K\Rightarrow\omega_n=2.039\mathrm{rad/s}$$

$$2\xi\omega_n=K\cdot K_f\Rightarrow K_f=\frac{2\xi\omega_n}{K}=\frac{2\times0.517\times2.039}{4.157}=0.507$$

3.5 系统的误差分析与计算

系统在输入信号作用下，时间响应的瞬态分量可反映系统的动态性能。对于一个稳定的系统，随着时间的推移，时间响应趋于一个稳态值，即稳态分量。由于系统结构不同，输入信号不同，系统输出的稳态值可能偏离输入值，也就是说有误差存在。另外，在突加的外来干扰作用下，也可能使系统偏离原来的平衡位置。此外，由于实际系统中存在诸如摩擦、间隙、零件的变形、不灵敏区等因素，也会造成系统的稳态误差，故稳态误差表征了系统的准确性及抗干扰能力，是衡量系统最终控制精度的性能指标，是对控制系统的基本性能要求之一。

3.5.1 系统的误差 $e(t)$ 与偏差 $\varepsilon(t)$

（1）系统的误差 $e(t)$。图 3-18 所示为典型闭环系统方框图。控制系统的误差是以输出端为基准定义的。设 $x_{or}(t)$ 是理想输出值，$x_o(t)$ 是实际输出值，则误差 $e(t)$ 定义为：

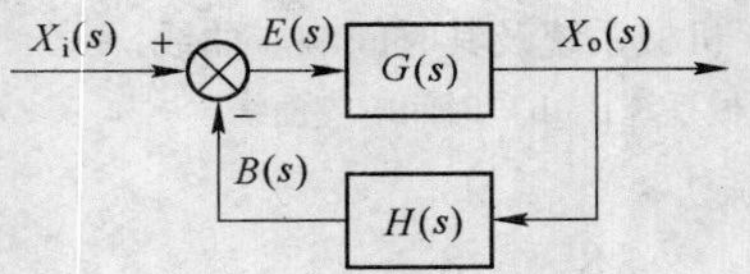

图 3-18 典型闭环系统方框图

$$e(t)=x_{or}(t)-x_o(t)$$

其象函数记为 $E_1(s)$，为：

$$E_1(s)=X_{or}(s)-X_o(s) \tag{3-31}$$

（2）系统的偏差 $\varepsilon(t)$。系统的偏差是以系统的输入端为基准定义的，记为 $\varepsilon(t)$。

$$\varepsilon(t)=x_i(t)-b(t)$$

其象函数记为 $E(s)$，为：

$$E(s)=X_i(s)-B(s)=X_i(s)-H(s)X_o(s) \tag{3-32}$$

（3）偏差 $E(s)$ 与误差 $E_1(s)$ 的关系。根据测偏与纠偏的反馈控制原理，当偏差 $E(s)\neq0$ 时，$X_o(s)\neq X_{or}(s)$，$E(s)$ 会对系统起控制作用，调节系统的输出信号，直到 $X_o(s)=X_{or}(s)$、$E(s)=0$ 为止，即

$$E(s)=X_i(s)-B(s)=X_i(s)-H(s)X_o(s)=0$$

故
$$X_{or}(s) = X_o(s) = \frac{X_i(s)}{H(s)} \tag{3-33}$$

由式（3-31）~式（3-33）可求得：
$$E(s) = E_1(s)H(s) \tag{3-34}$$

对于 $H(s)=1$ 的单位反馈系统，$E(s)=E_1(s)$，此时偏差 $\varepsilon(t)$ 与误差 $e(t)$ 相同。

（4）系统的稳态误差与稳态偏差。系统的准确性和抗干扰能力是在系统进入稳态后，由稳态误差或稳态偏差来衡量。

稳态误差的定义为：
$$e_{ss} = \lim_{t\to\infty} e(t) = \lim_{s\to 0} sE_1(s) \tag{3-35}$$

稳态偏差的定义为：
$$\varepsilon_{ss} = \lim_{t\to\infty} \varepsilon(t) = \lim_{s\to 0} sE(s) \tag{3-36}$$

3.5.2 误差 $e(t)$ 的一般计算

一般情况下，系统除了受到控制信号的作用之外，还会有干扰信号作用其上。为了在一般情况下分析、计算系统的误差 $e(t)$，设控制输入信号 $X_i(s)$ 与干扰信号 $N(s)$ 同时作用于系统，如图 3-19 所示。

对于线性系统，利用叠加原理求其在多输入作用下的总输出 $X_o(s)$，即
$$X_o(s) = X_{oX}(s) + X_{oN}(s)$$
式中，$X_{oX}(s)$ 为控制输入信号 $X_i(s)$ 单独作用在系统上所引起的输出；$X_{oN}(s)$ 为干扰信号 $N(s)$ 单独作用所引起的输出。

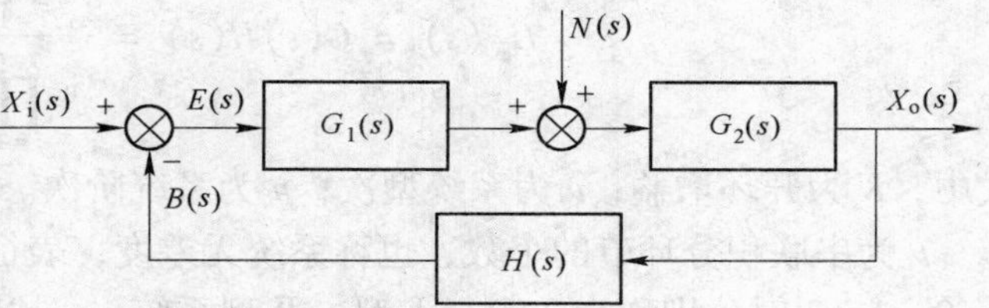

图 3-19 考虑扰动的反馈控制

按照反馈连接等效变换的结论式（2-25），可得：
$$\begin{aligned} X_o(s) &= \frac{G_1(s)G_2(s)}{1+G_1(s)G_2(s)H(s)}X_i(s) + \frac{G_2(s)}{1+G_1(s)G_2(s)H(s)}N(s) \\ &= G_{X_i}(s)X_i(s) + G_N(s)N(s) \end{aligned} \tag{3-37}$$

式中，$G_{X_i}(s) = \dfrac{G_1(s)G_2(s)}{1+G_1(s)G_2(s)H(s)}$，为控制输入与输出之间的传递函数；$G_N(s) = \dfrac{G_2(s)}{1+G_1(s)G_2(s)H(s)}$，为干扰与输出之间的传递函数。

将式（3-33）、式（3-37）代入式（3-31），得：
$$\begin{aligned} E_1(s) &= X_{or}(s) - X_o(s) = \frac{X_i(s)}{H(s)} - [G_{X_i}(s)X_i(s) + G_N(s)N(s)] \\ &= \left[\frac{1}{H(s)} - G_{X_i}(s)\right]X_i(s) + [-G_N(s)]N(s) \\ &= \Phi_{X_i}(s)X_i(s) + \Phi_N(s)N(s) \end{aligned} \tag{3-38}$$

式中，$\Phi_{X_i}(s)$ 为无干扰 $n(t)$ 时误差 $e(t)$ 对控制输入 $x_i(t)$ 的传递函数；$\Phi_N(s)$ 为无输入

$x_i(t)$ 时误差 $e(t)$ 对干扰 $n(t)$ 的传递函数。$\Phi_{X_i}(s)$ 与 $\Phi_N(s)$ 总称为误差传递函数，反映了系统的结构与参数对误差的影响。

3.5.3 与输入有关的稳态偏差

图 3-18 所示为单输入控制系统，现分析仅与控制输入信号 $X_i(s)$ 有关的稳态偏差 ε_{ss}。由图 3-18 分析可知：

$$E(s) = X_i(s) - B(s) = X_i(s) - H(s)G(s)E(s)$$

故

$$E(s) = \frac{1}{1+G(s)H(s)}X_i(s) \tag{3-39}$$

由终值定理得稳态偏差为：

$$\varepsilon_{ss} = \lim_{t\to\infty}\varepsilon(t) = \lim_{s\to 0}sE(s) = \lim_{s\to 0}s\frac{1}{1+G(s)H(s)}X_i(s) \tag{3-40}$$

式（3-40）表明，稳态偏差 ε_{ss} 不仅与系统的特性（系统的结构与参数）有关，而且与输入信号的特性有关。

设系统的开环传递函数为：

$$G_K(s) = G(s)H(s) = \frac{K\prod_{i=1}^{m}(T_is+1)}{s^{\nu}\prod_{j=1}^{n-\nu}(T_js+1)} \tag{3-41}$$

式中，K 为开环增益；ν 为系统型次；n 为系统阶次。

ν 为串联积分环节的个数，也称系统无差度，表征系统的结构特征。工程上一般规定 $\nu=0$、1、2 时分别称为 0 型、Ⅰ型、Ⅱ型系统。ν 越高，稳态精度越高，但稳定性越差，高于Ⅱ型的系统很难稳定。因此，一般系统不超过Ⅲ型。

将式（3-41）运用于式（3-40），可得：

$$\varepsilon_{ss} = \lim_{s\to 0}sE(s) = \lim_{s\to 0}s\frac{1}{1+\dfrac{K}{s^{\nu}}}X_i(s) = \lim_{s\to 0}\frac{s^{\nu+1}}{s^{\nu}+K}X_i(s) \tag{3-42}$$

从式（3-42）可见，系统的稳态偏差 ε_{ss} 与系统的型次 ν、开环增益 K、输入信号 $X_i(s)$ 有关。

（1）单位阶跃输入时。此时，$X_i(s) = \frac{1}{s}$，利用式（3-40）可得：

$$\varepsilon_{ss} = \lim_{s\to 0}sE(s) = \lim_{s\to 0}s\frac{1}{1+G(s)H(s)}X_i(s) = \lim_{s\to 0}\frac{1}{1+G(s)H(s)} = \frac{1}{1+K_p} \tag{3-43}$$

式中，$K_p = \lim_{s\to 0}G(s)H(s)$，为位置无偏系数。

1）0 型系统，即 $\nu=0$，$K_p = \lim_{s\to 0}\frac{K}{s^0} = K$，$\varepsilon_{ss} = \frac{1}{1+K}$，0 型系统稳态有差，且 K 越大 ε_{ss} 越小；

2）Ⅰ型、Ⅱ型系统，即 $\nu=1$ 或 2，$K_p=\infty$，$\varepsilon_{ss}=0$，Ⅰ型、Ⅱ型系统为位置无差系统。

（2）单位斜坡输入时。此时，$X_{\mathrm{i}}(s)=\frac{1}{s^2}$，利用式（3－40）可得：

$$\varepsilon_{\mathrm{ss}}=\lim_{s\to 0}sE(s)=\lim_{s\to 0}s\frac{1}{1+G(s)H(s)}X_{\mathrm{i}}(s)=\lim_{s\to 0}\frac{1}{sG(s)H(s)}=\frac{1}{K_{\mathrm{v}}}\quad(3-44)$$

式中，$K_{\mathrm{v}}=\lim_{s\to 0}sG(s)H(s)$，为速度无偏系数。

1）0型系统，即 $\nu=0$，$K_{\mathrm{v}}=\lim_{s\to 0}\frac{K}{s^{-1}}=0$，$\varepsilon_{\mathrm{ss}}=\frac{1}{0}=\infty$，0型系统稳态误差为∞，不能跟随斜坡输入；

2）Ⅰ型系统，即 $\nu=1$，$K_{\mathrm{v}}=\lim_{s\to 0}\frac{K}{s^{0}}=K$，$\varepsilon_{\mathrm{ss}}=\frac{1}{K}$，Ⅰ型系统稳态有差，且 K 越大 $\varepsilon_{\mathrm{ss}}$ 越小；

3）Ⅱ型系统，即 $\nu=2$，$K_{\mathrm{v}}=\lim_{s\to 0}\frac{K}{s^{1}}=\infty$，$\varepsilon_{\mathrm{ss}}=\frac{1}{\infty}=0$，Ⅱ型系统为速度无差系统。

（3）单位加速度输入时。此时，$x_{\mathrm{i}}(t)=\frac{1}{2}t^2$，$X_{\mathrm{i}}(s)=\frac{1}{s^3}$，利用式（3－40）可得：

$$\varepsilon_{\mathrm{ss}}=\lim_{s\to 0}sE(s)=\lim_{s\to 0}s\frac{1}{1+G(s)H(s)}X_{\mathrm{i}}(s)=\lim_{s\to 0}\frac{1}{s^2G(s)H(s)}=\frac{1}{K_{\mathrm{a}}}\quad(3-45)$$

式中，$K_{\mathrm{a}}=\lim_{s\to 0}s^2G(s)H(s)$，为加速度无偏系数。

1）0型、Ⅰ型系统，即 $\nu=0$ 或1，$K_{\mathrm{a}}=\lim_{s\to 0}\frac{K}{s^{\nu-2}}=0$，$\varepsilon_{\mathrm{ss}}=\frac{1}{0}=\infty$，0型、Ⅰ型系统稳态误差为∞，不能跟随加速度信号。

2）Ⅱ型系统，即 $\nu=2$，$K_{\mathrm{a}}=\lim_{s\to 0}s^2G(s)H(s)=\lim_{s\to 0}\frac{K}{s^{0}}=K$，$\varepsilon_{\mathrm{ss}}=\frac{1}{K}$，Ⅱ型系统稳态有差。

上述讨论的稳态偏差可以根据式（3－34）换算为相应的稳态误差。

综上所述，在不同输入时不同类型系统中的稳态偏差可以列成表3－2。

表3－2 不同输入作用下系统的稳态偏差

系统的开环	系统的输入		
	单位阶跃输入	单位速度输入	单位加速度输入
0型系统	$\frac{1}{1+K}$	∞	∞
Ⅰ型系统	0	$\frac{1}{K}$	∞
Ⅱ型系统	0	0	$\frac{1}{K}$

根据上述讨论，可归纳出以下几点。

（1）关于无偏系数的物理意义。稳态偏差与输入信号的形式有关，由“某种”输入信号引起的稳态偏差用一个对应的无偏系数来表示，它表明了稳态的精度。无偏系数越大，对应的稳态偏差越小，系统精度越高。当无偏系数为零即稳态偏差为∞，表示输出不能跟随相应输入；无偏系数为∞，则此时系统稳态无差。

（2）当增加系统型次时，系统的准确性将提高，但稳定性将变差。当系统稳态有差时，增大开环增益 K 也会有效地提高系统的准确性，然而也会使系统的稳定性变差。由此可见，系统的稳定性与准确性是相互制约的，需要统筹兼顾。

（3）根据线性系统的叠加原理，当控制输入信号表现为如 $x_i(t)=a_0+a_1t+\frac{1}{2}a_2t^2$ 这样的典型信号的线性组合时，输出的稳态误差应是它们分别作用时产生的稳态误差之和，即

$$\varepsilon_{ss}=\frac{a_0}{1+K_p}+\frac{a_1}{K_v}+\frac{a_2}{K_a} \tag{3-46}$$

（4）对于单位反馈系统，即当 $H(s)=1$ 时，根据式（3－34）可知，$e_{ss}=\varepsilon_{ss}$；对于非单位反馈系统，即 $H(s)\neq1$ 时，可由 $e_{ss}=\lim\limits_{s\to0}s\frac{E(s)}{H(s)}$ 来计算稳态误差。

【例3－5】 已知某单位反馈系统 $G_K(s)=\frac{12(s+1)}{s^2(s+4)}$，当控制输入为 $x_i(t)=4+6t+3t^2$ 时，求系统的稳态误差 e_{ss}。

解： 系统的输入信号实为三种典型输入信号的线性组合，根据已知 $G_K(s)$ 和各无偏系数的公式，可得：

$$K_p=\lim_{s\to0}G_K(s)=\lim_{s\to0}\frac{12(s+1)}{s^2(s+4)}=\infty$$

$$K_v=\lim_{s\to0}sG_K(s)=\lim_{s\to0}s\frac{12(s+1)}{s^2(s+4)}=\infty$$

$$K_a=\lim_{s\to0}s^2G_K(s)=\lim_{s\to0}s^2\frac{12(s+1)}{s^2(s+4)}=3$$

根据式（3－46），可得：

$$\varepsilon_{ss}=\frac{4}{1+K_p}+\frac{6}{K_v}+\frac{6}{K_a}=\frac{4}{1+\infty}+\frac{6}{\infty}+\frac{6}{3}=2$$

由题意可知该系统 $H(s)=1$，故：

$$e_{ss}=\varepsilon_{ss}=2$$

3.5.4 与干扰有关的稳态偏差

系统在参考输入作用下的稳态偏差反映了系统的准确性，系统在干扰作用下的稳态偏差反映了系统的抗干扰性。当不考虑控制输入作用，即 $X_i(s)=0$ 时，只有干扰信号 $N(s)$，由图3－19分析，其方框图可变换为图3－20所示形式。根据反馈连接等效变换的结论式（2－25）可得：

$$\frac{E_N(s)}{N(s)}=\frac{-G_2(s)H(s)}{1+G_1(s)G_2(s)H(s)}$$

由此推导出：

$$E_N(s)=\frac{-G_2(s)H(s)}{1+G_1(s)G_2(s)H(s)}N(s)$$

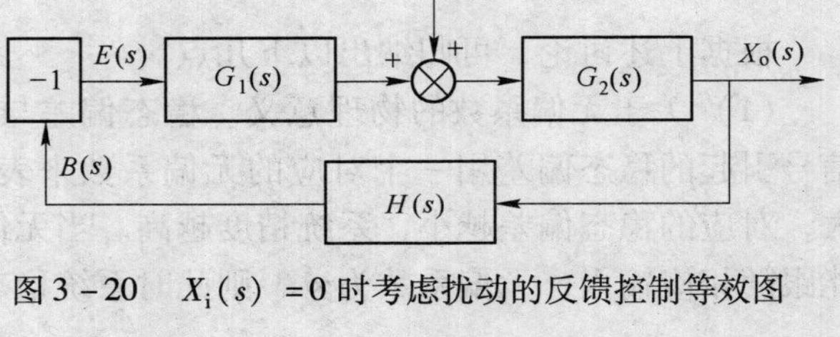

图3－20 $X_i(s)=0$ 时考虑扰动的反馈控制等效图

$$\varepsilon_{ssN} = \lim_{s\to 0} sE_N(s) = \lim_{s\to 0} s\frac{-G_2(s)H(s)}{1+G_1(s)G_2(s)H(s)}N(s)$$

在第2章中曾分析到，为减小干扰引起的输出，应使系统有：

$$|G_1(s)G_2(s)H(s)| \gg 1，且 |G_1(s)H(s)| \gg 1$$

则：
$$\varepsilon_{ssN} = \lim_{s\to 0} sE_N(s) = \lim_{s\to 0} s\frac{-G_2(s)H(s)}{1+G_1(s)G_2(s)H(s)}N(s) = \lim_{s\to 0} s\frac{-1}{G_1(s)}N(s)$$

由此可见，干扰引起的稳态偏差，与开环传递函数以及干扰作用的位置有关。为了提高系统的准确性，增加系统的抗干扰能力，必须增大干扰作用点之前回路的放大系数以及增加这一段回路中积分环节的数目。而改变干扰作用点之后到输出量之间的回路中的相关参数，对提高系统抗干扰能力是没有好处的。

【例3-6】 已知系统如图3-21所示，输入信号为斜坡信号 $x_i(t)=3t$，干扰信号也为斜坡信号 $n(t)=t$，试求该系统的稳态偏差 ε_{ss}。

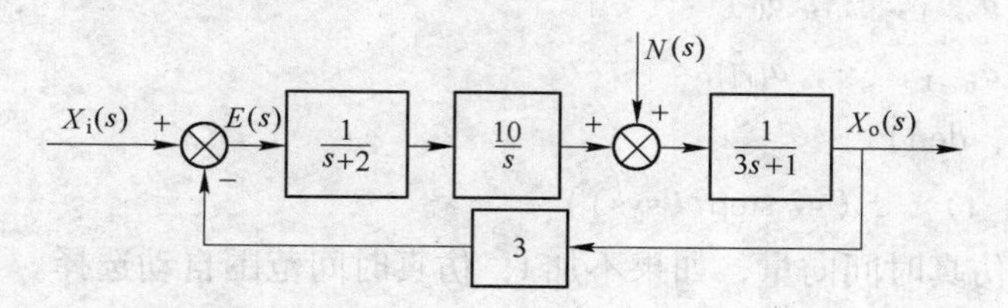

图3-21 有干扰作用的系统方框图

解：根据已知条件，可得：

$$X_i(s) = \frac{3}{s^2},\ N(s) = \frac{1}{s^2}$$

利用线性系统的叠加原理，令系统的稳态偏差为：

$$\varepsilon_{ss} = \varepsilon_{ssX} + \varepsilon_{ssN}$$

式中，ε_{ssX} 为单独由 $X_i(s)$ 引起的稳态偏差；ε_{ssN} 为单独由 $N(s)$ 引起的稳态偏差。

(1) 令 $N(s)=0$ 时。由图3-21分析可得系统的开环传递函数为：

$$G_K(s) = \frac{10\times 3}{s(s+2)(3s+1)}$$

因为 $x_i(t)=3t$ 为斜坡输入，所以其速度无偏系数为：

$$K_v = \lim_{s\to 0} sG_K(s) = \lim_{s\to 0} s\frac{10\times 3}{s(s+2)(3s+1)} = 15$$

$$\varepsilon_{ssX} = \frac{3}{K_v} = \frac{3}{15} = \frac{1}{5}$$

(2) 令 $X_i(s)=0$ 时。

$$\varepsilon_{ssN} = \lim_{s\to 0} sE_N(s) = \lim_{s\to 0} s\frac{-\frac{1}{3s+1}\times 3}{1-\frac{1}{3s+1}\times 3\times(-1)\times\frac{1}{s+2}\times\frac{10}{s}}\cdot\frac{1}{s^2} = \frac{-3}{0+\frac{1}{1}\times 3\times\frac{1}{2}\times 10}$$

$$= -\frac{1}{5}$$

因此 $$\varepsilon_{ss}=\varepsilon_{ssX}+\varepsilon_{ssN}=\frac{1}{5}-\frac{1}{5}=0$$

3.6 利用 MATLAB 进行时域分析

3.6.1 用 MATLAB 求系统时间响应

传递函数的一般表达式为：

$$G(s)=\frac{X_o(s)}{X_i(s)}=\frac{b_m s^m+b_{m-1}s^{m-1}+b_{m-2}s^{m-2}+\cdots+b_1 s+b_0}{a_n s^n+a_{n-1}s^{n-1}+a_{n-2}s^{n-2}+\cdots+a_1 s+a_0}$$

在 MATLAB 中可以用 impulse 函数、step 函数对线性连续系统的时间响应进行仿真计算。其中 impulse 函数用于定义单位脉冲响应，step 函数用于生成单位阶跃响应。

num = ［b_m，b_{m-1}，…，b_0］

den = ［a_n，a_{n-1}，…，a_0］

sys = tf（num，den）

impulse（sys，t）　　（或 step（sys））

其中，t 为选定的仿真时间向量，如果不加 t，仿真时间范围自动选择。

【例 3－7】 设系统的传递函数为 $G(s)=\frac{X_o(s)}{X_i(s)}=\frac{50}{25s^2+2s+1}$，利用 MATLAB 画出该系统的单位脉冲响应与单位阶跃响应曲线。

解： 利用 MATLAB 写程序如下：

```
num = ［50］
den = ［25，2，1］
sys = tf（num，den）
figure（1）
impulse（sys，120）
figure（2）
step（sys，120）
grid
```

运行该程序，即可得到如图 3－22 所示系统的单位脉冲响应曲线，以及如图 3－23 所示系统的单位阶跃响应曲线，均完成了 120s 以内的输出响应仿真。

另外，除了单位脉冲响应、单位阶跃响应之外，MATLAB 还可以用 lsim 函数用于生成对任意输入的时间响应。

其基本用法为：

lsim = ［sys，u，t］

式中，sys 为由 tf、zpk 或 ss 建立的系统数学模型；u 为输入函数；t 为仿真时间区段（可选）。

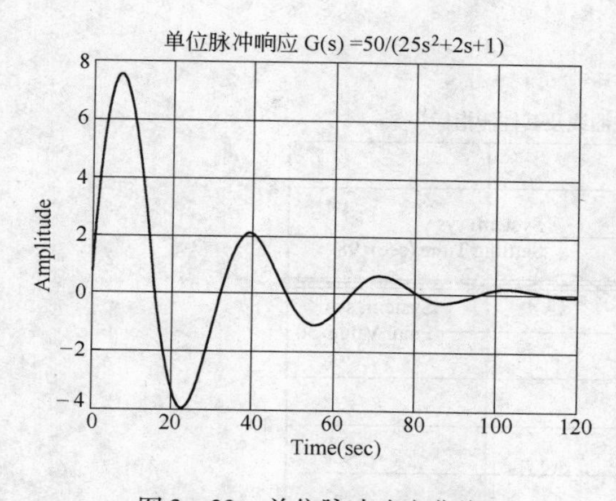

图 3 - 22　单位脉冲响应曲线

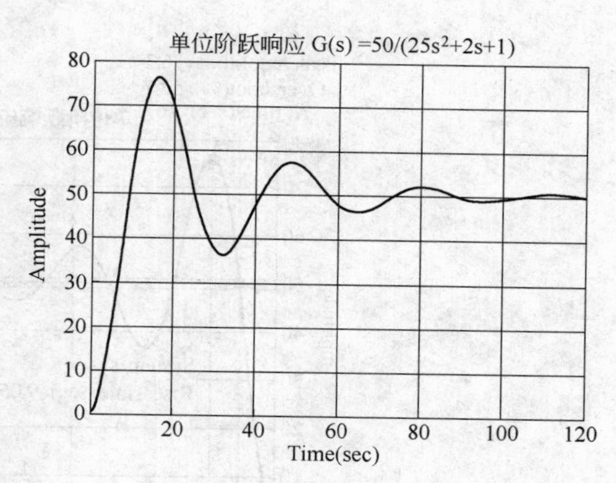

图 3 - 23　单位阶跃响应曲线

【例 3 - 8】设系统的传递函数为 $G(s) = \dfrac{X_o(s)}{X_i(s)} = \dfrac{50}{s^2+6s+25}$，系统的输入信号 $x_i(t) = \sin 2t$，利用 MATLAB 画出该系统在 4 秒之内的响应曲线。

解： 利用 MATLAB 写程序如下：

```
t = 0: 0. 01: 4
u = sin (2 * t)
num = [50]
den = [1, 6, 25]
sys = tf (num, den)
lsim (sys, u, t)
grid
```

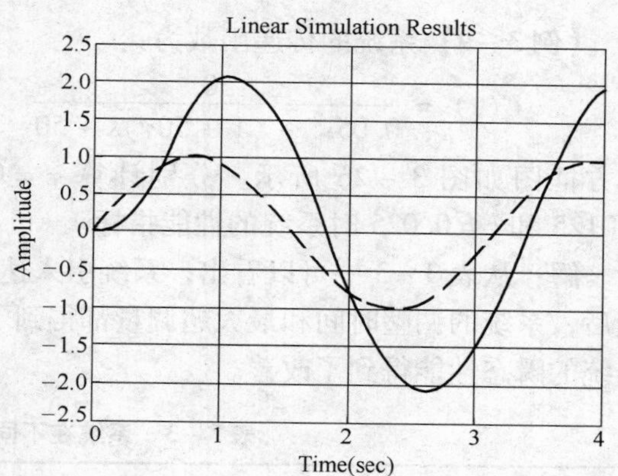

图 3 - 24　lsim 函数的运用

运行该程序，即可得到图 3 - 24，其中实线曲线表示系统在正弦输入信号作用下 4s 以内的响应曲线。虚线曲线表示系统的正弦输入信号。

3.6.2　利用 MATLAB 求系统的瞬态性能指标

在求出系统的单位阶跃响应以后，根据系统瞬态响应性能指标的定义，可以得到系统上升时间、峰值时间、最大超调量和调整时间等性能指标。方法之一是在得到的响应曲线上点击 “characteristics” 选项，即可将相应性能指标表示出来。以例 3 - 7 中的系统为例，首先用 MATLAB 写下列程序，然后再利用响应曲线上的 “characteristics” 选项表示各性能指标，如图 3 - 25 所示。

```
num = [50]
den = [25, 2, 1]
step (num, den)
grid
```

另外，也可以通过 MATLAB 程序来计算系统的瞬态性能指标，见例 3 - 9。

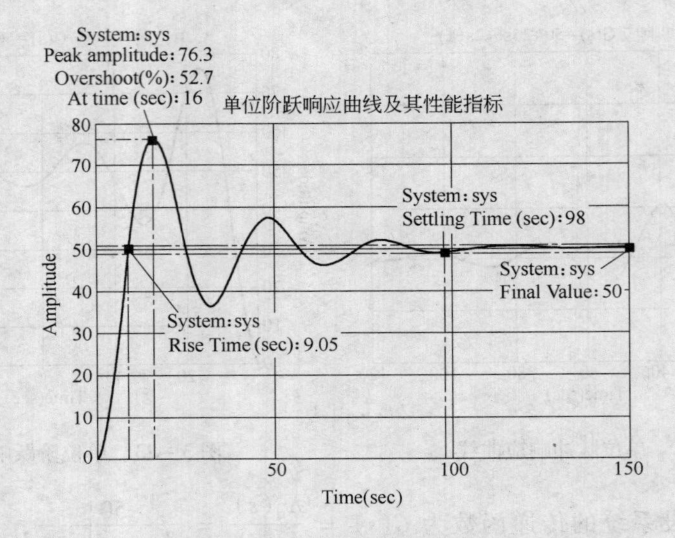

图 3－25 欠阻尼二阶系统单位阶跃响应及瞬态性能指标

【例 3－9】系统的传递函数为：

$$G(s) = \frac{50}{0.05s^2 + (1 + 50\tau)s + 50}$$

其方框图如图 3－26 所示。分别计算 $\tau = 0$、$\tau = 0.0125$ 和 $\tau = 0.025$ 时系统的性能指标。

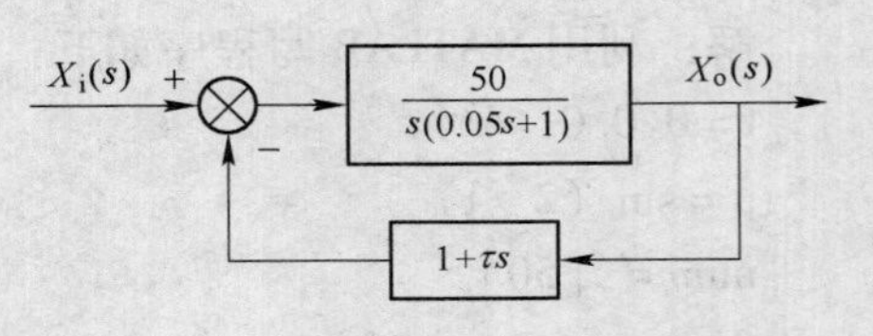

图 3－26 速度负反馈系统

解：从表 3－3 中可以看出，系统引入速度负反馈后，系统的调整时间和最大超调量都得到了减小，系统的瞬态性能得到了改善。

表 3－3 系统在不同 τ 值的瞬态性能指标

τ	上升时间/s	峰值时间/s	最大超调量/%	调整时间/s
0	0.0640	0.1050	35.09	0.3530
0.0125	0.0780	0.1160	15.23	0.2500
0.025	0.1070	0.1410	4.150	0.1880

所用 MATLAB 文本如下：

```
t =0:0.001:1;                                  ← 设定仿真时间区段和误差限
yss =1; dta =0.02;
%
nG = [50]
tao =0; dG = [0.05 1 +50 * tao 50]; G1 =tf (nG, dG);        ← 计算三种时间常数下，
tao =0.0125; dG = [0.05 1 +50 * tao 50]; G2 =tf (nG, dG);     系统的单位阶跃响应
tao =0.025; dG = [0.05 1 +50 * tao 50]; G3 =tf (nG, dG);
y1 =step (G1, t); y2 =step (G2, t); y3 =step (G3, t);
%
```

```
r=1; while y1 (r) <yss; r=r+1; end  ←— 上升时间（τ=0）
tr1 = (r-1) *0.001;
%
[ymax,tp] = max(y1); tp1 = (tp - 1) *0.001;  ←— 峰值时间（τ=0）
%
Mp1 = (ymax - yss)/yss;  ←— 最大超调量（τ=0）
%
s=1001; while y1 (s) > 1 - dta&y1(s) <1+dta; s=s-1; end
ts1 = (s - 1) *0.001;  ←— 调整时间（τ=0）
%
r=1; while y2 (r) <yss; r=r+1; end
tr2 = (r - 1) *0.001; [ymax,tp]max(y2);  ←— τ=0.0125 的性能指标
tp2 = (tp - 1) *0.001; mp2(ymax - yss)/yss;
s = 1001; while y2(s) > 1 - dta&y2(s) < 1 + dta; s = s - 1; end
ts2 = (s - 1) *0.001;
%
r = 1; while y3(r) < yss; r = r + 1; end
tr3 = (r - 1) *0.001; [ymax,tp]max(y3);  ←— τ=0.025 的性能指标
tp3 = (tp - 1) *0.001; mp3(ymax - yss)/yss;
s = 1001; while y3(s) > 1 - dta&y3(s) < 1 + dta; s = s - 1; end
ts3 = (s - 1) *0.001;
%
[tr1  tp1 mp1 ts1; tr2  tp2 mp2 ts2; tr3  tp3 mp3 ts3]  ←— 显示
```

习　题

3-1　时间响应中的瞬态响应与稳态响应分别反映系统哪些方面的性能？

3-2　一阶系统无论在何种典型输入形式作用下，影响其快速性的因素是什么？

3-3　试分析二阶系统 ω_n 和 ξ 对系统性能的影响。

3-4　试分析二阶系统特征根的分布与阶跃响应曲线之间的关系。

3-5　简述误差与偏差的定义。在控制输入信号的作用下，系统的稳态偏差与哪些因素有关？

3-6　设单位反馈系统的开环传递函数为 $G_K(s) = \dfrac{5}{s}$，求系统的单位脉冲响应及调整时间。

3－7　图 3－27 所示为某一阶系统的单位阶跃响应曲线，求该系统的传递函数 $G(s)$ 。

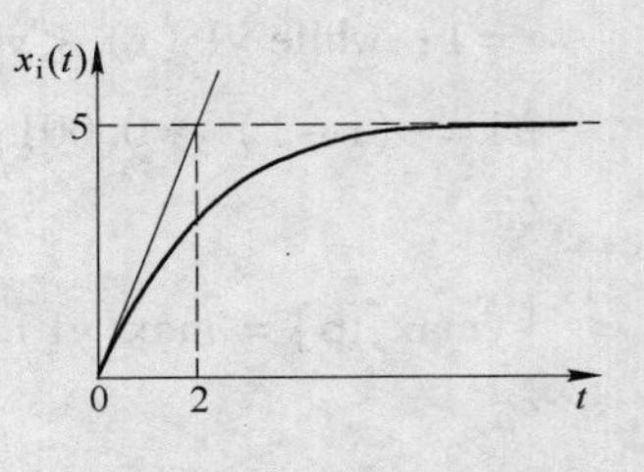

图 3－27　习题 3－7 图

3－8　已知单位反馈系统的开环传递函数 $G_K(s)=\dfrac{K}{Ts+1}$，求：(1) $K=20$，$T=0.2$；(2) $K=16$，$T=0.1$；(3) $K=2.5$，$T=1$ 这三种情况下系统的单位阶跃响应，并分析开环增益 K 与时间常数 T 对系统性能的影响。

3－9　设单位反馈系统的开环传递函数为 $G_K(s)=\dfrac{30}{s(5s+12)}$，求系统的单位阶跃响应。

3－10　某控制系统的方框图如图 3－28 所示，试求：

(1) 系统的阶次、类型；

(2) 开环传递函数，开环增益；

(3) 闭环传递函数及其零点、极点；

(4) 无阻尼固有频率 ω_n、阻尼比 ξ 和有阻尼固有频率 ω_d；

(5) $\Delta=2\%$ 时，系统的调整时间 t_s、最大超调量 M_p。

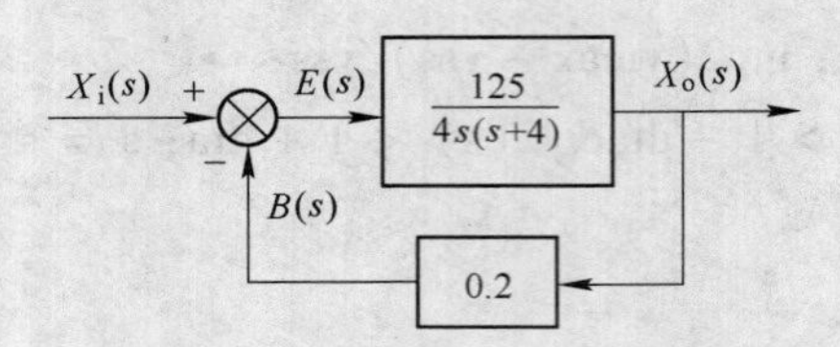

图 3－28　习题 3－10 图

3－11　已知系统的单位阶跃响应为 $x_o(t)=1+0.2e^{-60t}-1.2e^{-10t}$，试求：

(1) 该系统的闭环传递函数；

(2) 系统的阻尼比 ξ 和无阻尼固有频率 ω_n。

3－12　设单位反馈控制系统的开环传递函数为 $G_K(s)=\dfrac{4}{s(s+3)}$，试求系统的上升时间 t_r、峰值时间 t_p、最大超调量 M_p 和调整时间 t_s。

3－13　有一位置随动系统，其方框图如图 3－29 (a) 所示。当系统输入单位阶跃函数时，$M_p\leqslant 10\%$，试

(1) 校核该系统的各参数是否满足要求；

(2) 在原系统中增加一微分负反馈，如图 3－29 (b) 所示，求微分反馈的时间常数 τ。

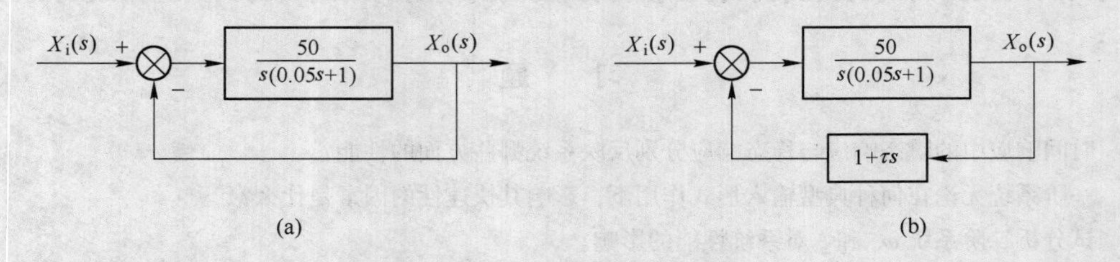

图 3－29　习题 3－13 图

3－14　系统的开环传递函数为 $G_K(s)=\dfrac{K}{s(s+1)(s+5)}$，求单位斜坡输入时，系统稳态误差 $e_{ss}=0.01$

的 K 值。

3－15　已知系统如图 3－30 所示，在输入信号为单位阶跃 $x_i(t)=1$ 和干扰信号也为阶跃信号 $n(t)=2$ 的作用下，试求 $K=30$ 时，系统的稳态偏差 ε_{ss}。

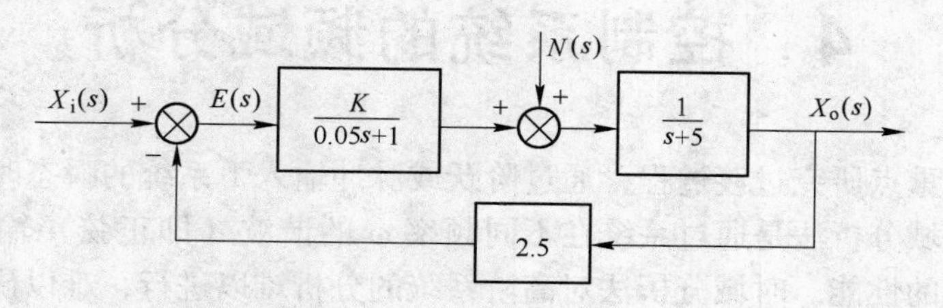

图 3－30　习题 3－15 图

3－16　控制系统方框图如图 3－31 所示，已知 $X_i(s)=N(s)=\frac{1}{s}$，试求输入 $X_i(s)$ 和扰动 $N(s)$ 作用下的稳态误差 e_{ss}。

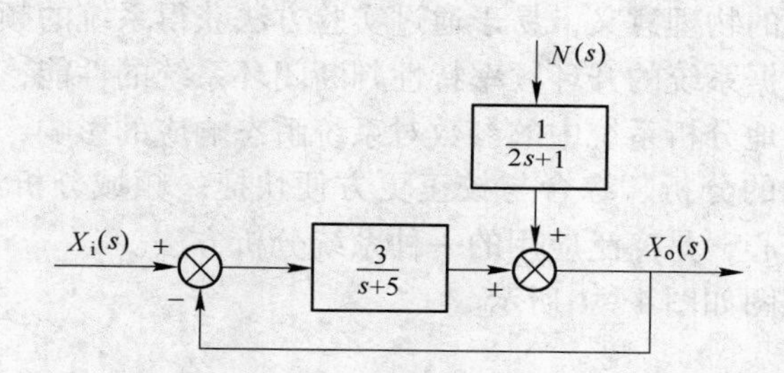

图 3－31　习题 3－16 图

3－17　单位反馈系统的开环传递函数为 $G_K(s)=\frac{30}{s^2(s+2)(2s+5)}$。试求当输入信号为 $x_i(t)=1+4t+6t^2$ 时系统的稳态误差。

4　控制系统的频域分析

时域分析法重点研究过渡过程，通过阶跃或脉冲输入下系统的瞬态时间响应来研究系统的性能；而频域分析法是通过系统在不同频率 ω 的谐波（即正弦）输入作用下的稳态响应来研究系统的性能。时域分析法对高阶系统的分析难以进行，难以研究系统参数和结构变化对系统性能的影响，当系统某些元件的传递函数难以列写时，整个系统的分析工作将无法进行。

频域分析法是借助系统的频率特性来分析系统的性能，因而也称为频率特性法或频率法。频率分析法的特点是以输入信号的频率为变量，在频率域研究系统的结构参数与性能的关系；因为具有明确的物理意义，易于通过实验方法获得系统的频率特性，省去了解析法建模的麻烦；能够根据系统的开环频率特性判断闭环系统的性能，而不必直接求解系统的微分方程，并能方便地分析系统中的参数对系统瞬态响应的影响，从而进一步指出改善系统性能的途径，系统的分析、综合与校正更方便快捷。频域分析法是一种图解分析方法，是经典控制论的核心，是广泛应用的一种系统分析方法。

本章的知识结构框图如图 4－1 所示。

4.1　频率特性概述

4.1.1　频率特性的基本概念

4.1.1.1　频率响应

线性定常系统对谐波输入的稳态响应称为频率响应。

由微分方程解的理论可知，线性定常系统在谐波输入作用下，其稳态响应为同一频率的谐波信号，只是幅值和相位角发生了变化。即，若线性定常系统的输入信号为 $x_i(t) = A\sin\omega t$，则其稳态响应可表示为：

$$x_{oss}(t) = B\sin[\omega t + \varphi(\omega)] \tag{4-1}$$

式（4－1）中的 $x_{oss}(t)$ 即为系统的频率响应。

线性定常系统谐波输入与其频率响应的曲线关系如图 4－2 所示。由定义可知，频率响应是时间响应的一种特例。

【例 4－1】 系统传递函数为 $G(s) = \dfrac{K}{Ts+1}$，设 $x_i(t) = A\sin\omega t$，求该系统的频率响应。

解： $X_i(s) = L[x_i(t)] = \dfrac{A\omega}{s^2+\omega^2}$

根据传递函数定义以及已知条件，可得：

$$X_o(s) = X_i(s)G(s) = \frac{A\omega}{s^2+\omega^2} \cdot \frac{K}{Ts+1}$$

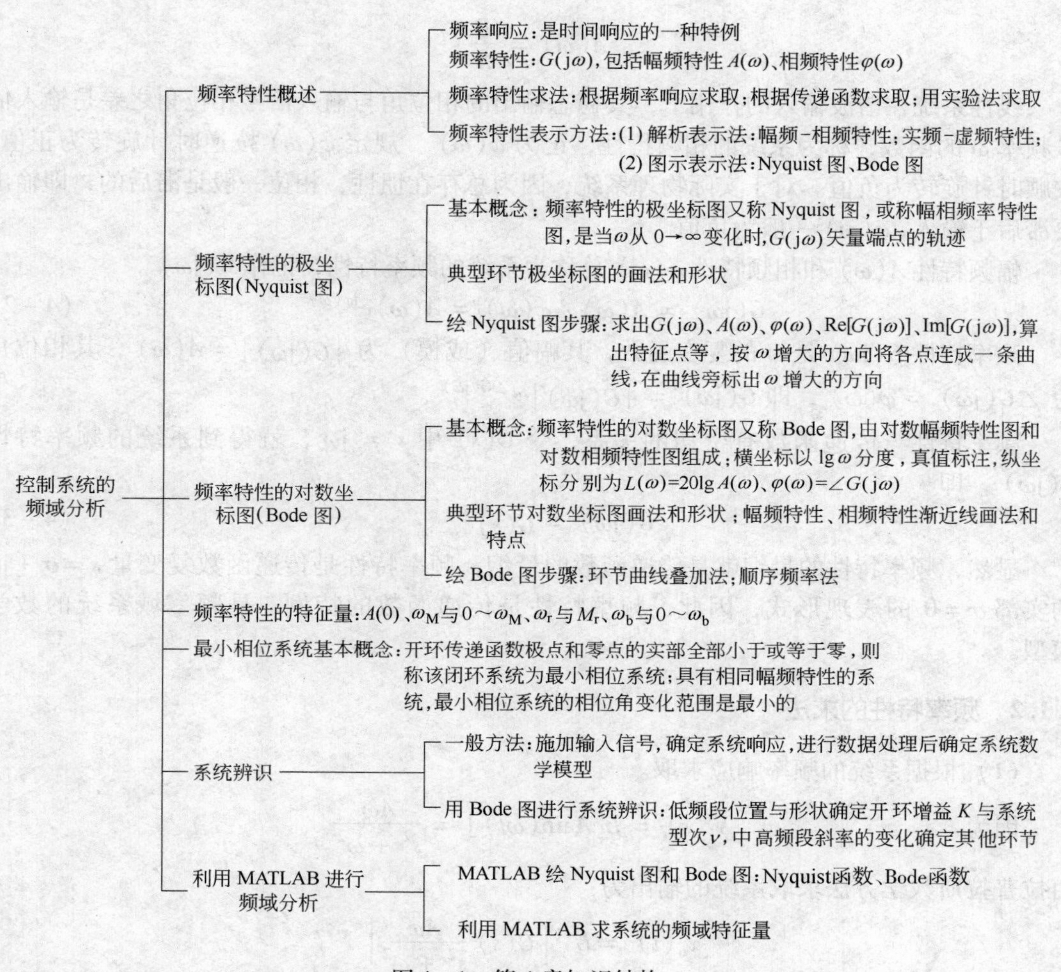

图 4－1　第 4 章知识结构

根据拉氏反变换，可得：

$$x_o(t) = L^{-1}[X_o(s)] = \frac{AKT\omega}{1+\omega^2T^2}e^{-\frac{t}{T}} + \frac{AK}{\sqrt{1+\omega^2T^2}}\sin[\omega t - \arctan(\omega T)]$$

根据时间响应相关概念分析，上式右边第一项为瞬态响应项，第二项为稳态响应项，即该系统的频率响应为：

$$x_{oss}(t) = \frac{AK}{\sqrt{1+\omega^2T^2}}\sin[\omega t - \arctan(\omega T)]$$

很显然，系统的频率响应与输入信号同频率，只是幅值和相位角发生了变化。

4.1.1.2　频率特性

线性系统在谐波输入的作用下，其稳态输出的幅值与输入信号幅值之比是输入信号频率 ω 的函数，称其为系统的幅频特性，记为 $A(\omega)$。显然，根据式（4－1），有：

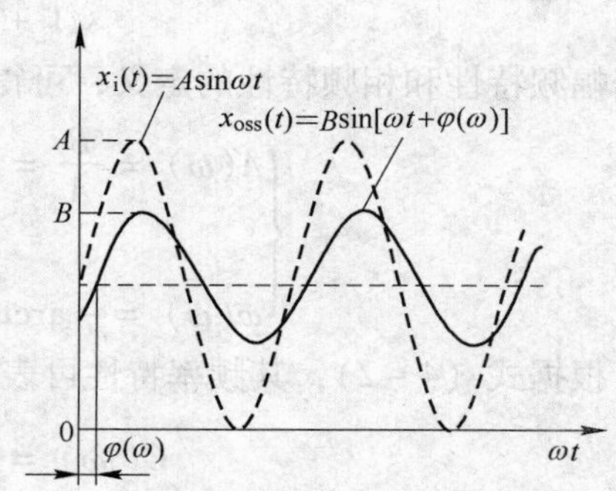

图 4－2　线性定常系统谐波输入与其频率响应

$$A(\omega) = \frac{B}{A}$$

线性系统在谐波输入的作用下，其稳态输出的相位角与输入信号相位角之差是输入信号频率 ω 的函数，称为系统的相频特性，记为 $\varphi(\omega)$ 。规定 $\varphi(\omega)$ 按逆时针旋转为正值，按顺时针旋转为负值。对于实际物理系统，因为总存在惯性，相位一般是滞后的，即输出要滞后于输入，$\varphi(\omega)$ 一般为负值。

幅频特性 $A(\omega)$ 和相频特性 $\varphi(\omega)$ 总称为系统的频率特性，记作 $G(\mathrm{j}\omega)$ 。

$$G(\mathrm{j}\omega) = A(\omega)\angle\varphi(\omega) = A(\omega)\mathrm{e}^{\mathrm{j}\varphi(\omega)} \tag{4-2}$$

频率特性 $G(\mathrm{j}\omega)$ 是 ω 的复变函数，其幅值（或模）为 $|G(\mathrm{j}\omega)| = A(\omega)$ ，其相位角为 $\angle G(\mathrm{j}\omega) = \varphi(\omega)$ ，即 $G(\mathrm{j}\omega) = |G(\mathrm{j}\omega)|\mathrm{e}^{j\angle G(\mathrm{j}\omega)}$ 。

频率特性与传递函数有密切的关系，令 $G(s)$ 中 $s = \mathrm{j}\omega$ ，就得到系统的频率特性 $G(\mathrm{j}\omega)$ ，即

$$G(\mathrm{j}\omega) = G(s)\big|_{s=\mathrm{j}\omega} \tag{4-3}$$

显然，频率特性的量纲就是传递函数的量纲，频率特性是传递函数复变量 $s=\sigma+\mathrm{j}\omega$ 的实部 $\sigma=0$ 的表现形式，因此，频率特性是传递函数的特例，是频率域系统的数学模型。

4.1.2 频率特性的求法

（1）根据系统的频率响应求取。

因为
$$X_\mathrm{i}(s) = L[A\sin(\omega t)] = \frac{A\omega}{s^2+\omega^2}$$

由拉普拉斯数学方法求取系统的输出为：

$$x_\mathrm{o}(t) = L^{-1}\left[G(s)\frac{A\omega}{s^2+\omega^2}\right]$$

从系统输出 $x_\mathrm{o}(t)$ 的稳态项中可得到频率响应的幅值和相位角。然后按照幅频特性和相频特性的定义，就可分别求得 $A(\omega)$ 和 $\varphi(\omega)$ ，利用式（4-2）即可求得系统的频率特性 $G(\mathrm{j}\omega)$ 。

如例4-1，系统的输入为 $x_\mathrm{i}(t) = A\sin\omega t$ ，已求得系统的频率响应为：

$$x_\mathrm{o}(t) = \frac{AK}{\sqrt{1+\omega^2T^2}}\sin[\omega t - \arctan(\omega T)]$$

根据幅频特性和相频特性的定义，可得：

$$\begin{cases} A(\omega) = \dfrac{B}{A} = \dfrac{\dfrac{AK}{\sqrt{1+\omega^2T^2}}}{A} = \dfrac{K}{\sqrt{1+\omega^2T^2}} \\ \varphi(\omega) = -\arctan(\omega T) - 0 = -\arctan(\omega T) \end{cases}$$

根据式（4-2），其频率特性可表示为：

$$G(\mathrm{j}\omega) = \frac{K}{\sqrt{1+\omega^2T^2}}\mathrm{e}^{-\mathrm{j}\arctan(\omega T)} \tag{4-4}$$

（2）根据已知的传递函数求取。

利用式（4-3），即可根据已知的传递函数求得频率特性。

同样，利用例 4-1 做分析，已知系统的传递函数为 $G(s)=\dfrac{K}{Ts+1}$，利用式（4-3），可得：

$$G(\mathrm{j}\omega)=G(s)\big|_{s=\mathrm{j}\omega}=\frac{K}{1+\mathrm{j}\omega T} \tag{4-5}$$

由此可求得系统的幅频特性和相频特性，即

$$\begin{cases}A(\omega)=|G(\mathrm{j}\omega)|=\left|\dfrac{K}{1+\mathrm{j}\omega T}\right|=\dfrac{K}{\sqrt{1+\omega^2T^2}}\\ \varphi(\omega)=\angle G(\mathrm{j}\omega)=0-\arctan(\omega T)=-\arctan(\omega T)\end{cases}$$

此结论与方法（1）中所得结论相同。可见，式（4-4）与式（4-5）是同一个系统频率特性的不同表现形式而已。

（3）用实验方法求取。

这是对实际系统求取频率特性的一种常用而又重要的方法。因为如果不知道系统的传递函数或微分方程等数学模型，就无法用前两种方法求取频率特性。此时，只有通过实验求得频率特性后才能求出系统的传递函数（即系统辨识）。

其基本方法为：依次用不同频率的简谐信号去激励被测系统，同时测出激励和系统的稳态输出的幅值、相位，分别得到幅频特性曲线和相频特性曲线，如图 4-3 所示。

由上可知，一个系统可以用微分方程或传递函数来描述，也可以用频率特性来描述。它们之间的相互关系如图 4-4 所示。将微分方程的微分算子$\dfrac{\mathrm{d}}{\mathrm{d}t}$换成 s 后，即可获得传递函数；而将传递函数中的 s 再换成 $\mathrm{j}\omega$ 时，传递函数就变成了频率特性。反之亦然。

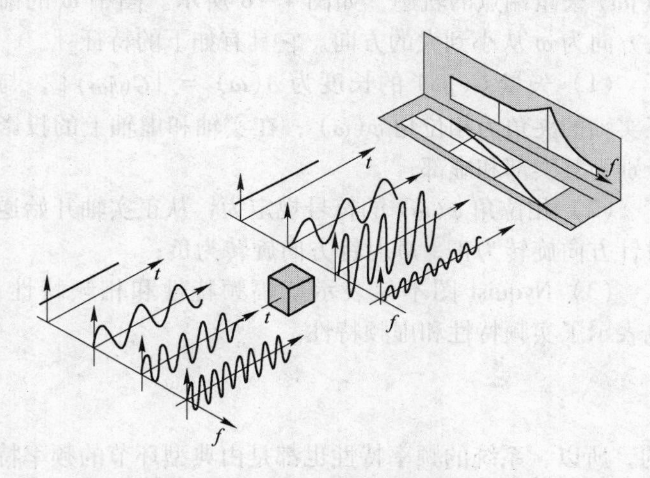

图 4-3 实验方法求取系统频率特性

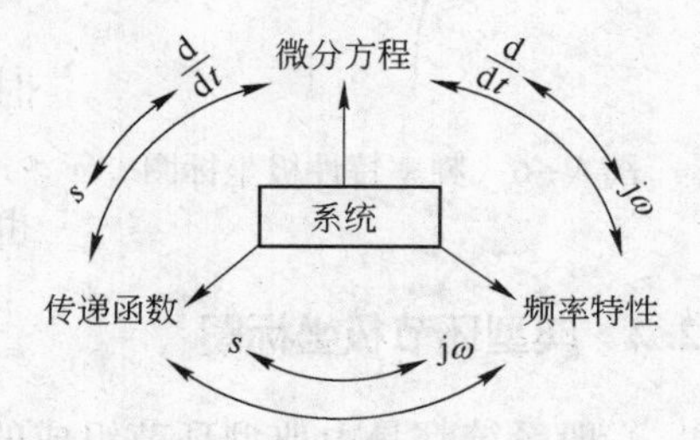

图 4-4 系统的微分方程、传递函数、频率特性相互转换方法

4.1.3 频率特性的表示方法

频率特性的表示主要有解析表示和图示表示两类。

（1）解析表示方法。因为频率特性 $G(\mathrm{j}\omega)$ 为复变函数，所以 $G(\mathrm{j}\omega)$ 可以在复平面上用矢量图表示，如图 4-5 所示。因此可以用幅频-相频、实频-虚频两组方式来表示。

1）幅频－相频表示法。

$$A(\omega) = |G(j\omega)| = \sqrt{U^2(\omega) + V^2(\omega)}$$

$$\varphi(\omega) = \angle G(j\omega) = \arctan\frac{V(\omega)}{U(\omega)}$$

2）实频－虚频表示法。

$$U(\omega) = \mathrm{Re}[G(j\omega)] = A(\omega)\cos\varphi(\omega)$$

$$V(\omega) = \mathrm{Im}[G(j\omega)] = A(\omega)\sin\varphi(\omega)$$

$$G(j\omega) = A(\omega)e^{j\varphi(\omega)} = U(\omega) + jV(\omega)$$
$$= A(\omega)[\cos\varphi(\omega) + j\sin\varphi(\omega)] \qquad (4-6)$$

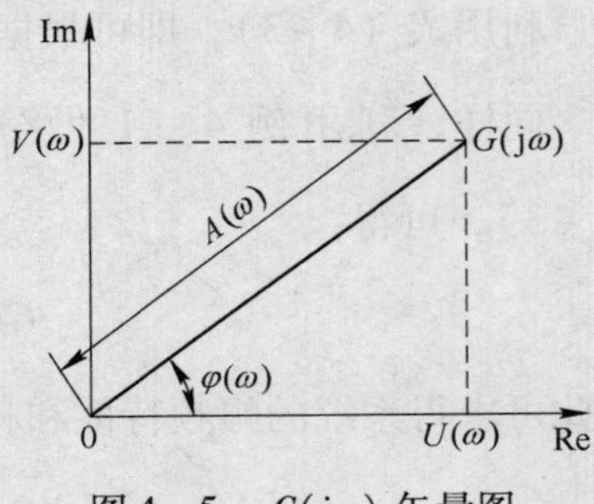

图 4－5　$G(j\omega)$ 矢量图

（2）图示表示方法。如前所述，频率特性 $G(j\omega)$ 以及幅频特性 $A(\omega)$ 和相频特性 $\varphi(\omega)$ 都是频率 ω 的函数，因而可以用曲线表示它们随频率变化的关系。用曲线图形表示系统的频率特性，具有直观方便的优点，在系统分析和研究中很有用处。常用的频率特性的图示方法有 Nyquist 图（极坐标图，幅相频率特性图）和 Bode 图（对数坐标图，对数频率特性图）。

4.2　频率特性的极坐标图（Nyquist 图）

4.2.1　极坐标图的基本概念

频率特性的极坐标图又称 Nyquist 图，或称幅相频率特性图。

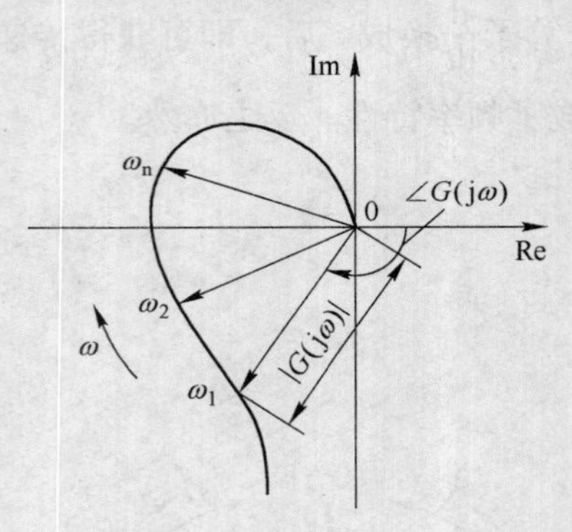

图 4－6　频率特性极坐标图

由于 $G(j\omega)$ 是复变函数，故可在复平面上用复矢量表示。频率特性的极坐标图是当 ω 从 $0\to\infty$ 变化时，$G(j\omega)$ 矢量端点的轨迹，如图 4－6 所示。图中 ω 的箭头方向为 ω 从小到大的方向。它具有如下的特征：

（1）矢量 $G(j\omega)$ 的长度为 $A(\omega) = |G(j\omega)|$，与正实轴的夹角为相位角 $\varphi(\omega)$，在实轴和虚轴上的投影分别为其实部和虚部；

（2）相位角 $\varphi(\omega)$ 的符号规定为，从正实轴开始逆时针方向旋转为正，顺时针方向旋转为负；

（3）Nyquist 图不仅表示了幅频特性和相频特性，也表示了实频特性和虚频特性。

4.2.2　典型环节极坐标图

一般系统都是由典型环节组成的，所以，系统的频率特性也都是由典型环节的频率特性组成的。因此，熟悉典型环节的频率特性，是了解系统的频率特性和分析系统的动态特性的基础。

（1）比例环节。

比例环节的频率特性为：

$$G(j\omega) = G(s)\big|_{s=j\omega} = K$$

由此，推导出其幅频特性、相频特性为：

$$A(\omega) = |G(\mathrm{j}\omega)| = K, \varphi(\omega) = \angle G(\mathrm{j}\omega) = 0$$

同时，推导出其实频特性、虚频特性为：

$$U(\omega) = \mathrm{Re}[G(\mathrm{j}\omega)] = K, V(\omega) = \mathrm{Im}[G(\mathrm{j}\omega)] = 0$$

无论通过幅频 - 相频特性信息，还是通过实频 - 虚频特性结果，均可得到比例环节 K 的 Nyquist 图为实轴上的一个定点，其坐标值为（K, j0），如图 4 -7 所示。

（2）积分环节。

积分环节的频率特性为：

$$G(\mathrm{j}\omega) = G(s)|_{s=\mathrm{j}\omega} = \frac{1}{\mathrm{j}\omega} = -\mathrm{j}\frac{1}{\omega}$$

由此，推导出其幅频特性、相频特性为：

$$A(\omega) = |G(\mathrm{j}\omega)| = \frac{1}{\omega}, \varphi(\omega) = \angle G(\mathrm{j}\omega) = -90°$$

当 ω 从 0→∞ 变化时，A（ω）从∞→0 变化，φ（ω）始终为 -90°。

同时，推导出其实频特性、虚频特性为：

$$U(\omega) = \mathrm{Re}[G(\mathrm{j}\omega)] = 0, V(\omega) = \mathrm{Im}[G(\mathrm{j}\omega)] = -\frac{1}{\omega}$$

由此可见，当 ω 从 0→∞ 变化时，其实频特性始终为 0，虚频特性在负虚轴上，从 -∞→0 变化，如图 4 -8 所示。

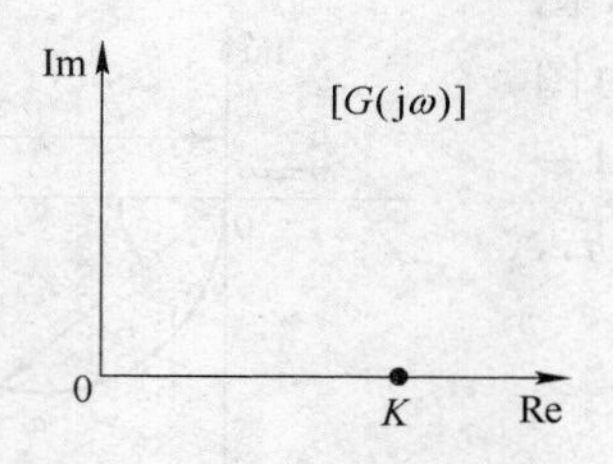

图 4 -7 比例环节的 Nyquist 图

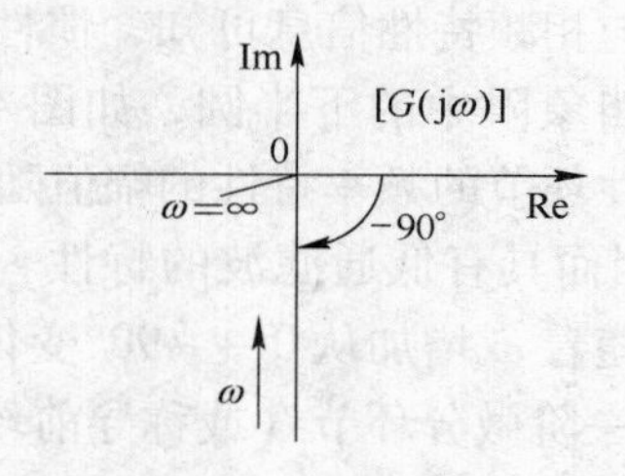

图 4 -8 积分环节的 Nyquist 图

（3）微分环节。

微分环节的频率特性为：

$$G(\mathrm{j}\omega) = G(s)|_{s=\mathrm{j}\omega} = \mathrm{j}\omega$$

由此，推导出其幅频特性、相频特性为：

$$A(\omega) = |G(\mathrm{j}\omega)| = \omega, \varphi(\omega) = \angle G(\mathrm{j}\omega) = 90°$$

当 ω 从 0→∞ 变化时，$A(\omega)$ 从 0→∞ 变化，$\varphi(\omega)$ 始终为 90°。

同时，推导出其实频特性、虚频特性为：

$$U(\omega) = \mathrm{Re}[G(\mathrm{j}\omega)] = 0, V(\omega) = \mathrm{Im}[G(\mathrm{j}\omega)] = \omega$$

由此可见，当 ω 从 0→∞ 变化时，其实频特性始终为 0，虚频特性在正虚轴上，从 0→∞ 变化，如图 4 -9 所示。

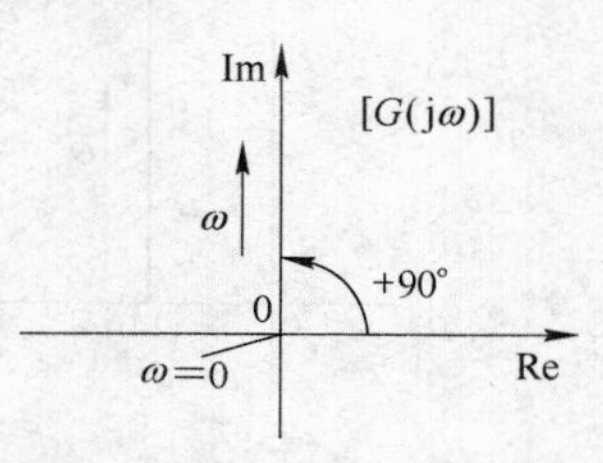

图 4 -9 微分环节的 Nyquist 图

（4）惯性环节。

惯性环节的频率特性为：

$$G(\mathrm{j}\omega) = G(s)\big|_{s=\mathrm{j}\omega} = \frac{1}{1+\mathrm{j}\omega T} = \frac{1-\mathrm{j}\omega T}{1+\omega^2 T^2}$$

由此，推导出幅频特性、相频特性为：

$$A(\omega) = |G(\mathrm{j}\omega)| = \frac{1}{\sqrt{1+\omega^2 T^2}}$$

$$\varphi(\omega) = \angle G(\mathrm{j}\omega) = -\arctan(\omega T)$$

当 $\omega=0$ 时，$A(\omega)=1$，$\varphi(\omega)=0$；

当 $\omega=\dfrac{1}{T}$ 时，$A(\omega)=\dfrac{1}{\sqrt{2}}$，$\varphi(\omega)=-45°$；

当 $\omega=\infty$ 时，$A(\omega)=0$，$\varphi(\omega)=-90°$。

同时，推导出其实频特性、虚频特性为：

$$U(\omega) = \mathrm{Re}[G(\mathrm{j}\omega)] = \frac{1}{1+\omega^2 T^2}$$

$$V(\omega) = \mathrm{Im}[G(\mathrm{j}\omega)] = -\frac{\omega T}{1+\omega^2 T^2}$$

分析可知，$U^2(\omega)+V^2(\omega)=U(\omega)$，即

$$\left[U(\omega)-\frac{1}{2}\right]^2 + V^2(\omega) = \left(\frac{1}{2}\right)^2$$

显然，这是一个以（1/2，j0）为圆心，半径为1/2的圆方程。再综合 ω 从 $0\to\infty$ 变化时幅频与相频特性信息可知，惯性环节的 Nyquist 图应该是第四象限中的下半圆，如图4－10所示。由图可见，惯性环节的频率特性的幅值随着 ω 的增大从 $1\to0$ 变化，因而具有低通滤波的特性。它存在相位滞后，滞后角度随着 ω 增加从 $0\to-90°$ 变化。

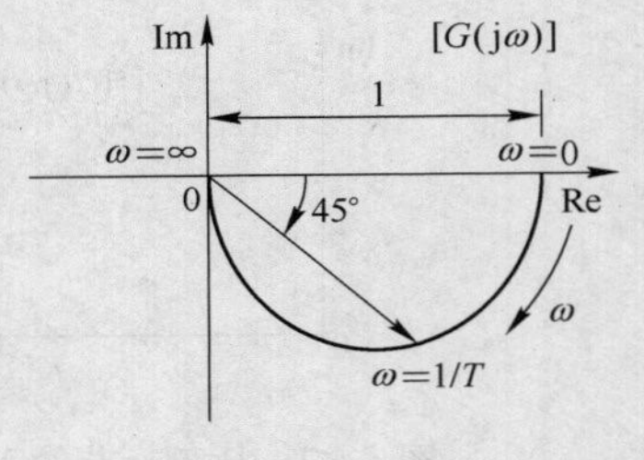

图4－10 惯性环节的 Nyquist 图

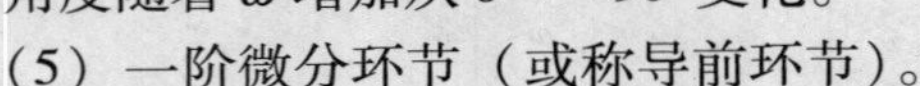
（5）一阶微分环节（或称导前环节）。

一阶微分环节的频率特性为：

$$G(\mathrm{j}\omega) = G(s)\big|_{s=\mathrm{j}\omega} = 1+\mathrm{j}\omega T$$

很明显，其实频特性和虚频特性分别为：

$$U(\omega) = \mathrm{Re}[G(\mathrm{j}\omega)] = 1, \quad V(\omega) = \mathrm{Im}[G(\mathrm{j}\omega)] = \omega T$$

实频特性恒为1，虚频特性随 ω 增加从 $0\to\infty$ 线性变化。

推导出幅频特性、相频特性为：

$$A(\omega) = |G(\mathrm{j}\omega)| = \sqrt{1+\omega^2 T^2}$$

$$\varphi(\omega) = \angle G(\mathrm{j}\omega) = \arctan(\omega T)$$

可见，当 ω 从 $0\to\infty$ 变化时，幅频特性从 $1\to\infty$ 变化，其相位角由 $0\to+90°$ 变化。

综合上述结果，可得一阶微分环节的 Nyquist 图如图4－11所示。

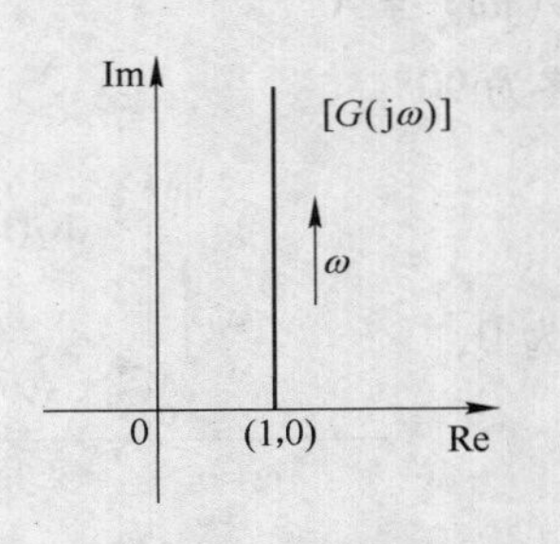

图4－11 一阶微分环节的 Nyquist 图

（6）振荡环节。

振荡环节的频率特性为：

$$G(j\omega)=G(s)\big|_{s=j\omega}=\frac{\omega_n^2}{(\omega_n^2-\omega^2)+j2\xi\omega_n\omega}=\frac{1}{\left[1-(\frac{\omega}{\omega_n})^2\right]+j2\xi\frac{\omega}{\omega_n}}\quad(0<\xi<1)$$

令 $\lambda=\frac{\omega}{\omega_n}$，则有：

$$G(j\omega)=\frac{1}{(1-\lambda^2)+j2\xi\lambda}=\frac{1-\lambda^2}{(1+\lambda^2)^2+4\xi^2\lambda^2}-j\frac{2\xi\lambda}{(1+\lambda^2)^2+4\xi^2\lambda^2}$$

$$A(\omega)=|G(j\omega)|=\frac{1}{\sqrt{(1+\lambda^2)^2+(2\xi\lambda)^2}},\varphi(\omega)=\angle G(j\omega)=-\arctan\frac{2\xi\lambda}{1-\lambda^2}$$

当 $\omega=0$ 时，$\lambda=0$，$A(\omega)=1$，$\varphi(\omega)=0$；

当 $\omega=\omega_n$ 时，$\lambda=1$，$A(\omega)=\frac{1}{2\xi}$，$\varphi(\omega)=-90°$；

当 $\omega=\infty$ 时，$\lambda=\infty$，$A(\omega)=0$，$\varphi(\omega)=-180°$。

可见，当 ω 从 $0\to\infty$ 时，$A(\omega)$ 从 $1\to0$，$\varphi(\omega)$ 从 $0\to-180°$。振荡环节 Nyquist 图始于点（1，j0），终于点（0，j0），曲线与虚轴的交点的频率就是无阻尼固有频率 ω_n，此时的幅频特性为$\frac{1}{2\xi}$，从相位角变化情况看，整个曲线在第三、第四象限，如图 4－12（a）所示，且当 ξ 取值不同时，振荡环节的 Nyquist 图形状也不同，如图 4－13 所示。

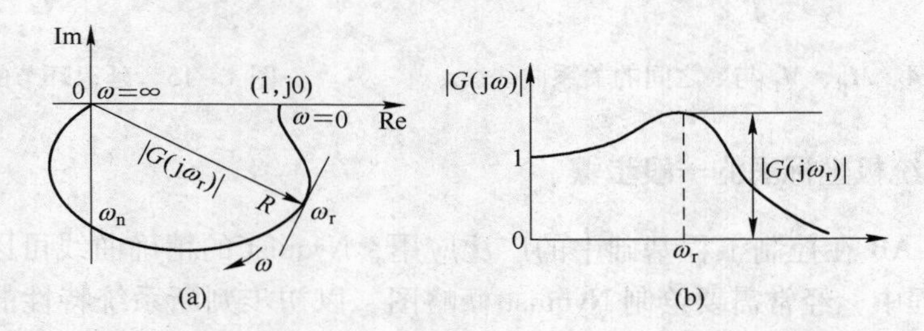

图 4－12 振荡环节的 Nyquist 图及其幅频图

当 $\xi<0.707$，$A(\omega)$ 会出现谐振，$\omega=\omega_r$ 处出现峰值，如图 4－12（b）所示。此峰值称为谐振峰值 M_r，ω_r 称为谐振频率。

$$\omega_r=\omega_n\sqrt{1-2\xi^2},\qquad M_r=\frac{1}{2\xi\sqrt{1-\xi^2}}\tag{4-7}$$

$$\varphi(\omega_r)=-\arctan\frac{\sqrt{1-2\xi^2}}{\xi}$$

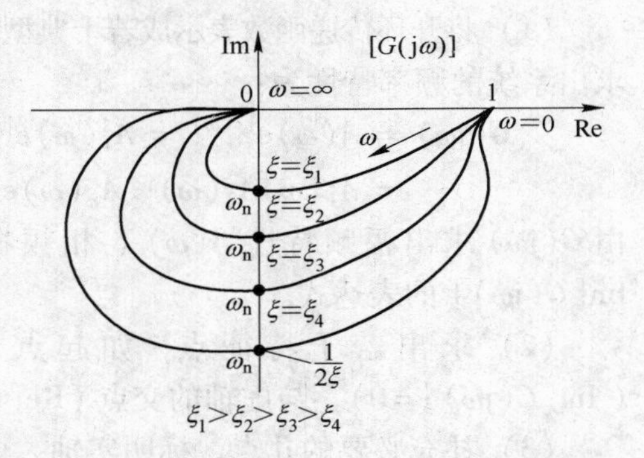

图 4－13 振荡环节的 Nyquist 图及其幅频图

显然，M_r 只与阻尼比 ξ 有关，反映系统的振荡特性。M_p、M_r 随 ξ 变化的曲线图如图 4－14所示。很显然，时域性能指标最大超调量与频域性能指标谐振峰值随 ξ 变化的趋势相同。ξ 越小，M_r 越大；$\xi\to0$ 时，$M_r\to\infty$。当 $\xi>0.707$ 时，$A(\omega)$ 不会出现谐振。

(7) 延迟环节。

延迟环节的频率特性为：

$$G(\mathrm{j}\omega) = G(s)\big|_{s=\mathrm{j}\omega} = \mathrm{e}^{-\mathrm{j}\omega\tau} = \cos(\omega\tau) - \mathrm{j}\sin(\omega\tau)$$

由此，很容易得到其幅频特性、相频特性为：

$$A(\omega) = |G(\mathrm{j}\omega)| = 1 \text{ , } \varphi(\omega) = \angle G(\mathrm{j}\omega) = -\omega\tau$$

实频特性、虚频特性为：

$$U(\omega) = \mathrm{Re}[G(\mathrm{j}\omega)] = \cos(\omega\tau) \text{ , } V(\omega) = \mathrm{Im}[G(\mathrm{j}\omega)] = -\sin(\omega\tau)$$

很显然，$U^2(\omega) + V^2(\omega) = 1$，是一个圆方程。可见，延迟环节频率特性的 Nyquist 图是一个单位圆，其幅值恒为 1，相位角则随着 ω 增大从 0 开始顺时针旋转无穷多圈至 $-\infty$。其 Nyquist 图如图 4－15 所示。

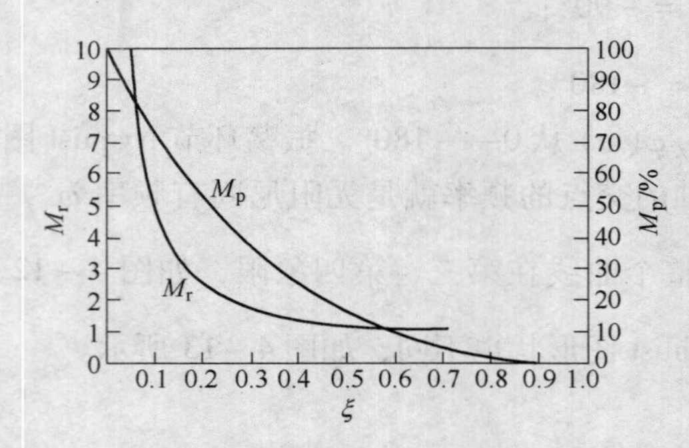

图 4－14　M_p、M_r 与 ξ 之间的关系曲线

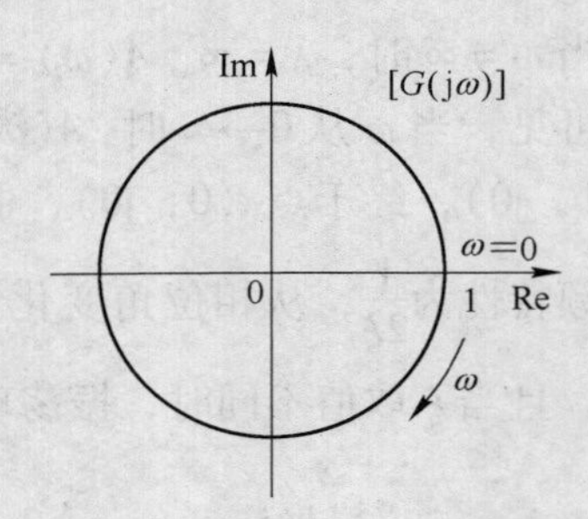

图 4－15　延迟环节的 Nyquist 图

4.2.3　绘制系统极坐标图的一般步骤

随着 MATLAB 在控制工程基础中的广泛应用，Nyquist 的精确曲线可以通过 MATLAB 程序实现。工程中，经常需要绘制 Nyquist 概略图，以初步判断系统特性的情况，因此概略图应保持其准确曲线的重要特性，并在要研究的点附近有足够的准确性。

绘制 Nyquist 概略图的一般步骤如下：

(1) 将开环传递函数表示成若干典型环节的串联形式，如 $G(s) = G_1(s)G_2(s)\cdots G_n(s)$，求出系统的频率特性为：

$$\begin{aligned} G(\mathrm{j}\omega) &= A(\omega)\mathrm{e}^{\mathrm{j}\varphi(\omega)} = A_1(\omega)\mathrm{e}^{\mathrm{j}\varphi_1(\omega)}A_2(\omega)\mathrm{e}^{\mathrm{j}\varphi_2(\omega)}\cdots A_n(\omega)\mathrm{e}^{\mathrm{j}\varphi_n(\omega)} \\ &= A_1(\omega)A_2(\omega)\cdots A_n(\omega)\mathrm{e}^{\mathrm{j}[\varphi_1(\omega)+\varphi_2(\omega)+\cdots+\varphi_n(\omega)]} \end{aligned}$$

由 $G(\mathrm{j}\omega)$ 求出幅频特性 $A(\omega)$、相频特性 $\varphi(\omega)$ 和实频特性 $\mathrm{Re}[G(\mathrm{j}\omega)]$、虚频特性 $\mathrm{Im}[G(\mathrm{j}\omega)]$ 的表达式。

(2) 求出若干特征点，如起点 ($\omega = 0$)、终点 ($\omega = \infty$)、与实轴的交点 ($\mathrm{Im}[G(\mathrm{j}\omega)]=0$)、与虚轴的交点 ($\mathrm{Re}[G(\mathrm{j}\omega)]=0$) 等，并标注在极坐标图上。

(3) 补充必要的几点，标明实轴、虚轴、原点，在此坐标系中分别描出以上所求各点，根据 $A(\omega)$、$\varphi(\omega)$、$\mathrm{Re}[G(\mathrm{j}\omega)]$、$\mathrm{Im}[G(\mathrm{j}\omega)]$ 的变化趋势以及 $G(\mathrm{j}\omega)$ 所处的象限等，按 ω 增大的方向将各点连成一条曲线，在曲线旁标出 ω 增大的方向，便得到了系统频率特性的 Nyquist 概略图。

下面通过一些实例，分别说明不同型次系统 Nyquist 图的画法和一般形状。

【**例 4-2**】系统传递函数为 $G(s)=\dfrac{K}{Ts+1}$，试绘制系统的 Nyquist 图。

解：系统的频率特性为：

$$G(\mathrm{j}\omega)=\frac{K}{1+\mathrm{j}\omega T}=K\frac{1-\mathrm{j}\omega T}{1+\omega^2T^2}$$

其幅频特性、相频特性为：

$$A(\omega)=\left|\frac{K}{1+\mathrm{j}\omega T}\right|=\frac{K}{\sqrt{1+\omega^2T^2}}$$

$$\varphi(\omega)=\angle G(\mathrm{j}\omega)=0-\arctan(\omega T)=-\arctan(\omega T)$$

当 $\omega=0$ 时，$A(\omega)=K$，$\varphi(\omega)=0$；

当 $\omega=\dfrac{1}{T}$ 时，$A(\omega)=\dfrac{K}{\sqrt{2}}$，$\varphi(\omega)=-45°$；

当 $\omega=\infty$ 时，$A(\omega)=0$，$\varphi(\omega)=-90°$。

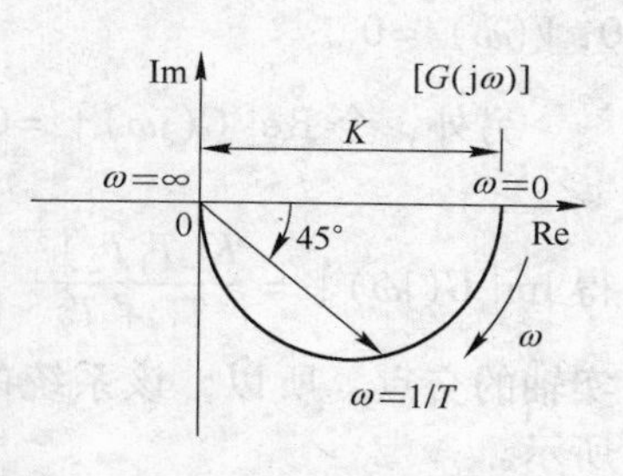

图 4-16　例 4-2 的 Nyquist 图

从传递函数形式上来看，该系统为惯性环节与比例环节的串联，根据前述典型环节 Nyquist 图的相关结论，该系统 Nyquist 图是以（$K/2$，0）为圆心，$K/2$ 为半径，从（K，0）点开始顺时针旋转的下半圆，如图 4-16 所示。

【**例 4-3**】系统传递函数为 $G(s)=\dfrac{K}{s(Ts+1)}$，试绘制系统的 Nyquist 图。

解：系统的频率特性为：

$$G(\mathrm{j}\omega)=\frac{K}{\mathrm{j}\omega(1+\mathrm{j}\omega T)}=\frac{-KT}{1+\omega^2T^2}-\mathrm{j}\frac{K}{\omega(1+\omega^2T^2)}$$

其幅频特性、相频特性为：

$$A(\omega)=\frac{K}{\omega\sqrt{1+\omega^2T^2}},\ \varphi(\omega)=-90°-\arctan(\omega T)$$

当 $\omega=0$ 时，$A(\omega)=\infty$，$\varphi(\omega)=-90°$，$U(\omega)=-KT$，$V(\omega)=-\infty$；

当 $\omega=\infty$ 时，$A(\omega)=0$，$\varphi(\omega)=-180°$，$U(\omega)=0$，$V(\omega)=0$。

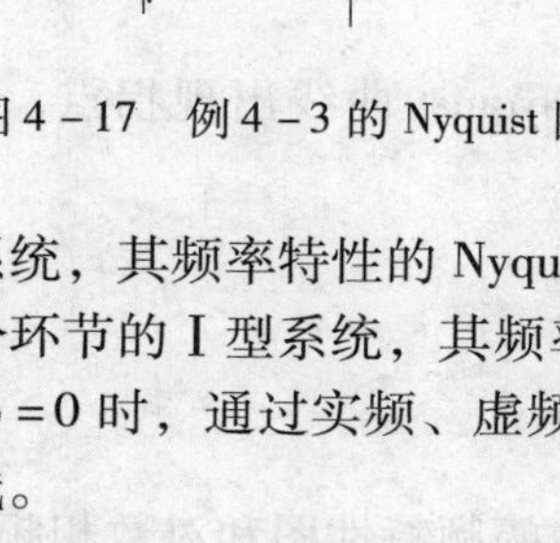

图 4-17　例 4-3 的 Nyquist 图

所以，该系统的 Nyquist 曲线如图 4-17 所示。由于传递函数含有一个积分环节 $1/s$，因而与例 4-2 中的 0 型系统比较，其频率特性有本质的不同。不含积分环节的系统，其频率特性的 Nyquist 图在 $\omega=0$ 时，始于正实轴上的确定点；而对于含有一个积分环节的 I 型系统，其频率特性的 Nyquist 图低频段将沿着一条渐近线趋于无穷远点。当 $\omega=0$ 时，通过实频、虚频取值可知，这条渐近线过点（$-KT$，j0），为平行于虚轴的直线。

【**例 4-4**】系统传递函数为 $G(s)=\dfrac{K}{s^2(T_1s+1)(T_2s+1)}$，试绘制系统的 Nyquist 图。

解：系统的频率特性为：

$$G(j\omega) = \frac{K}{-\omega^2(1+j\omega T_1)(1+j\omega T_2)}$$

$$= \frac{K(1-T_1T_2\omega^2)}{-\omega^2(1+\omega^2T_1^2)(1+\omega^2T_2^2)} + j\frac{K(T_1+T_2)}{\omega(1+\omega^2T_1^2)(1+\omega^2T_2^2)}$$

其幅频特性、相频特性为：

$$A(\omega) = \frac{K}{\omega^2\sqrt{1+\omega^2T_1^2}\sqrt{1+\omega^2T_2^2}},\ \varphi(\omega) = -180° - \arctan(\omega T_1) - \arctan(\omega T_2)$$

当 $\omega=0$ 时，$A(\omega)=\infty$，$\varphi(\omega)=-180°$，$U(\omega)=-\infty$，$V(\omega)=\infty$；

当 $\omega=\infty$ 时，$A(\omega)=0$，$\varphi(\omega)=-360°$，$U(\omega)=0$，$V(\omega)=0$。

另外，令 $\mathrm{Re}[G(j\omega)]=0$，得 $\omega=\frac{1}{\sqrt{T_1T_2}}$，由此求得 $\mathrm{Im}[G(j\omega)]=\frac{K(T_1T_2)^{\frac{3}{2}}}{T_1+T_2}$，此点为 Nyquist 曲线与正实轴的交点。所以，该系统的 Nyquist 曲线如图 4－18 所示。

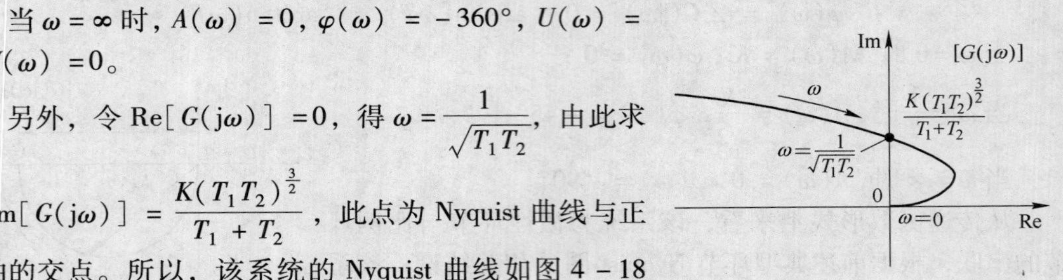

图 4－18 例 4－4 的 Nyquist 图

由以上各例可知，系统的频率特性为：

$$G(j\omega) = \frac{K(1+j\omega\tau_1)(1+j\omega\tau_2)\cdots(1+j\omega\tau_m)}{(j\omega)^\nu(1+j\omega T_1)(1+j\omega T_2)\cdots(1+j\omega T_{n-\nu})}\quad (n \geqslant m)$$

系统 Nyquist 图的一般形状如下：

（1）当 $\omega=0$ 时：

若 $\nu=0$，则 $A(\omega)=K$，$\varphi(\omega)=0°$，Nyquist 曲线的起始点是一个正实轴上的有限值点；

若 $\nu=1$，则 $A(\omega)=\infty$，$\varphi(\omega)=-90°$，在低频段，Nyquist 曲线渐近于与负虚轴平行的直线；

若 $\nu=2$，则 $A(\omega)=\infty$，$\varphi(\omega)=-180°$，在低频段，Nyquist 曲线是负实部比虚部阶次更高的无穷大。

（2）当 $\omega=\infty$ 时：

若 $n>m$，则 $A(\omega)=0$；

若 $n=m$，则 $A(\omega)=\mathrm{const}$，$\varphi(\omega)=(m-n)\times 90°$。

（3）当系统中含有振荡环节时，不改变上述结论。

（4）当系统中含有导前环节时，相位会非单调下降，Nyquist 曲线出现拐点，产生“弯曲”。

4.3 频率特性的对数坐标图（Bode 图）

4.3.1 对数坐标图的基本概念

频率特性的对数坐标图又称 Bode 图。对数坐标图由对数幅频特性图和对数相频特性图组成，分别表示幅频特性和相频特性。对数坐标图的横坐标表示频率 ω，按 ω 以 10 为底的对数分度，按 ω 的自然数值标注，横坐标单位是 rad/s 或 s^{-1}，如图 4－19 所示。由图可知，ω 的数值每变化 10 倍，在对数坐标上变化一个单位，如 $\omega_1 = 10\omega_0$ 时，频带宽度在对数坐标上为一个单位。将该频带宽度称为十倍频程，通常用“dec”表示。而当 ω 的数值每变化一倍时，如 $\omega_1 = 2\omega_0$ 时，将该频带宽度称为一倍频程，通常用“oct”表示，在对数坐标上变化 0.301 倍的单位长度。

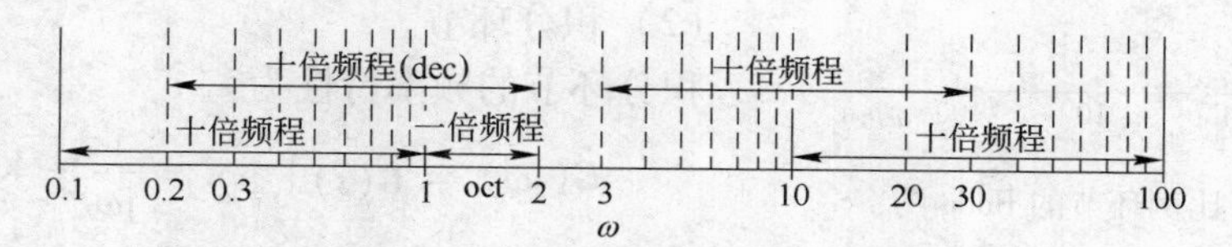

图 4-19 Bode 图横坐标分度与标注方法

对数幅频特性图的纵坐标采用线性分度，坐标值为 $L(\omega) = 20\lg|G(j\omega)|$，其单位称作分贝，记作 dB。对数相频特性图的纵坐标也采用线性分度，坐标值为 $G(j\omega)$ 的相位角 $\angle G(j\omega)$，记作 $\varphi(\omega)$，其单位为度。图 4-20 表示了对数坐标图的坐标系。

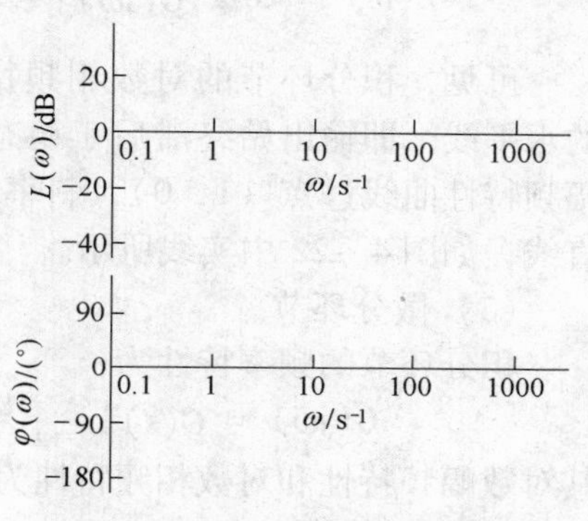

图 4-20 Bode 图坐标系

用 Bode 图表示频率特性有以下优点：

（1）可将串联环节幅值的乘或除变为加或减，简化了计算与作图，如

$$G = G_1 G_2 G_3 = Ae^{j\varphi} = A_1 A_2 A_3 e^{j(\varphi_1+\varphi_2+\varphi_3)}$$

$$L(\omega) = 20\lg A = 20\lg A_1 A_2 A_3 = L_1(\omega) + L_2(\omega) + L_3(\omega)$$

系统的对数幅频特性是各串联环节对数幅频特性的叠加。

（2）可用近似方法作图。先分段用直线作出对数幅频特性的渐近线，再用修正曲线修正得到较准确的对数幅频特性图。

（3）系统的相频特性是各串联环节相频特性的叠加，如

$$G = G_1 G_2 G_3 = Ae^{j\varphi} = A_1 A_2 A_3 e^{j(\varphi_1+\varphi_2+\varphi_3)}$$

$$\varphi(\omega) = \varphi_1(\omega) + \varphi_2(\omega) + \varphi_3(\omega)$$

（4）可分别作出各环节 Bode 图，然后用叠加方法得到系统的 Bode 图，并可由此分析各环节对系统总特性的影响。

（5）采用对数坐标能把较宽频率范围的图形紧凑地表示出来。在分析和研究系统时，其低频段特性很重要，而 ω 轴采用对数分度对于突出频率特性的低频段很方便。

（6）横坐标的起点根据实际所需的最低频率来决定。

4.3.2 典型环节的对数坐标图

（1）比例环节。

比例环节的频率特性为：

$$G(j\omega) = G(s)|_{s=j\omega} = K$$

其对数幅频特性和对数相频特性为：

$$L(\omega) = 20\lg|G(j\omega)| = 20\lg K$$

$$\varphi(\omega) = \angle G(j\omega) = 0°$$

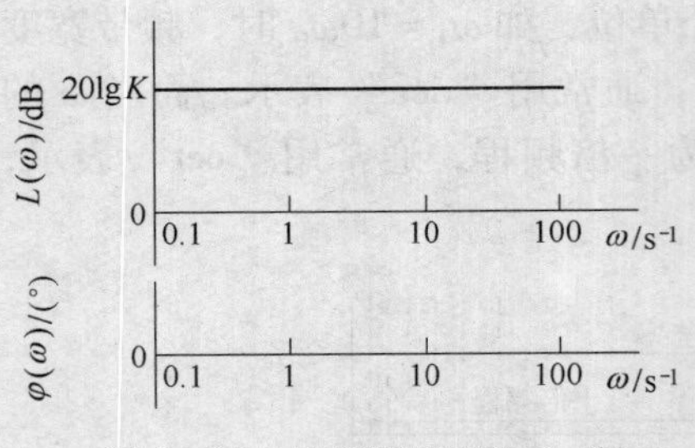

图 4-21 比例环节的 Bode 图

可见，比例环节的对数幅频特性曲线始终保持高度为 20lg$K$ 的水平直线，对数相频特性始终为 0°，如图 4-21 所示。当 K 值改变时，系统的对数相频特性不变，只是对数幅频特性在坐标系中上下平移。

（2）积分环节。

积分环节的频率特性为：

$$G(\mathrm{j}\omega) = G(s)\big|_{s=\mathrm{j}\omega} = \frac{1}{\mathrm{j}\omega} = -\mathrm{j}\frac{1}{\omega}$$

其对数幅频特性和对数相频特性为：

$$L(\omega) = 20\lg|G(\mathrm{j}\omega)| = 20\lg\frac{1}{\omega} = -20\lg\omega, \varphi(\omega) = \angle G(\mathrm{j}\omega) = -90°$$

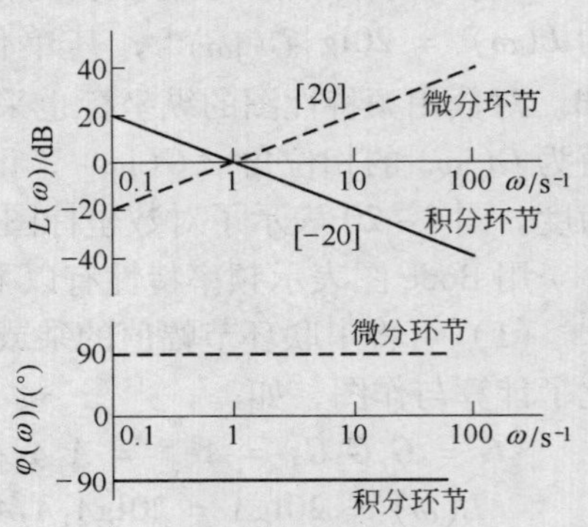

图 4-22 积分环节、微分环节的 Bode 图

可见，积分环节的对数相频特性始终为 -90° 的水平线，即输出始终滞后于稳态输入 90°。对数幅频特性曲线过点（1，0），斜率为 -20dB/dec 的直线，如图 4-22 中实线所示。

（3）微分环节。

积分环节的频率特性为：

$$G(\mathrm{j}\omega) = G(s)\big|_{s=\mathrm{j}\omega} = \mathrm{j}\omega$$

其对数幅频特性和对数相频特性为：

$$L(\omega) = 20\lg|G(\mathrm{j}\omega)| = 20\lg\omega$$

$$\varphi(\omega) = \angle G(\mathrm{j}\omega) = 90°$$

可见，微分环节的对数相频特性始终为 +90° 的水平线，即输出始终超前于稳态输入 90°。对数幅频特性曲线过点（1，0），斜率为 +20dB/dec 的直线，如图 4-22 中虚线所示。

从图 4-22 所示的积分环节与微分环节的 Bode 来看可知，传递函数互为倒数关系时，其对数幅频特性曲线会相对于 0dB 线对称，对数相频特性曲线会相对于 0°线对称。

（4）惯性环节。

惯性环节的频率特性为：

$$G(\mathrm{j}\omega) = G(s)\big|_{s=\mathrm{j}\omega} = \frac{1}{1+\mathrm{j}\omega T}$$

其对数幅频特性和对数相频特性为：

$$L(\omega) = 20\lg|G(\mathrm{j}\omega)| = -20\lg\sqrt{1+\omega^2T^2}, \varphi(\omega) = \angle G(\mathrm{j}\omega) = -\arctan(\omega T)$$

从表达式可以看出，惯性环节的对数幅频特性与对数相频特性都不是线性关系。在工程中对于非线性的对数幅频特性图，常先用渐近线近似表示，然后进行误差修正得到精确曲线。其原理为：

令 $\omega_T = \dfrac{1}{T}$，在低频段，即当 $\omega \ll \omega_T$ 时，$\omega T \ll 1$，所以 $L(\omega) = 20\lg|G(\mathrm{j}\omega)| \approx -20\lg1 = 0$，即 $\omega \ll \omega_T$ 时，对数幅频特性渐近线为一条零分贝线。在高频段，即当 $\omega \gg \omega_T$ 时，$\omega T \gg 1$，所以 $L(\omega) \approx -20\lg\sqrt{\omega^2T^2} = -20\lg\omega - 20\lg T$，即 $\omega \gg \omega_T$ 时，对数幅频特性的渐近线为一条过（$1/T$，0）、斜率为 -20dB/dec 的直线。

低频段与高频段对数幅频特性渐近线的交点频率为 $\omega_T=\frac{1}{T}$，将 ω_T 称作转角频率，或称转折频率。由此可得到惯性环节对数幅频特性的渐近线，如图 4 - 23 中实线所示。由图可知，惯性环节具有低通滤波的特性。当输入频率 $\omega>\omega_T$ 时，其输出衰减很快，即滤掉了输入信号的高频部分。在低频段，输出能较准确地反映输入。

渐近线与精确的对数幅频特性曲线之间有误差 $e(\omega)$，其误差修正曲线如图 4 - 24 所示。由图可知，最大误差发生在转角频率 ω_T 处，其误差为 -3dB。而在 $10\omega_T$ 或 $0.1\omega_T$ 的频率处，$e(\omega)$ 就接近 0dB，据此可在 $0.1\omega_T\sim10\omega_T$ 范围内对渐近线进行修正。

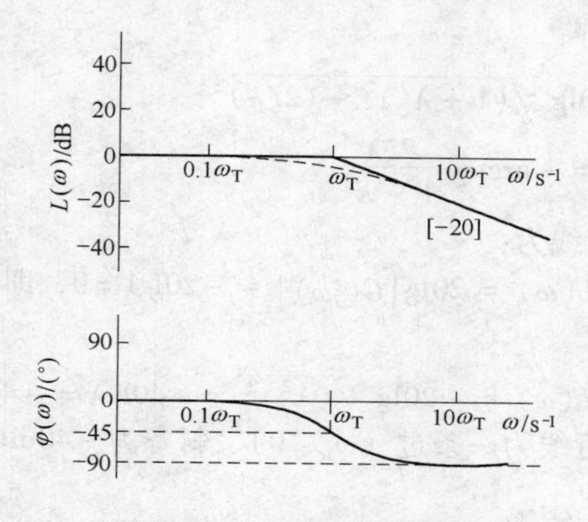

图 4 - 23 惯性环节的 Bode 图

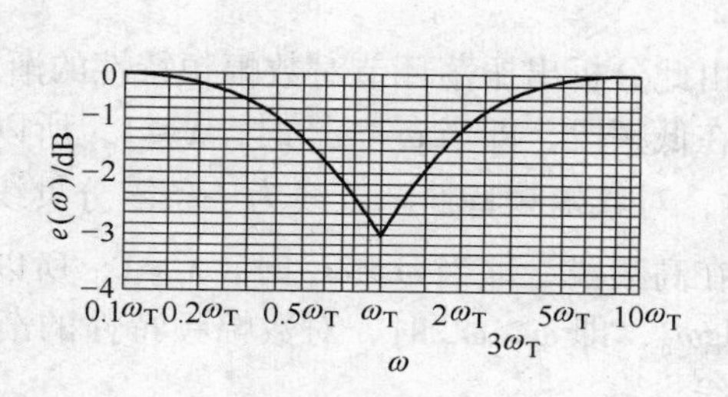

图 4 - 24 误差修正曲线

由惯性环节的对数相频特性表达式分析，可得：

当 $\omega=0$ 时，$\varphi(\omega)=0°$；

当 $\omega=\omega_T$ 时，$\varphi(\omega)=-45°$；

当 $\omega=\infty$ 时，$\varphi(\omega)=-90°$。

由图 4 - 23 可知，对数相频特性反对称于点（ω_T，-45°），且在 $\omega\leqslant0.1\omega_T$ 时，$\varphi(\omega)\to0°$，当 $\omega\geqslant10\omega_T$ 时，$\varphi(\omega)\to-90°$。

（5）一阶微分环节。

一阶微分环节的频率特性为：

$$G(j\omega)=G(s)\big|_{s=j\omega}=1+j\omega T$$

其对数幅频特性和对数相频特性为：

$$L(\omega)=20\lg|G(j\omega)|=20\lg\sqrt{1+\omega^2T^2},\ \varphi(\omega)=\angle G(j\omega)=\arctan(\omega T)$$

从传递函数形式看，一阶微分环节和惯性环节互为倒数关系，而一阶微分环节的对数幅频特性和对数相频特性的结果与惯性环节对应结果只相差了一个符号。按照前述结论，一阶微分环节和惯性环节的 Bode 图会对称于 0dB 线和 0°线。因此，令 $\omega_T=\frac{1}{T}$，在低频段，即当 $\omega\ll\omega_T$ 时，$\omega T\ll1$，所以 $L(\omega)=20\lg|G(j\omega)|\approx20\lg1=0$，即 $\omega\ll\omega_T$ 时，对数幅频特性渐近线为一条零分贝线。在高频段，即当 $\omega\gg\omega_T$ 时，$\omega T\gg1$，所以 $L(\omega)\approx20\lg\sqrt{\omega^2T^2}=20\lg\omega+20\lg T$，即 $\omega\gg\omega_T$ 时，对数幅频特性的渐近线为一条过（$1/T$，0）、斜率为 20dB/dec 的直线。

低频段与高频段对数幅频特性渐近线的交点频率为 $\omega_{\mathrm{T}}=\dfrac{1}{T}$，将 ω_{T} 称作转角频率，或称转折频率。由此可得到一阶微分环节对数幅频特性的渐近线，如图 4－25 所示。

（6）振荡环节。

振荡环节的频率特性为：

$$G(\mathrm{j}\omega)=G(s)\big|_{s=\mathrm{j}\omega}=\frac{\omega_{\mathrm{n}}^{2}}{(\omega_{\mathrm{n}}^{2}-\omega^{2})+\mathrm{j}2\xi\omega_{\mathrm{n}}\omega}=\frac{1}{\left[1-\left(\dfrac{\omega}{\omega_{\mathrm{n}}}\right)^{2}\right]+\mathrm{j}2\xi\dfrac{\omega}{\omega_{\mathrm{n}}}}\quad(0<\xi<1)$$

令 $\lambda=\dfrac{\omega}{\omega_{\mathrm{n}}}$，其对数幅频特性和对数相频特性为：

$$L(\omega)=20\lg|G(\mathrm{j}\omega)|=-20\lg\sqrt{(1+\lambda^{2})^{2}+(2\xi\lambda)^{2}}$$

$$\varphi(\omega)=\angle G(\mathrm{j}\omega)=-\arctan\frac{2\xi\lambda}{1-\lambda^{2}}$$

由此分析出振荡环节对数幅频特性的渐近线为：

在低频段，即当 $\omega\ll\omega_{\mathrm{n}}$ 时，$\lambda\ll1$，所以 $L(\omega)=20\lg|G(\mathrm{j}\omega)|\approx-20\lg1=0$，即 $\omega\ll\omega_{\mathrm{T}}$ 时，对数幅频特性渐近线为一条零分贝线。

在高频段，即当 $\omega\gg\omega_{\mathrm{n}}$ 时，$\lambda\gg1$，所以 $L(\omega)\approx-20\lg\sqrt{(\lambda^{2})^{2}}=-40\lg\lambda=-40\lg\omega+40\lg\omega_{\mathrm{n}}$，即 $\omega\gg\omega_{\mathrm{n}}$ 时，对数幅频特性的渐近线为一条过（ω_{n}，0）、斜率为 －40dB/dec 的直线。

低频段与高频段对数幅频特性渐近线的交点频率为 $\omega=\omega_{\mathrm{n}}$，将 ω_{n} 称作转角频率，或称转折频率。由此可得到振荡环节对数幅频特性的渐近线，如图 4－26 所示。

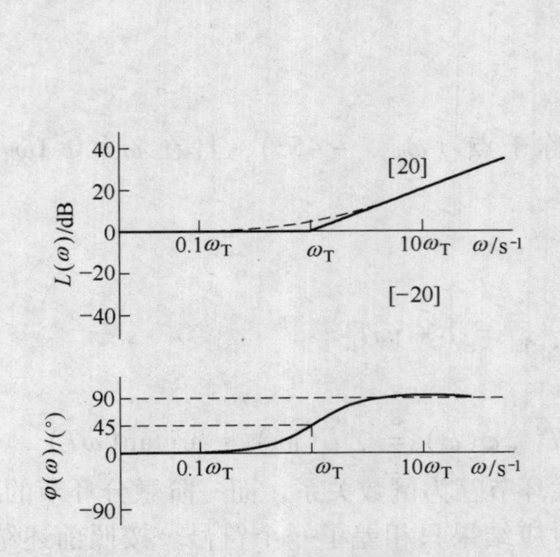

图 4－25　一阶微分环节的 Bode 图

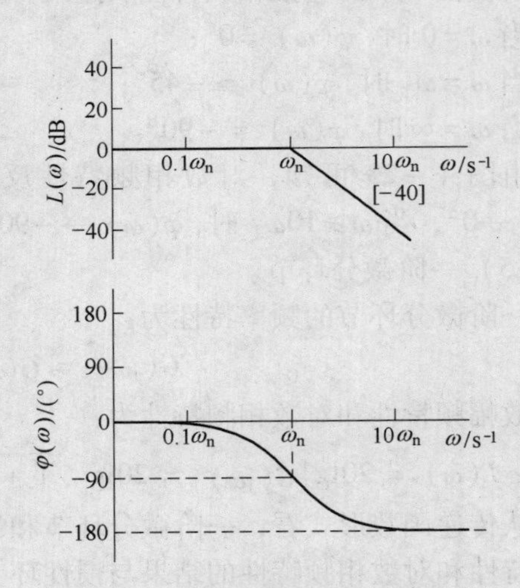

图 4－26　振荡环节近似 Bode 图

由振荡环节的对数相频特性表达式分析，可得：

当 $\omega=0$ 时，$\varphi(\omega)=0°$；

当 $\omega=\omega_{\mathrm{n}}$ 时，$\varphi(\omega)=-90°$；

当 $\omega=\infty$ 时，$\varphi(\omega)=-180°$。

对数相频特性图的趋势图如图 4－26 所示，其反对称于点（ω_{n}，－90°），且在 $\omega\leqslant$

$0.1\omega_n$ 时，$\varphi(\omega)\to 0°$，当 $\omega \geqslant 10\omega_n$ 时，$\varphi(\omega)\to -180°$。

从图 4－26 分析可知，振荡环节的幅频特性渐近线与相频特性渐近线都与阻尼比 ξ 无关，但从幅频特性与相频特性的表达式看，它们显然都与 ξ 有关。ξ 越小，ω_n 或它附近的峰值越高，精确曲线与渐近线之间的误差就越大。根据不同的 λ 和 ξ 值可作出如图 4－27 所示的幅频特性误差修正曲线。根据此曲线，一般在 $0.1\lambda \sim 10\lambda$ 范围内对幅频特性渐近线进行修正，另外，相频特性曲线的修正方法类似。最终可得到如图 4－28 所示的较精确的对数幅频特性曲线和相频特性曲线。

如前所述，振荡环节的谐振频率 $\omega_r = \omega_n\sqrt{1-2\xi^2}$，而且只有当 $0 \leqslant \xi \leqslant 0.707$ 时才存在 ω_r。由图 4－28 可知，ξ 越小，ω_r 越接近于 ω_n（即 ω_r/ω_n 越接近于 1）；ξ 增大，ω_r 离 ω_n 的距离就增大。在 $\omega=\omega_r$ 处，谐振峰值 $M_r = |G(j\omega_r)| = \dfrac{1}{2\xi\sqrt{1-\xi^2}}$。

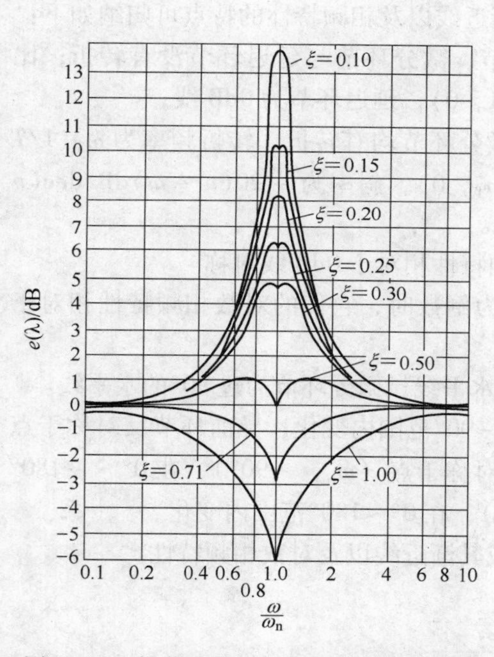

图 4－27 振荡环节幅频特性误差修正曲线

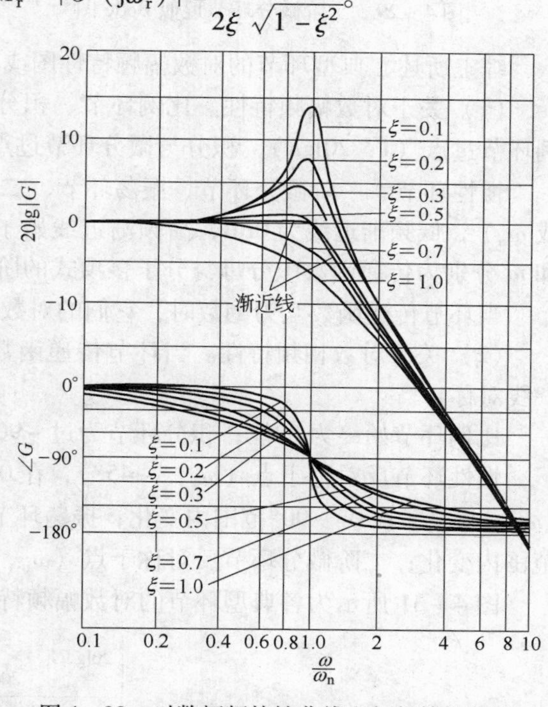

图 4－28 对数幅频特性曲线和相频特性曲线

（7）二阶微分环节。

二阶微分环节的传递函数为：

$$G(s) = \frac{s^2}{\omega_n^2} + \frac{2\xi}{\omega_n}s + 1$$

因其与振荡环节传递函数互为倒数关系，所以其 Bode 图可以利用振荡环节 Bode 图对称于 0dB 线以及 0°线而得到，如图 4－29 所示。

（8）延迟环节。

延迟环节的频率特性为：

$$G(j\omega) = G(s)\big|_{s=j\omega} = e^{-j\omega\tau} = \cos(\omega\tau) - j\sin(\omega\tau)$$

其对数幅频特性和相频特性为：

$$L(\omega) = 20\lg|G(j\omega)| = 0,\ \varphi(\omega) = \angle G(j\omega) = -\omega\tau$$

其对数坐标图如图 4-30 所示。

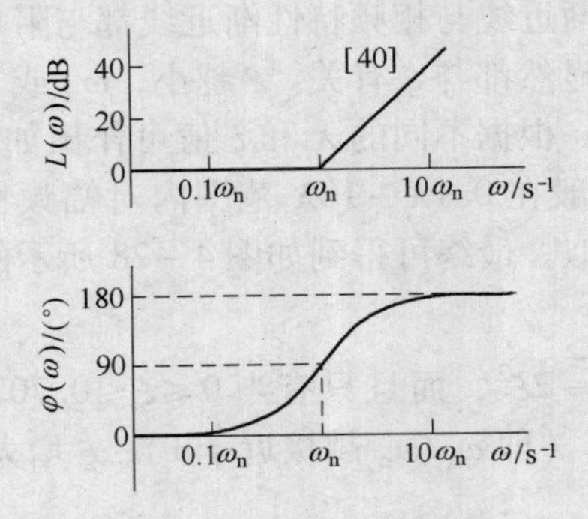

图 4-29 二阶微分环节近似 Bode 图

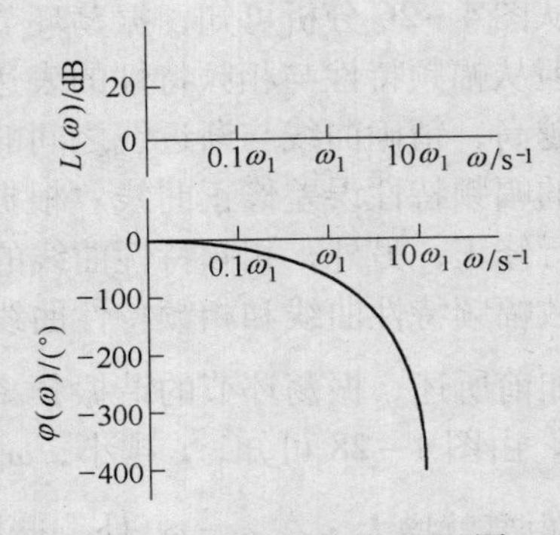

图 4-30 延迟环节的 Bode 图

综上所述，典型环节的对数幅频特性图或其渐近线以及相频特性的特点可归纳如下：

（1）关于对数幅频特性。比例环节、积分环节、微分环节与延迟环节没有转折；比例环节过点（1，20lg$K$），积分与微分环节过点（1，0），延迟环节为 0dB 线；

惯性环节、一阶微分环节、振荡环节、二阶微分环节均有转折，转折频率为 ω_T（$1/T$ 或 ω_n），低频渐近线为 0dB，高频渐近线始于（ω_T，0），斜率为 $-20(n-m)$dB/dec（n 和 m 分别为传递函数中分母与分子多项式的阶次）。

当环节传递函数互为倒数时，它们的对数幅频特性相对于 0dB 线对称。

（2）关于对数相频特性。当环节传递函数互为倒数时，它们的对数相频特性相对于 0°线对称。

比例环节始终为 0°线；积分环节为过 -90°的水平线；微分环节为过 90°的水平线。

惯性环节反对称于点（ω_T，-45°），在 0°～-90°范围内变化；导前环节反对称于点（ω_T，45°），在 0°～90°范围内变化；振荡环节反对称于点（ω_n，-90°），在 0°～-180°范围内变化；二阶微分环节反对称于点（ω_n，90°），在 0°～180°范围内变化。

图 4-31 所示为各典型环节的对数幅频特性或其渐近线以及对数相频特性。

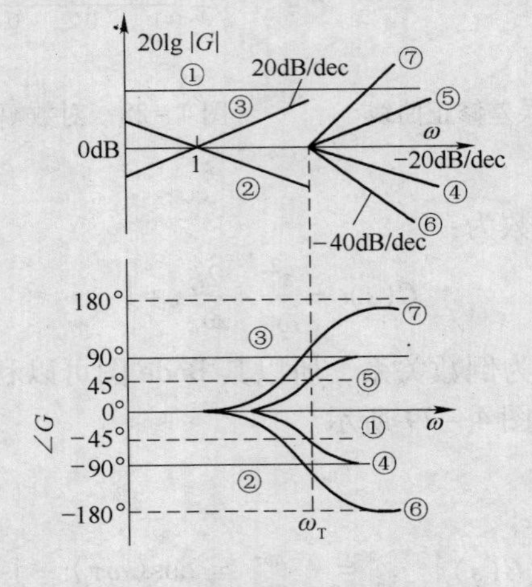

图 4-31 典型环节 Bode 图比较

①—比例环节；②—积分环节；③—微分环节；④—惯性环节；⑤—导前环节；⑥—振荡环节；⑦—二阶微分环节

4.3.3 绘制系统对数坐标图的一般步骤

绘制系统对数坐标图有环节曲线叠加法和顺序频率法两种方法。

（1）环节曲线叠加法。

1）将系统传递函数 $G(s)$ 转化为若干个典型环节传递函数相乘的形式；

2）由传递函数 $G(s)$ 求出频率特性 $G(j\omega)$；

3）确定各典型环节的转角频率；

4）作出各环节的对数幅频特性的渐近线；

5）根据误差修正曲线对渐近线进行修正，得出各环节的对数幅频特性的精确曲线；

6）将各环节的对数幅频特性叠加（不包括系统总的增益 K）；

7）将叠加后的曲线垂直移动 $20\lg K$，得到系统的对数幅频特性；

8）作各环节的对数相频特性，然后叠加得系统总的对数相频特性；

9）有延时环节时，对数幅频特性不变，对数相频特性则应加上 $-\omega\tau$。

【例 4-5】 系统传递函数为 $G(s)=\dfrac{120(s+3)}{s(2s^2+21s+200)}$，试绘制其 Bode 图。

解： 1）将 $G(s)$ 中各典型环节的传递函数化为标准形式，得：

$$G(s)=\frac{1.8\times(\frac{1}{3}s+1)\times 100}{s(s^2+10.5s+100)}$$

此式表明，系统由一个比例环节 $K=5$、一个导前环节、一个积分环节和一个振荡环节串联而成。

2）系统的频率特性为：

$$G(j\omega)=\frac{1.8\times(1+j\frac{1}{3}\omega)\times 10^2}{j\omega[(j\omega)^2+j10.5\omega+10^2]}$$

3）求出各环节的转角频率 ω_T。

导前环节 $1+j\dfrac{1}{3}\omega$ 的转角频率：

$$\omega_{T_1}=\frac{1}{1/3}=3$$

振荡环节 $\dfrac{10^2}{(j\omega)^2+j10.5\omega+10^2}$ 的转角频率：$\omega_{T_2}=\omega_n=10$

4）作出各环节的对数幅频特性渐近线，如图 4-32 所示。

5）本例题省略误差修正。

6）除比例环节外，将各环节的对数幅频特性叠加。

7）将第6）步得到的曲线整体平移 $20\lg1.8\approx5.1\text{dB}$，得到系统的对数幅频

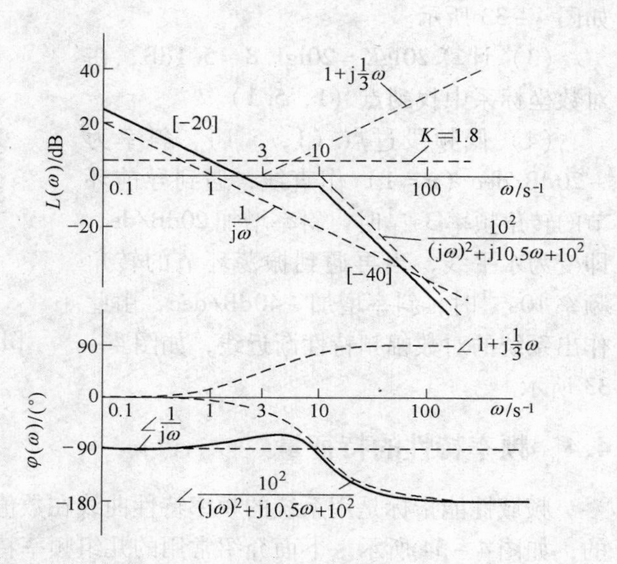

图 4-32 例 4-5 系统 Bode 图

特性图（图 4－32 中实线所示）。

8）作出各环节的对数相频特性曲线，叠加后得到系统总的对数相频特性，如图 4－32 所示。

（2）顺序频率法。

系统的频率特性为：

$$G(j\omega)=\frac{K(1+j\tau_1\omega)(1+j\tau_2\omega)\cdots(1+j\tau_m\omega)}{(j\omega)^{\nu}(1+jT_1\omega)(1+jT_2\omega)\cdots(1+jT_{n-\nu}\omega)}\quad(n\geqslant m)$$

系统在低频段 $\omega\ll\min\left(\frac{1}{\tau_1},\ \frac{1}{\tau_2},\ \cdots,\ \frac{1}{T_1},\ \frac{1}{T_2},\ \cdots\right)$ 的频率特性为$\frac{K}{(j\omega)^{\nu}}$，因此，其对数幅频特性在低频段表现为过点（1，20lg$K$），斜率为 -20νdB/dec 的直线。

在各环节的转角频率处，系统的对数幅频特性渐近线的斜率发生变化，其变化量等于相应的环节在其转角频率的变化量。

采用顺序频率法绘制 Bode 图的一般步骤如下：

1）将系统传递函数 $G(s)$ 转化为若干个典型环节传递函数相乘的形式；

2）由传递函数 $G(s)$ 求出频率特性 $G(j\omega)$；

3）确定各典型环节的转角频率，并由小到大将其标在横坐标轴上；

4）过点（1，20lg$K$），作斜率为 -20νdB/dec 的直线；

5）延长该直线，并且每遇到一个转角频率便改变一次斜率；

6）对数相频特性曲线的作法同环节曲线叠加法。

【例 4－6】 采用顺序频率法绘制例 4－5 中系统的对数幅频特性曲线。

解：（1）根据例 4－5 中分析可知，该系统标准形式的频率特性式为：

$$G(j\omega)=\frac{1.8\times(1+j\frac{1}{3}\omega)\times10^2}{j\omega[(j\omega)^2+j10.5\omega+10^2]}$$

（2）转角频率分别为 $3s^{-1}$（导前环节）、$10s^{-1}$（振荡环节），将其标注在横坐标上，如图 4－33 所示。

（3）计算 $20\lg K=20\lg1.8\approx5.1$dB，在对数坐标系中找到点（1，5.1）。

（4）低频段过点（1，5.1），斜率为 -20dB/dec（$\nu=1$）作直线，遇到导前环节的转角频率 $3s^{-1}$时，斜率增加 20dB/dec，即变为水平线，当再遇到振荡环节的转角频率 $10s^{-1}$时，斜率增加 -40dB/dec，由此作出系统的对数幅频特性渐近线，如图 4－33 所示。

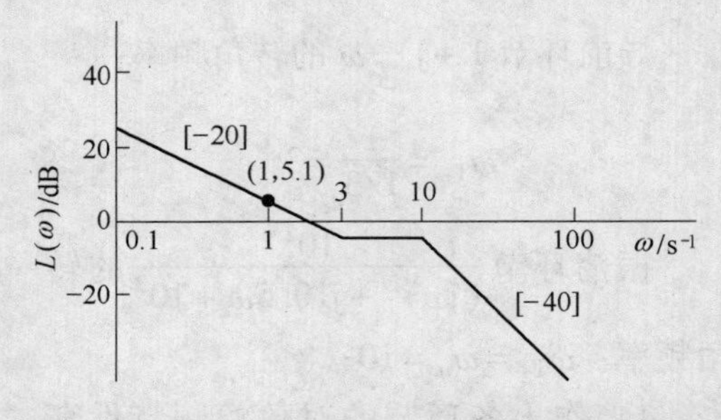

图 4－33 顺序频率法绘制对数幅频特性渐近线

4.4 频率特性的特征量

频域性能指标是用系统的频率特性曲线在数值和形状上某些特征点来评价系统的性能的，如图 4－34 所示。下面介绍常用的几组频率特性的特征量。

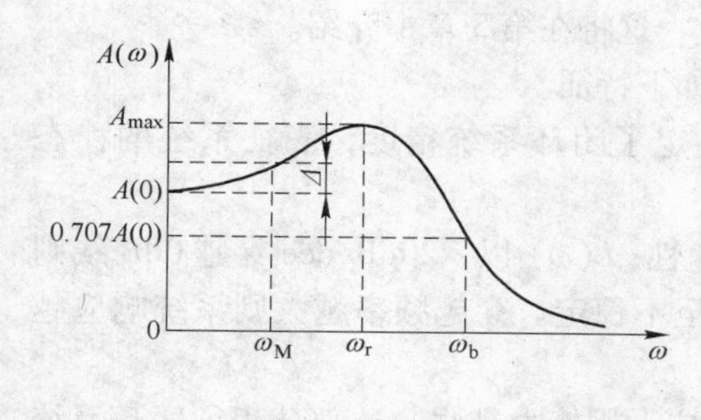

图4-34 频率特性特征量

(1) 零频幅值 $A(0)$。零频幅值 $A(0)$ 表示当频率 ω 接近于零时，闭环系统输出的幅值与输入的幅值之比。

对于单位反馈系统而言，在频率极低时，若输出幅值能完全准确地反映输入幅值，则 $A(0)=1$。$A(0)$ 越接近于1，系统的稳态误差越小。所以 $A(0)$ 的数值与1相差的大小，反映了系统的稳态精度。

(2) 复现频率 ω_M 与复现带宽 $0\sim\omega_M$。事先规定一个 Δ 作为反映低频输入信号的允许误差，那么 ω_M 就是幅频特性值与 $A(0)$ 的差第一次达到 Δ 时的频率值，称为复现频率。$0\sim\omega_M$ 表征复现低频输入信号的频带宽度，称为复现带宽。

系统的稳态性能主要取决于闭环幅频特性在低频段（$0\sim\omega_M$）的形状，越平坦，$A(0)$ 超接近1，稳态精度越高。根据给定 Δ 所确定的 ω_M 越高，表明系统能以规定的精度复现输入信号的频带越宽；若 ω_M 给定，由 ω_M 确定的允许误差 Δ 越小，说明系统反映低频输入信号的精度越高。

(3) 谐振频率 ω_r 及相对谐振峰值 $M_r\left(\dfrac{A_{max}}{A(0)}\right)$。幅频特性 $A(\omega)$ 出现最大值 A_{max} 时的频率称为谐振频率 ω_r。显然，$A(\omega_r)=A_{max}$。A_{max} 与零频幅值之比（即 $\dfrac{A_{max}}{A(0)}$）称为相对谐振峰值 M_r。在本章第2节中就分析过，只有当 $0<\xi<0.707$，$A(\omega)$ 才会出现谐振，且 $\omega_r=\omega_n\sqrt{1-2\xi^2}$，$M_r=\dfrac{1}{2\xi\sqrt{1-\xi^2}}$。$M_r$ 反映了系统的相对平稳性。且从图4-14可知，M_r 大的系统，相应的 M_p 也大，瞬态响应的平稳性不好。当 $0.4<\xi<0.8$ 时，$1.5\%<M_p<25\%$，此时 $1<M_r<1.4$（或 $0\text{dB}<M_r<3\text{dB}$）。

通过分析谐振频率和欠阻尼二阶系统调整时间的关系，可得：

$$t_s=\frac{(3\sim4)\sqrt{1-2\xi^2}}{\omega_r\xi}$$

可见，对于给定的阻尼比 ξ，t_s 与 ω_r 成反比，ω_r 高的系统，瞬态响应速度快；ω_r 低则响应速度慢。显然，频域指标 ω_r 反映了系统瞬态响应的快速性。

(4) 截止频率 ω_b 与截止带宽 $0\sim\omega_b$。一般规定幅频特性 $A(\omega)$ 的数值由零频幅值下降3dB时的频率，即 $A(\omega)$ 由 $A(0)$ 下降到 $0.707A(0)$ 时的频率称为系统的截止频率 ω_b。$0\sim\omega_b$ 称为系统的截止带宽或带宽。若 $\omega>\omega_b$，输出幅值急剧衰减，形成系统响应的截止状态。

当阻尼比 ξ 确定后，系统的截止频率 ω_b 与 t_s 成反比关系，或者说，控制系统的频带宽度越大，系统响应的快速性越好。这说明带宽表征控制系统的响应快速性。

频带宽度还表征系统对高频噪声具有滤波特性。频带越宽，抑制高频噪声的能力下降。为了使系统准确地跟踪任意输入信号，需要系统具有很大的带宽，而从抑制高频噪声的角度看，带宽又不宜过大。一个好的设计，应恰当地处理好这些矛盾。

常用的频域性能指标还有幅值裕量和相位裕量，这将在第5章中介绍。

另外，频率特性Bode图还能反映系统性能的如下特征。

（1）低频段：反映开环比例、积分环节，决定了闭环系统精度，表征系统的稳态特性。

（2）中频段：决定了闭环系统的稳定性与快速性；$L(\omega)$以-20dB/dec穿越0dB线则稳定性好，以-40dB/dec穿越则稳定性变差，甚至不稳定。穿越频率越大则系统响应越快。中频段表征系统的动态特性。

（3）高频段：$L(\omega)$下降斜率越大则闭环系统抗干扰能力越强，这部分表征闭环系统的复杂性。

由此分析可见，用频率法设计系统的实质，就是对开环频率特性的曲线形状作某些修改，使之变成我们所期望的曲线形状，即低频段的增益充分大，以保证稳态误差的要求。在幅值穿越频率ω_c附近，使对数幅频特性的斜率等于-20dB/dec，并占据充分宽的频带，以保证系统具有适当的相位裕度。在高频段的增益应尽快减小，以便使噪声影响减到最小。

4.5 最小相位系统的基本概念

对于闭环系统，如果它的开环传递函数极点和零点的实部全部小于或等于零，则称该系统为最小相位系统。相反，如果其开环传递函数中具有正实部的极点或零点或有延迟环节，则称该系统为非最小相位系统。

例如有两个系统的开环传递函数分别为：

$$G_1(s)=\frac{Ts+1}{T_1s+1}\quad(0<T<T_1)$$

$$G_2(s)=\frac{-Ts+1}{T_1s+1}\quad(0<T<T_1)$$

显然，$G_1(s)$的零点为$z=-\frac{1}{T}$，极点为$p=-\frac{1}{T_1}$，如图4－35（a）所示。$G_2(s)$的零点为$z=\frac{1}{T}$，极点为$p=-\frac{1}{T_1}$，如图4－35（b）所示。根据最小相位系统的定义，具有$G_1(s)$的系统是最小相位系统，而具有$G_2(s)$的系统是非最小相位系统。

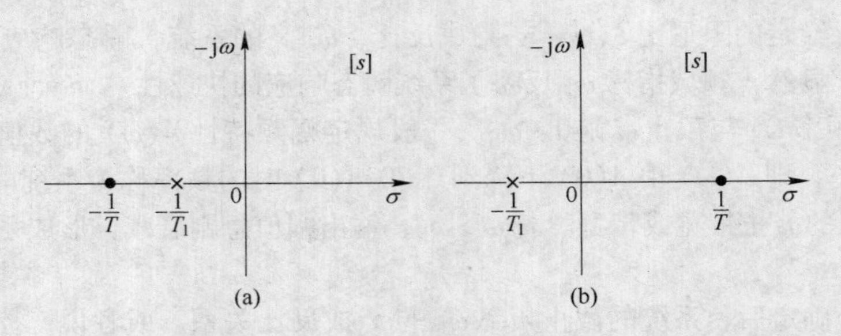

图4－35 最小相位系统和非最小相位系统

$$G_1(\mathrm{j}\omega)=\frac{1+\mathrm{j}T_1\omega}{1+\mathrm{j}T_2\omega}\Rightarrow A_1(\omega)=\sqrt{\frac{1+\omega^2T_1^2}{1+\omega^2T_2^2}},\ \varphi_1(\omega)=\arctan(\omega T_1)-\arctan(\omega T_2)$$

$$G_2(j\omega)=\frac{1-jT_1\omega}{1+jT_2\omega}\Rightarrow A_1(\omega)=\sqrt{\frac{1+\omega^2T_1^2}{1+\omega^2T_2^2}},\varphi_2(\omega)=-\arctan(\omega T_1)-\arctan(\omega T_2)$$

根据上述结果，显然它们具有相同的幅频特性，但相频特性却不同，如图4-36所示。

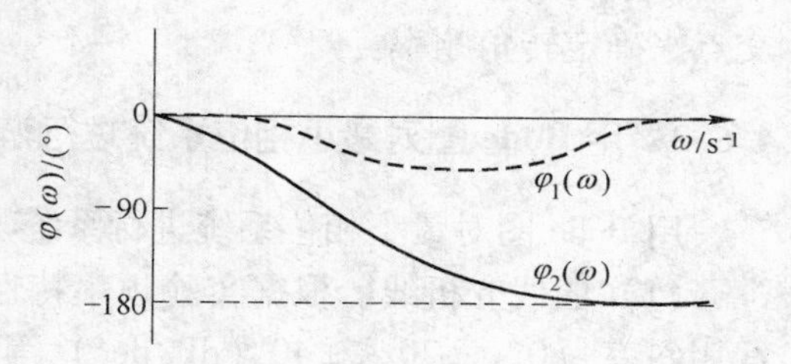

图4-36 最小相位系统与非最小相位系统的相频特性

具有相同幅频特性的系统，最小相位系统的相位角变化范围是最小的。最小相位系统的传递函数可由其对数幅频特性唯一确定。幅频特性和相频特性之间具有确定的单值对应关系。

另外，在对数频率特性曲线上，可以通过检验幅频特性的高频渐近线斜率和频率 ω 为无穷大时的相位来确定该系统是否为最小相位系统。如果 $\omega\to\infty$ 时，对数幅频特性的渐近线斜率为 $-20(n-m)$dB/dec，而相位角为 $-90°(n-m)$，则该系统为最小相位系统，否则为非最小相位系统。

非最小相位系统往往含有延时环节、小闭环不稳定环节，所以启动性能差、响应慢，故在要求响应快的系统中，总是尽量避免非最小相位系统的出现。

4.6 系统辨识

4.6.1 系统辨识的一般方法

所谓系统辨识，是指已知系统的输入与输出，求系统的结构与参数，即建立系统的数学模型。

系统辨识的一般方法如下：

（1）施加一定的激励信号（正弦信号、阶跃信号、脉冲、三角波等）。

（2）确定系统的响应（时间响应、频率响应）。

（3）进行数据处理（借助计算机或者特殊仪器，绘出响应曲线，确定系统）。

4.6.2 利用Bode图进行最小相位系统辨识

利用Bode图进行最小相位系统辨识，可直接利用对数幅频特性图进行。其原理类似于用顺序频率法绘制对数幅频特性图的过程，可分为低频段、中频段与高频段来分别分析系统的相关参数与组成。

（1）低频段。系统开环频率特性为：

$$G(j\omega)=\frac{K(j\tau_1\omega+1)(j\tau_2\omega+1)\cdots(j\tau_m\omega+1)}{(j\omega)^\nu(jT_1\omega+1)(jT_2\omega+1)\cdots(jT_n\omega+1)}\quad(n\geqslant m)$$

且

$$\lim_{\omega\to0}G(j\omega)=\frac{K}{(j\omega)^\nu}\tag{4-7}$$

由式（4-7）分析可知：

1）对数幅频曲线（或其延长线）在低频段必过点（1，20lg$K$）；

2）对数幅频曲线在低频段斜率为 -20νdB/dec；

3）低频段（或其延长线）与零分贝线交点处频率为 $\omega=\sqrt[\nu]{K}$。

其中，低频段是一个相对的概念，一般是指系统中第一个转角频率之前的频率段。

（2）中、高频段。在对数幅频特性图中，从低频到高频，利用曲线各段斜率的变化来估计系统的组成环节。即用斜率0、±20、±40的渐近线逼近实验曲线，由各渐近线的交点来确定转角频率。

4.6.3 用Bode图对最小相位系统进行辨识的步骤

用Bode图对最小相位系统进行系统辨识的基本步骤为：

（1）曲线变折线。根据实验频率特性，可以画出系统的对数幅频特性曲线，将该曲线用斜率为0、±20、±40（dB/dec）等直线近似，可得到对数幅频特性的渐近线，从而估计系统的传递函数。

（2）确定系统型次和增益K。系统的型次和增益K可由对数幅频特性渐近线的低频部分来估计。

1）0型系统。对数幅频曲线低频部分是一条水平线，增益K满足$20\lg K=20\lg|G(j\omega)|$。

2）Ⅰ型系统。对数幅频特性渐近线低频部分的斜率为-20dB/dec的直线，增益等于该渐近线（或其延长线）与零分贝交点处的频率，即$K=\omega$。

3）Ⅱ型系统。对数幅频特性渐近线低频部分的斜率为-40dB/dec的直线，增益的平方根等于该渐近线（或其延长线）与零分贝交点处的频率，即$\sqrt{K}=\omega$。

（3）确定系统各组成环节。系统基本环节及转角频率可由对数幅频特性渐近线斜率的变化来确定。若渐近线斜率变化了±20dB/dec，则传递函数中应包含$1/(1+j\omega T)$或$(1+j\omega T)$环节，转角频率$\omega_T=1/T$。若渐近线斜率变化了±40dB/dec，则传递函数中应包含振荡环节或二阶微分环节，其转角频率$\omega_T=\omega_n$，阻尼比可通过转角频率附近的谐振峰值M_r来估计。

【例4-7】由实验得到最小相位系统的对数幅频特性渐近线如图4-37所示，试估计它们的传递函数。

解：（1）分析系统a。

1）首先确定系统型次ν。从图4-37（a）可知，低频段斜率为$-20\nu=0$，由此可得$\nu=0$。

2）确定增益K。因为其低频段过点（1，$20\lg K$），由图4-37（a）可知，$20\lg K=12$，求出$K=4$。

3）确定各组成环节。从图4-37（a）可知，系统在$\omega=100$处斜率变化了-20dB/dec，即串入了一个惯性环节，其中

$$T=\frac{1}{\omega_T}=\frac{1}{100}=0.01\text{s}$$

由此得到该系统的传递函数为：

$$G(s)=\frac{K}{s^{\nu}(Ts+1)}=\frac{4}{0.01s+1}$$

（2）分析系统b。

1）首先确定系统型次ν。从图4-37（b）可知，低频段斜率为$-20\nu=-20$，由此

可得 $\nu=1$。

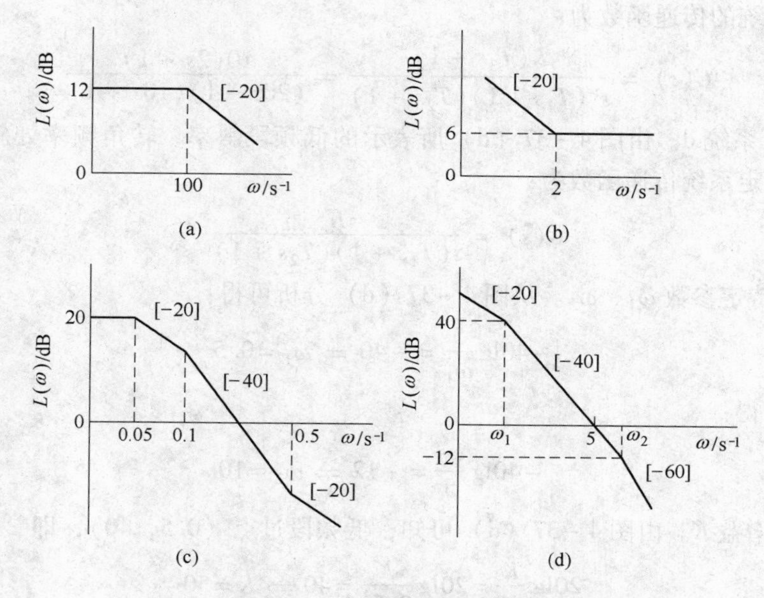

图 4－37　最小相位系统对数幅频特性渐近线

2）确定增益 K。低频段幅频特性取决于$\dfrac{K}{(\mathrm{j}\omega)^{\nu}}$，由图 4－37（b）可知，低频段过点（2，6），即

$$20\lg\frac{K}{\omega^{\nu}}=20\lg\frac{K}{2^{1}}=6\Rightarrow K=4$$

3）确定各组成环节。从图 4－37（b）可知，系统在 $\omega=2$ 处斜率变化了 20dB/dec，即串入了一个导前环节，其中

$$T=\frac{1}{\omega_{\mathrm{T}}}=\frac{1}{2}=0.5\mathrm{s}$$

由此得到该系统的传递函数为：

$$G(s)=\frac{K(Ts+1)}{s^{\nu}}=\frac{4(0.5s+1)}{s}$$

（3）分析系统 c。

1）首先确定系统型次 ν。从图 4－37（c）可知，低频段斜率为 $-20\nu=0$，由此可得 $\nu=0$。

2）确定增益 K。低频段延长线会过点（1，20lg$K$），即

$$20\lg K=20\Rightarrow K=10$$

3）确定各组成环节。从图 4－37（c）可知，对数幅频特性渐近线发生了三次转折，从变化斜率与转角频率的值可得：

$$G_1(s)=\frac{1}{T_1s+1}=\frac{1}{(1/0.05)s+1}=\frac{1}{20s+1}$$

$$G_2(s)=\frac{1}{T_2s+1}=\frac{1}{(1/0.1)s+1}=\frac{1}{10s+1}$$

$$G_3(s) = T_3 s + 1 = (1/0.5)s + 1 = 2s + 1$$

由此得到该系统的传递函数为：

$$G(s) = \frac{K(T_3 s + 1)}{s^{\nu}(T_1 s + 1)(T_2 s + 1)} = \frac{10(2s + 1)}{(20s + 1)(10s + 1)}$$

（4）分析系统 d。由图 4－37（d）所表示的低频段斜率、转角频率处斜率的变化等信息，初步确定系统传递函数为：

$$G(s) = \frac{K}{s(T_1 s + 1)(T_2 s + 1)}$$

1）确定待定参数 ω_1、ω_2。从图 4－37（d）分析可得：

$$-40\lg\frac{5}{\omega_1} = -40 \Rightarrow \omega_1 = 0.5$$

同理，可得：

$$-40\lg\frac{\omega_2}{5} = -12 \Rightarrow \omega_2 = 10$$

2）确定增益 K。由图 4－37（d）可知，低频段过点（0.5，40），即

$$20\lg\frac{K}{\omega_1^{\nu}} = 20\lg\frac{K}{0.5^1} = 40 \Rightarrow K = 50$$

$$20\lg K = 20 \Rightarrow K = 10$$

3）确定各组成环节。从图 4－37（d）可知，对数幅频特性渐近线发生了两次转折，从变化斜率与转角频率的值可得：

$$G_1(s) = \frac{1}{T_1 s + 1} = \frac{1}{(1/0.5)s + 1} = \frac{1}{2s + 1}$$

$$G_2(s) = \frac{1}{T_2 s + 1} = \frac{1}{(1/10)s + 1} = \frac{1}{0.1s + 1}$$

由此得到该系统的传递函数为：

$$G(s) = \frac{K}{s^{\nu}(T_1 s + 1)(T_2 s + 1)} = \frac{50}{s(2s + 1)(0.1s + 1)}$$

【例 4－8】 求出图 4－38 所示最小相位系统的传递函数。

解：（1）由图 4－38 所表示的低频段斜率、转角频率处斜率的变化等信息，初步确定系统传递函数为：

$$G(s) = \frac{K(T_2 s + 1)}{s(T_1 s + 1)(T_3 s + 1)(T_4 s + 1)}$$

各时间常数根据图上相关转角频率值及 $\omega_T = 1/T$ 的结论可得：

$$T_1 = 1/0.5 = 2\text{s},\ T_2 = 1/5 = 0.2\text{s},\ T_3 = 1/100 = 0.01\text{s},\ T_4 = 1/500 = 0.002\text{s}$$

（2）确定增益 K。由图 4－38 可知，幅频特性渐近线通过点（20，0），而在 $\omega = 20$ 处，仅有 $\dfrac{K(T_2 s + 1)}{s(T_1 s + 1)}$ 对幅频特性的渐近线产生影响，即

$$L(\omega)\big|_{\omega=20} = 20\lg\frac{K}{\omega} - 20\lg\omega T_1 + 20\lg\omega T_2 = 0$$

将求得的相关环节时间常数值代入上式，则有：

$$20\lg\frac{K}{20}-20\lg 20\times 2+20\lg 20\times 0.2=0$$

求得：
$$K=200$$

由此可得系统的传递函数为：

$$G(s)=\frac{200(0.2s+1)}{s(2s+1)(0.01s+1)(0.002s+1)}$$

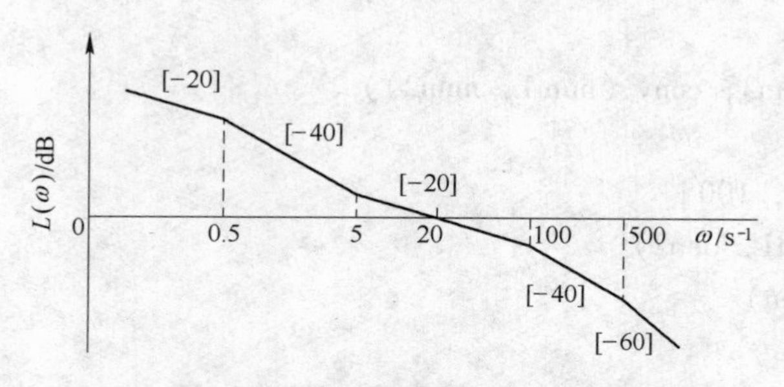

图 4-38 最小相位系统对数幅频特性渐近线

4.7 利用 MATLAB 进行频域分析

Nyquist 图和 Bode 图是系统频率特性的重要的图示方法，也是对系统进行频率特性分析的重要手段。无论是 Nyquist 图还是 Bode 图，都非常适于用计算机进行绘制。MATLAB 提供了绘制系统频率特性极坐标图的 Nyquist 函数和绘制对数坐标图的 Bode 函数。通过这些函数，不仅可以得到系统的频率特性图，而且还可以得到系统的幅频特性、相频特性、实频特性和虚频特性，从而可以通过计算得到系统的频域特征量。

4.7.1 用 MATLAB 绘制 Nyquist 图和 Bode 图

在 MATLAB 中，可以用类似 nyquist(sys) 的格式自动生成系统的 Nyquist 图。

【例 4-9】 设系统的开环传递函数 $G_K(s)=\dfrac{s+5}{s(s^2+s+1)}$，利用 MATLAB 画出该系统的 Nyquist 图。

解： 利用 MATLAB 写程序如下：

```
num = [1, 5]
den1 = [1, 0]
den2 = [1, 1, 1]
den = conv (den1, den2)
nyquist (num, den)
grid
```

运行该程序，即可得到如图 4-39 所示系统的 Nyquist 图。

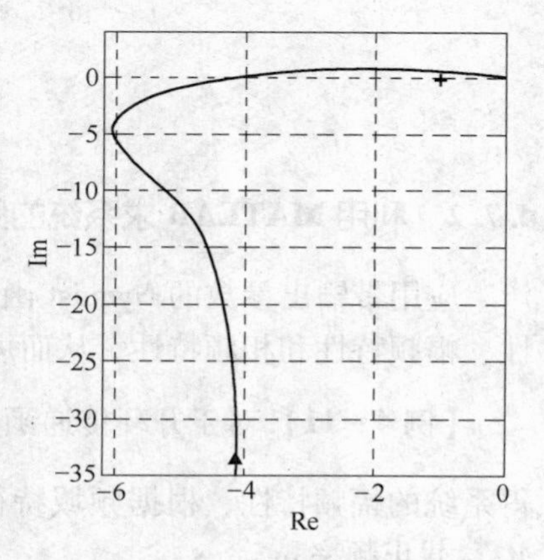

图 4-39 系统 Nyquist 图

同样，在 MATLAB 中，可以用类似 bode (sys) 的格式自动生成系统的 Bode 图。

【例 4-10】设系统的开环传递函数 $G_K(s) = \dfrac{2(s+50)(2s+1)}{s(s^2+13s+100)}$，利用 MATLAB 画出该系统的 Bode 图。

解：利用 MATLAB 写程序如下：

```
num1 = [2]
num2 = [1, 50]
num3 = [2, 1]
num = conv (num3, conv (num1, num2))
den1 = [1, 0]
den2 = [1, 13, 100]
den = conv (den1, den2)
bode (num, den)
grid
```

运行该程序，即可得到如图 4-40 所示系统的 Bode 图。

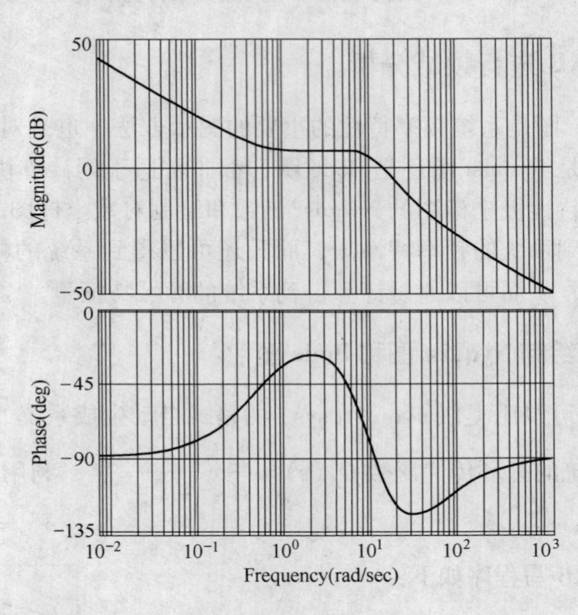

图 4-40 系统 Bode 图

4.7.2 利用 MATLAB 求系统的频域特征量

应用带输出参数的 Nyquist 函数和 Bode 函数，可以分别得到系统的实频特性、虚频特性、幅频特性和相频特性，从而可得到系统的频域特征量。

【例 4-11】对于开环传递函数为 $G_K(s) = \dfrac{200}{s^2+11s+100}$ 的系统，应用 Bode 函数求得系统的幅频特性，根据频域特征量的定义求出零频值 $A(0)$、谐振频率 ω_r、谐振峰值 M_r、截止频率 ω_b。

解：利用 MATLAB 写程序如下：

```
num = [150]
den [1, 10, 100]
w = logspace (-1, 3, 100)      ← 横坐标ω从10^1~10^3 rad/s分度，产生100个在对数刻度上等距离的点
bode (num, den)                ← 绘制系统的Bode图
%
[Gm, Pm, w] = bode (num, den, w)   ← 求各频率点上的幅频特性和相频特性
%
[Mr, k] = max (Gm)
Mr = 20 * log10 (Mr)           ← 求谐振峰值Mr
Wr = w (k)                     ← 求谐振频率ωr
%
M0 = 20 * log10 (Gm (1))       ← 求零频值A(0)
%
n = 1
while 20 * log10 (Gm (n)) >= -3; n = n + 1; end   ← 求截止频率ωb
Wb = w (n)
%
```

运行该程序，即可得到该系统的 Bode 图，如图 4-41 所示。除此之外，还得到了如表 4-1 所示系统的频域特征量。

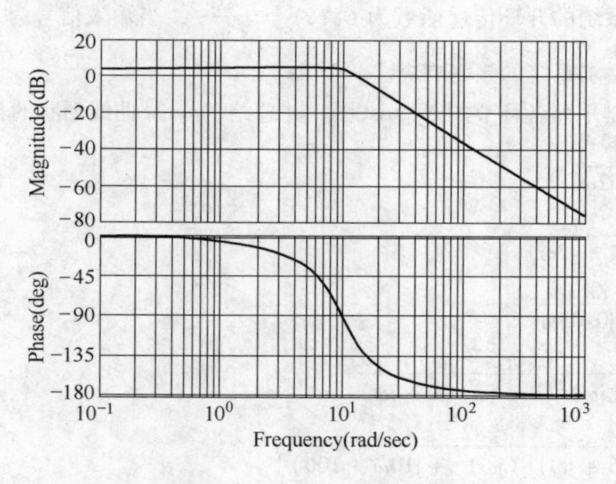

图 4-41 系统 Bode 图

表 4-1 系统的频域特征量

零频值 $A(0)$/dB	谐振频率 ω_r/rad · s^{-1}	谐振峰值 M_r/dB	截止频率 ω_b/rad · s^{-1}
3.5223	7.2208	4.7686	16.6810

习 题

4-1 简述频率响应与频率特性的概念。

4-2 什么是系统辨识？简述利用 Bode 图进行系统辨识的一般步骤。

4-3 某放大器的传递函数为 $G(s) = K/(Ts+1)$，今测得其频率响应，当 $\omega = 1\text{rad/s}$ 时，测得其幅频值为 $A(1) = 12/\sqrt{2}$，相频值为 $\varphi(1) = -45°$。求出该系统的放大系数 K 和时间常数 T。

4-4 机器支承在隔振器上（图 4-42a），系统结构图如图 4-42（b）所示。若基础按 $y(t) = Y\sin\omega t$ 规律振动，写出机器的频率响应。

4-5 已知系统的单位阶跃响应为 $x_o(t) = 1 - 1.8e^{-4t} + 0.8e^{-9t}$（$t \geqslant 0$），试求系统幅频特性与相频特性。

4-6 由 $m-c-k$ 串联而成的机械系统如图 4-43 所示。已知 $m = 1\text{kg}$，c 为黏性阻尼系数，k 为弹性系数。若外力 $f(t) = 2\sin 2t(N)$，由实验得到系统稳态响应为 $x_{oss}(t) = \sin(2t - 90°)$。试确定 c 和 k。

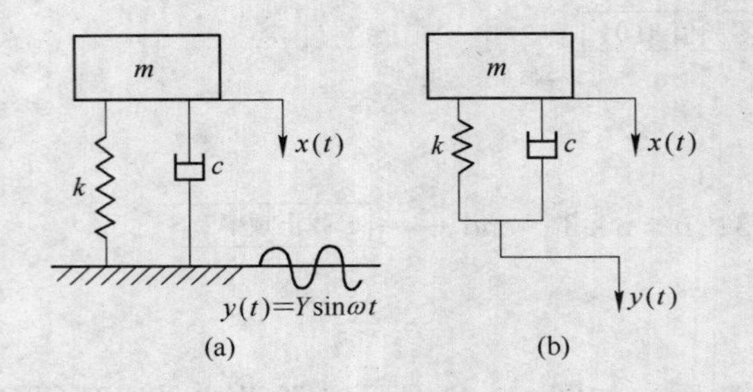

图 4-42 习题 4-4 图

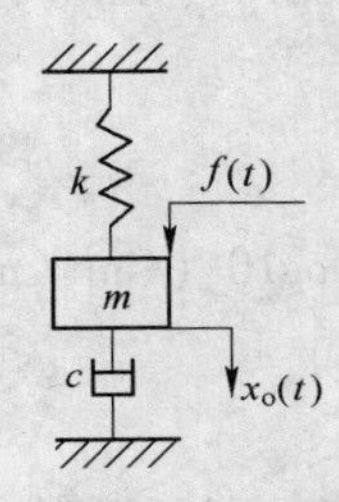

图 4-43 $m-c-k$ 机械系统

4-7 设单位反馈控制系统的开环传递函数为 $G_K(s) = \dfrac{10}{s+1}$，当输入信号为 $x_i(t) = 2\sin(t - 45°) - \cos(2t + 30°)$ 时，求系统的频率响应。

4-8 利用 MATLAB 绘制下列各环节的 Nyquist 图，并总结 Nyquist 曲线形状的相关规律。

(1) $G(j\omega) = \dfrac{1}{1 + j2\omega}$

(2) $G(j\omega) = \dfrac{1}{j\omega(1 + j2\omega)}$

(3) $G(j\omega) = \dfrac{1 + j0.1\omega}{1 + j0.05\omega}$

(4) $0.1G(j\omega) = \dfrac{50(0.5 + j\omega)}{(j\omega)^2(2 + j\omega)(1 + j\omega)}$

(5) $G(j\omega) = \dfrac{2}{(0.5 + j\omega)[(j\omega)^2 + j10\omega + 100)]}$

4-9 利用 MATLAB 绘制下列各环节的 Bode 图，并将其对数幅频特性图用渐近线拟合。

(1) $G(j\omega) = \dfrac{10}{2 + j\omega}$

(2) $G(j\omega) = \dfrac{10}{2 - j\omega}$

(3) $G(j\omega) = \dfrac{60}{(j\omega + 1)[(j\omega)^2 + j6\omega + 100]}$

(4) $G(j\omega)=\dfrac{20(1+j2\omega)}{j\omega(1+j\omega)(10+j\omega)}$

(5) $G(j\omega)=\dfrac{50(0.5+j\omega)}{(j\omega)^2(2+j\omega)(1+j\omega)}$

4－10　已知单位反馈系统的开环传递函数为 $G_K(s)=\dfrac{10}{s(0.05s+1)(0.1s+1)}$，试计算系统的谐振频率 ω_r 和谐振峰值 M_r。

4－11　设两个单位反馈系统的开环传递函数分别为 $G_1(s)=\dfrac{K}{(s+4)^2}$ 和 $G_2(s)=\dfrac{K}{s(0.25s^2+0.4s+1)}$，试确定 K 值使得闭环系统的 $M_r=1.4$，同时求出谐振频率 ω_r 和截止频率 ω_b。

4－12　某单位反馈的二阶Ⅰ型系统，其 $M_p=16.3\%$，$t_s=114.6\text{ms}$，试求系统的开环传递函数，并求出闭环谐振频率 ω_r 和谐振峰值 M_r。

4－13　有三个单位反馈系统的开环传递函数是最小相位传递函数，由实验得到其开环对数幅频特性曲线，经修正得到其渐近线如图4－44（a）、（b）、（c）所示，试分别确定这三个系统的闭环传递函数 G_B（s）。

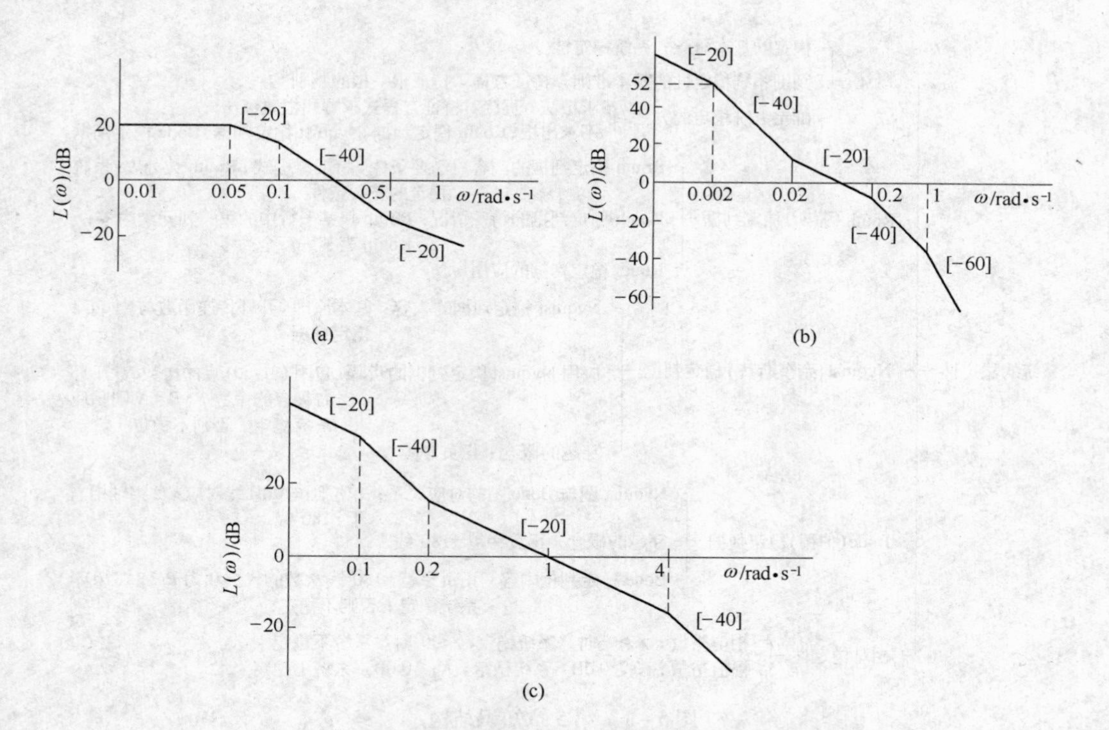

图4－44　最小相位系统对数幅频特性渐近线

5 控制系统的稳定性分析

系统的稳定性是保证控制系统正常工作的必要条件。分析系统稳定性是经典控制理论的重要组成部分。稳定性分析主要包括系统的稳定性判据、系统的相对稳定性及影响系统稳定性的因素（包括系统模型结构和参数等）。在经典控制理论中，系统的设计和校正，也是在满足系统稳定性及其性能指标的基础上进行的。本章首先介绍了线性系统稳定性的概念及系统稳定性的基本判别准则，然后介绍了系统稳定性的判据，重点讨论了基于开环频率特性分析的 Nyquist（奈奎斯特）判据及系统的相对稳定性。本章的知识结构如图 5－1所示。

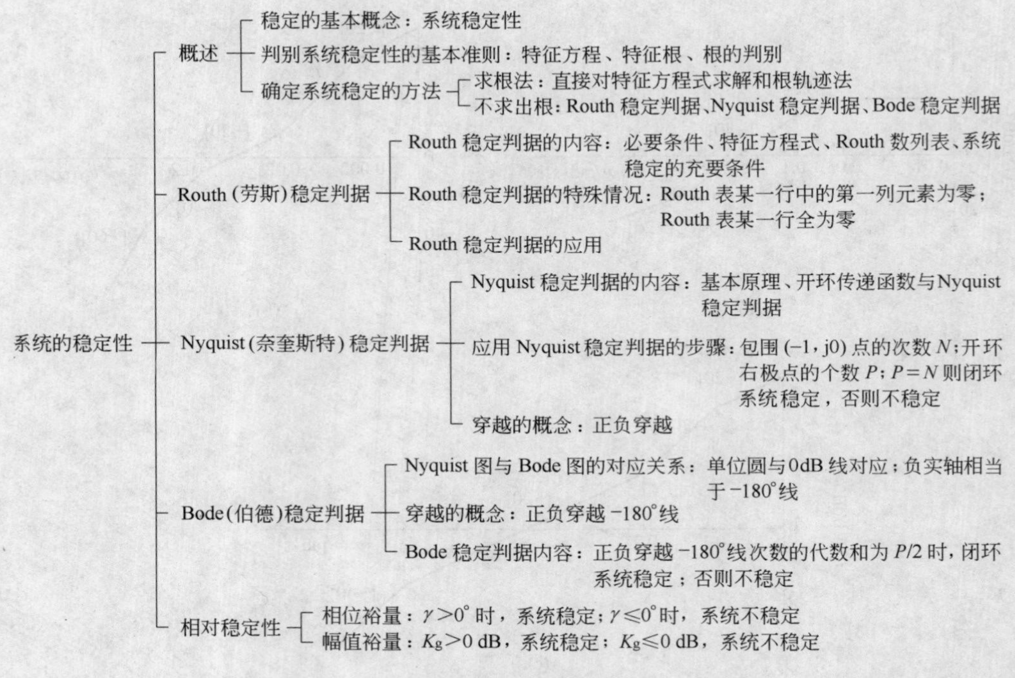

图 5－1　第 5 章知识结构

5.1　概述

5.1.1　稳定的基本概念

稳定性是控制系统重要性能指标之一，也是系统能够工作的首要条件。因此，在设计一个系统时，首先要保证其稳定；而在分析一个已有系统时，首先要判定其是否稳定。分析系统的稳定性，研究出保证系统稳定的措施，是自动控制理论应用的一个基本任务。

稳定性的定义是：系统在受到外界干扰作用时，其被控制量 $y_c(t)$ 将偏离平衡位置，当这个干扰作用去除后，若系统在足够长的时间内能够恢复到其原来的平衡状态或者趋于一个给定的新的平衡状态，则该系统是稳定的，如图5-2（a）所示。反之，若系统对干扰的瞬态响应随时间的推移而不断扩大（见图5-2c）或发生持续振荡（见图5-2b），也就是所谓的“自激振动”，则系统是不稳定的。

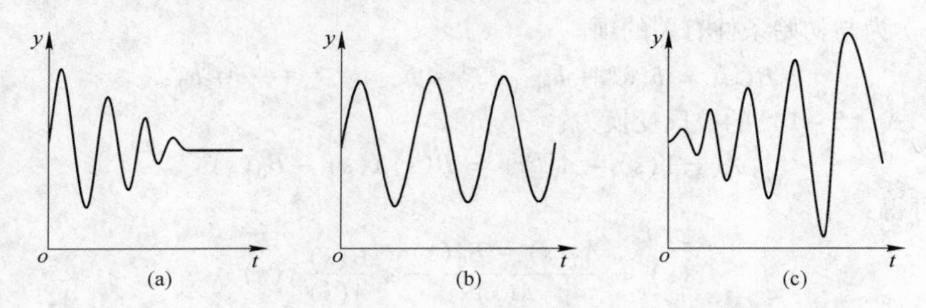

图5-2 系统在干扰作用下的响应

线性系统是否稳定，是系统本身的一个特性，与系统的输入量和干扰无关。也就是说，线性系统的稳定性是系统的固有特性，仅与系统的结构与参数有关；非线性系统的稳定性不仅与系统的结构与参数有关，而且还与系统的输入有关。

5.1.2 判别系统稳定性的基本准则

线性定常系统的微分方程一般形式描述为：

$$a_n \frac{\mathrm{d}^n y(t)}{\mathrm{d}t^n} + a_{n-1} \frac{\mathrm{d}^{n-1} y(t)}{\mathrm{d}t^{n-1}} + \cdots + a_1 \frac{\mathrm{d}y(t)}{\mathrm{d}t} + a_0 y(t)$$

$$= b_m \frac{\mathrm{d}^m x(t)}{\mathrm{d}t^m} + b_{m-1} \frac{\mathrm{d}^{m-1} x(t)}{\mathrm{d}t^{m-1}} + \cdots + b_1 \frac{\mathrm{d}x(t)}{\mathrm{d}t} + b_0 x(t) \tag{5-1}$$

式中，$x(t)$ 为输入；$y(t)$ 为输出；$a_i(i=0\sim n)$ 和 $b_j(j=0\sim m)$ 为常数。

初始条件：当 $t=0^+$ 时，有 $y(0^+)$，$\dot{y}(0^+)$，…，$y^{(n-1)}(0^+)$；$x(0^+)$，$\dot{x}(0^+)$，…，$x^{(m-1)}(0^+)$。

对式（5-1）逐项进行拉氏变换，根据微分定理，得：

$$L\left[a_n \frac{\mathrm{d}^n y(t)}{\mathrm{d}t^n}\right] = a_n[s^n Y(s) - s^{n-1}y(0^+) - s^{n-1}\dot{y}(0^+) - \cdots - y^{n-1}(0^+)]$$

$$= a_n[s^n Y(s) - A_{01}(s)]$$

$$L\left[a_{n-1} \frac{\mathrm{d}^{n-1} y(t)}{\mathrm{d}t^{n-1}}\right] = a_{n-1}[s^{n-1} Y(s) - A_{02}(s)]$$

$$L\left[a_{n-2} \frac{\mathrm{d}^{n-2} y(t)}{\mathrm{d}t^{n-2}}\right] = a_{n-2}[s^{n-2} Y(s) - A_{03}(s)]$$

$$\vdots$$

$$L[a_0 y(t)] = a_0 Y(s)$$

式中，$A_{01}(s)$，$A_{02}(s)$，$A_{03}(s)$ …均为与初始条件有关的项。

合并后，式（5-1）左边的拉氏变换为：

$$(a_n s^n + a_{n-1}s^{n-1} + a_{n-2}s^{n-2} + \cdots + a_0)Y(s) - A_0(s) = A(s)Y(s) - A_0(s) \tag{5-2}$$

式中，$A_0(s)$ 为与初始条件有关的项。

$$A(s) = a_n s^n + a_{n-1}s^{n-1} + a_{n-2}s^{n-2} + \cdots + a_0 \tag{5-3}$$

同理，式（5-1）右边的拉氏变换为：

$$(b_m s^m + b_{m-1}s^{m-1} + b_{m-2}s^{m-2} + \cdots + b_0)X(s) - B_0(s) = B(s)X(s) - B_0(s) \tag{5-4}$$

式中，$B_0(s)$ 为与初始条件有关的项。

$$B(s) = b_m s^m + b_{m-1}s^{m-1} + b_{m-2}s^{m-2} + \cdots + b_0 \tag{5-5}$$

所以，式（5-1）的拉氏变换为：

$$A(s)Y(s) - A_0(s) = B(s)X(s) - B_0(s) \tag{5-6}$$

整理后，可得：

$$Y(s) = \frac{A_0(s) - B_0(s)}{A(s)} + \frac{B(s)}{A(s)}X(s) \tag{5-7}$$

对式（5-7）进行拉氏反变换，得：

$$\begin{aligned} y(t) &= L^{-1}[Y(s)] = L^{-1}\left[\frac{A_0(s) - B_0(s)}{A(s)}\right] + L^{-1}\left[\frac{B(s)}{A(s)}X(s)\right] \\ &= y_c(t) + y_i(t) \end{aligned} \tag{5-8}$$

$$y_c(t) = L^{-1}\left[\frac{A_0(s) - B_0(s)}{A(s)}\right], y_i(t) = L^{-1}\left[\frac{B(s)}{A(s)}X(s)\right]$$

$y_c(t)$ 是式（5-1）的齐次通解，是与初始条件 $A_0(s)$、$B_0(s)$ 有关而与输入或干扰 $x(t)$ 无关的补函数；$y_i(t)$ 是式（5-1）的非齐次特解，是与初始条件无关而只与输入或干扰 $x(t)$ 的有关的特解。

系统稳定与否要看系统在除去干扰后的运行情况，因此系统的补函数 $y_c(t)$ 反映了系统是否稳定。当 $t\to\infty$ 时，$y_c(t)\to 0$，则系统为稳定；当 $t\to\infty$ 时，$y_c(t)\to\infty$ 或是时间 t 的周期函数，则系统不稳定。因此，我们来求解 $y_c(t)$。

$$y_c(t) = L^{-1}\left[\frac{A_0(s) - B_0(s)}{A(s)}\right] = \sum_{i=1}^{n} \frac{N_0(s_i)}{A(s_i)} e^{s_i t} \tag{5-9}$$

式中，$N_0(s_i) = A_0(s_i) - B_0(s_i)$；$A(s) = 0$ 一般称为系统的“特征方程”，它的解 s_i 称为系统的特征根。

如果 s_i 为复数，则由于实际物理系统 $A(s)$ 的系数均为实数，所以 s_i 总是以共轭复数形式成对出现，即

$$s_i = a_i \pm j b_i$$

这时，只有当实部 $a_i < 0$ 时，才能在 $t\to\infty$ 时，使得 $e^{s_i t}|_{t\to\infty} = e^{a_i t}e^{\pm j b_i t}|_{t\to\infty} = 0$，也就是 $y_c(t)|_{t\to\infty} \to 0$。

如果 s_i 为实数，则只有当实数值小于 0，即 $a_i < 0$ 时，才能在 $t\to\infty$ 时，使得 $y_c(t)|_{t\to\infty} \to 0$。

反之，如果 s_i 的实部 $a_i > 0$，当 $t\to\infty$ 时，将使得 $e^{s_i t}|_{t\to\infty} \to \infty$，则 $y_c(t)|_{t\to\infty} \to \infty$。此时，系统不稳定。

如果 s_i 的实部 $a_i = 0$，即 $s_i = \pm j b_i t$，此时，由欧拉公式可知，$y_c(t)$ 将包含 $(e^{+j b_i t} + e^{-j b_i t})/2$，即 $\cos b_i t$ 这样的时间函数，系统将会产生持续振荡，系统也不稳定。

综上所述，系统稳定性的判别可归结为对其特征方程的根的判别，即一个系统稳定的充要条件是系统特征方程的全部特征根都必须为负实数或为具有负实部的复数。反之，若特征根中只要有一个或一个以上具有正实部，则系统必不稳定。也就是稳定系统的全部特征根 s_i 均应在［s］平面的左半平面，如图 5－3 所示（其虚轴坐标值为振动频率 ω）。此时，系统对于干扰的响应为衰减振荡，如图 5－4（a）所示。反之，若有特征根 s_i 落在包括虚轴在内的右半平面（见图 5－3 中阴影部分），则可判定该系统是不稳定的。如果在虚轴上，则系统产生持续振荡，其频率为 $\omega=\omega_i$，如图 5－4（c）所示；如果落在右半平面，则系统产生扩散振荡，如图 5－4（b）所示。这就是判别系统是否稳定的基本出发点。

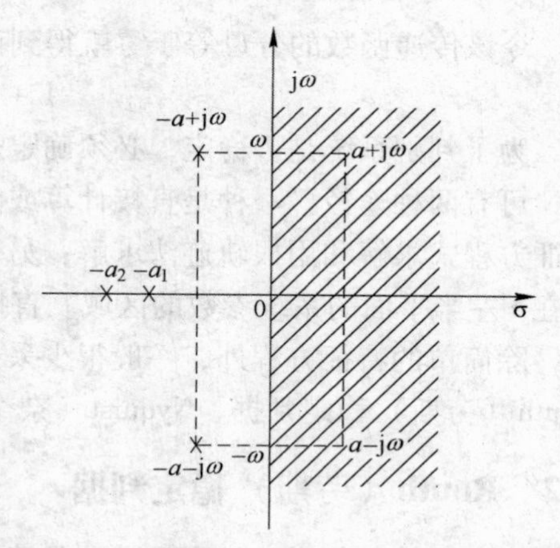

图 5－3 ［s］平面内的稳定域与不稳定域

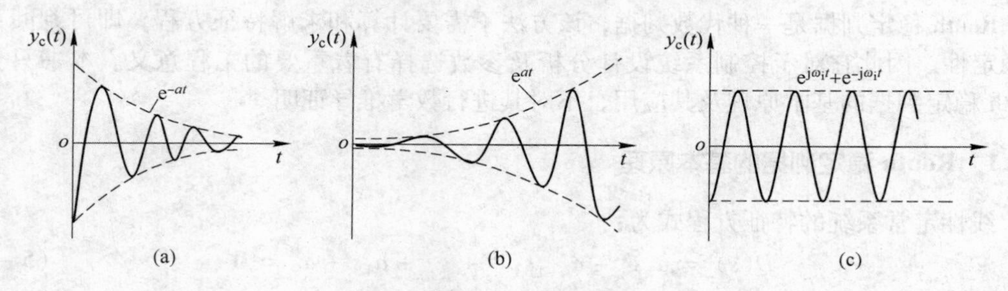

图 5－4 系统的响应曲线

应当指出，上述不稳定区虽然包括虚轴 jω，但对于虚轴上的坐标原点，应作具体分析。当有一个特征根在坐标原点时，$y_c(t)\big|_{t\to\infty}\to$ 常数，系统达到新的平衡状态，仍属稳定。当有两个及两个以上特征根在坐标原点时，$y_c(t)\big|_{t\to\infty}\to\infty$，其瞬态响应发散，系统不稳定。

5.1.3 确定系统稳定的方法

由式（5－7）可知，系统特征方程 $A(s)=0$ 的特征根与系统的闭环传递函数 $F(s)$ 的极点是相同的，因此有：

$$F(s)=\frac{X_o(s)}{X_i(s)}=\frac{B(s)}{A(s)}$$

当取分母 $A(s)=0$ 时，就可分析系统的稳定性，这在工程应用中十分方便。

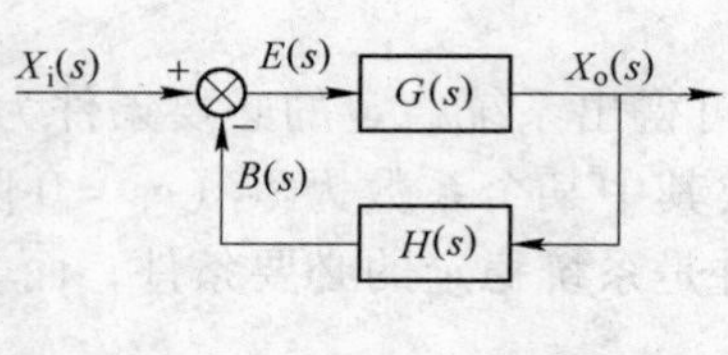

图 5－5 典型闭环控制系统

对如图 5－5 所示的具有反馈环节的典型闭环控制系统，其输出输入的总传递函数即闭环传递函数为：

$$F(s)=\frac{X_o(s)}{X_i(s)}=\frac{G(s)}{1+G(s)H(s)} \qquad (5-10)$$

令该传递函数的分母等于零就得到该系统的特征方程，即

$$1 + G(s)H(s) = 0 \tag{5-11}$$

为了判别系统是否稳定，必须确定式（5－11）的根是否全在复平面的左半平面。为此，可有两种途径：一种是直接计算或间接得知系统特征方程式的所有特征根，即直接对特征方程式求解和用根轨迹法求解；另一种是不求出根的具体值，仅确定能保证所有的根均在 s 左半平面的系统参数的区域。直接计算方程式的根的方法在方程阶数较高时过于繁杂，除简单的特征方程外，一般很少采用。对于第二种途径，工程实际中常采用的方法有 Routh（劳斯）稳定判据、Nyquist（奈奎斯特）稳定判据和 Bode（伯德）稳定判据等。

5.2 Routh（劳斯）稳定判据

由上节我们知道线性定常系统的稳定性分析，实质上就是确定其特征方程所有特征根在复平面上位置的分析。Routh 稳定判据是1884 年由 E. J. Routh 提出的。Routh 稳定判据是，利用系统特征方程式的根与系数的代数关系，由特征方程中的已知系数来间接判别方程的根是否在［s］平面的左半平面以及不稳定根的个数，从而判定系统的稳定性。因此，Routh 稳定判据是一种代数判据，该方法不需要计算和求解特征方程，即可判断系统的稳定性，因此它对于控制系统设计分析及参数选择有着重要的工程意义。本书只介绍 Routh 稳定判据的基本原理及其应用，不对其进行数学推导证明。

5.2.1 Routh 稳定判据的基本原理

线性定常系统的特征方程式为：

$$D(s) = a_n s^n + a_{n-1}s^{n-1} + \cdots + a_1 s + a_0 = 0 \tag{5-12}$$

式中，系数 a_i（$i=0，1，2，\cdots，n$）为实数，并且 $a_n \neq 0$。

设式（5－12）的特征根为 s_i（$i=0，1，2，\cdots，n$），则

$$a_n s^n + a_{n-1}s^{n-1} + a_{n-2}s^{n-2} + \cdots + a_0 = a_n(s-s_1)(s-s_2)\cdots(s-s_{n-1})(s-s_n) \tag{5-13}$$

对式（5－13）右边展开可得到特征根与系数的关系如下：

$$\begin{cases} \dfrac{a_{n-1}}{a_n} = -\sum\limits_{i=1}^{n} s_i \\ \dfrac{a_{n-2}}{a_n} = \sum\limits_{i,j=1}^{n} s_i s_j \quad (i \neq j) \\ \dfrac{a_{n-3}}{a_n} = -\sum\limits_{i,j,k=1}^{n} s_i s_j s_k \quad (i \neq j \neq k) \\ \quad\vdots \\ \dfrac{a_0}{a_n} = (-1)^n \prod\limits_{i=1}^{n} s_i \end{cases} \tag{5-14}$$

若所有特征根的实部全为负数时，则由式（5－14）可得出系统稳定的必要条件为：特征多项式所有系数符号相同。若系数中有不同的符号或其中某个系数为零（$a_0=0$ 除外），则必有带正实部的根，即系统不稳定。应注意该条件是系统稳定的必要条件，而非充分条件，因为这时还不能排除有不稳定根的存在。

由特征方程式系数构造 Routh 表如下：

$$
\begin{array}{c|ccccc}
s^n & a_n & a_{n-2} & a_{n-4} & a_{n-6} & \cdots \\
s^{n-1} & a_{n-1} & a_{n-3} & a_{n-5} & a_{n-7} & \cdots \\
s^{n-2} & A_1 & A_2 & A_3 & A_4 & \cdots \\
s^{n-3} & B_1 & B_2 & B_3 & B_4 & \cdots \\
\vdots & \vdots & \vdots & \vdots & \vdots & \\
s^2 & D_1 & D_2 & & & \\
s^1 & E_1 & & & & \\
s^0 & F_1 & & & &
\end{array} \tag{5-15}
$$

第一行为原特征方程式系数的奇数项，第二行为原系数的偶数项，第三行 A_i 由第一行和第二行按式（5－16）计算。

$$
\begin{aligned}
A_1 &= \frac{a_{n-1}a_{n-2} - a_n a_{n-3}}{a_{n-1}} \\
A_2 &= \frac{a_{n-1}a_{n-4} - a_n a_{n-5}}{a_{n-1}} \\
A_3 &= \frac{a_{n-1}a_{n-6} - a_n a_{n-7}}{a_{n-1}} \\
&\vdots
\end{aligned} \tag{5-16}
$$

系数 A 的计算，一直进行到其余的 A 值全部为零为止。

第四行 B_i 按式（5－17）计算。

$$
\begin{aligned}
B_1 &= \frac{A_1 a_{n-3} - a_{n-1}A_2}{A_1} \\
B_2 &= \frac{A_1 a_{n-5} - a_{n-1}A_3}{A_1} \\
B_3 &= \frac{A_1 a_{n-7} - a_{n-1}A_4}{A_1} \\
&\vdots
\end{aligned} \tag{5-17}
$$

其余依次类推，一直算到第 $n+1$ 行为止，Routh 数列的完整阵列呈现为倒三角形。注意，在展开的阵列中，为了简化其后面的数值运算，可以用一个整数去除或乘某一整行，这并不改变稳定性的结论。

于是，Routh 稳定判据判别系统稳定的充要条件是，系统特征方程式（5－12）的全部系数符号相同，并且式（5－15）所示 Routh 数列的第一列（a_n，a_{n-1}，A_1，$B_1\cdots$）的所有各项全部为正，否则，系统为不稳定。如果 Routh 数列的第一列中发生符号变化，则其符号变化的次数就是其不稳定根的数目。例如：

+ + + + + + 没有不稳定根（稳定）。

+ + + － － － 有一个不稳定根（不稳定）。

+ + － + + + 有两个不稳定根（不稳定）。

【例 5－1】 系统的特征方程 $D(s) = s^4 + s^3 - 19s^2 + 11s + 30 = 0$，求系统的稳定性。

解： 特征方程各项系数 $a_4 = 1$，$a_3 = 1$，$a_2 = -19$，$a_1 = 11$，$a_0 = 30$，系数符号不相

同，a_i 不全为正，所以系统不稳定。

列 Routh 表如下：

$$\begin{array}{c|cccl}
s^4 & 1 & -19 & 30 & \\
s^3 & 1 & 11 & 0 & \\
s^2 & \dfrac{1\times(-19)-1\times 11}{1}=-30 & 30 & 0 & （改变符号一次） \\
s^1 & \dfrac{(-30)\times 11-1\times 30}{-30}=12 & 0 & 0 & （改变符号一次） \\
s^0 & 30 & 0 & 0 &
\end{array}$$

第一列符号变化了两次，所以系统有两个不稳定根。

若直接对例 5－1 中系统的特征方程进行求解，可得到四个特征根 －1、2、3 和 －5，有两个根为正，故与用 Routh 稳定判据所得结论是一致的。

对于二阶、三阶阶次较低的系统，Routh 稳定判据可简化。

（1）二阶系统（$n=2$）。

$$D(s) = a_2s^2 + a_1s + a_0 = 0$$

稳定的充要条件为：$a_0>0,\ a_1>0,\ a_2>0$

（2）三阶系统（$n=3$）。

$$D(s) = a_3s^3 + a_2s^2 + a_1s + a_0 = 0$$

稳定的充要条件为：$a_3>0,\ a_2>0,\ a_1>0,\ a_0>0,\ a_1a_2-a_0a_3>0$

请读者分别列出二阶、三阶 Routh 表加以验证。

【例 5－2】 已知一单位反馈系统的开环传递函数为 $G(s)=\dfrac{K(s+1)}{s(Ts+1)(2s+1)}$，试确定能使系统稳定的参数 K、T 的数值；当 $T=3s$，求 K 的范围。

解：求得系统的特征方程式为：

$$D(s) = s(Ts+1)(2s+1) + Ks + K = 0$$

整理得：

$$D(s) = 2Ts^3 + (T+2)s^2 + (K+1)s + K = 0$$

按 Routh 稳定判据得稳定条件：$a_i>0$，则

$$2T>0;\ T+2>0;\ K+1>0;\ K>0$$

$$a_1a_2-a_0a_3>0，即\ (T+2)(K+1)-2TK>0$$

$$T<\frac{2(K+1)}{K-1}$$

由于 T 必须大于零，故要求 $K>1$。根据上述分析，系统稳定条件为 $K>1$ 及 $0<T<2\dfrac{K+1}{K-1}$。

按此条件，可画出图 5－6 所示的稳定域图（图中阴影线部分）。当取 $T=3s$ 时，相应的稳定条件为 $1<K<5$。

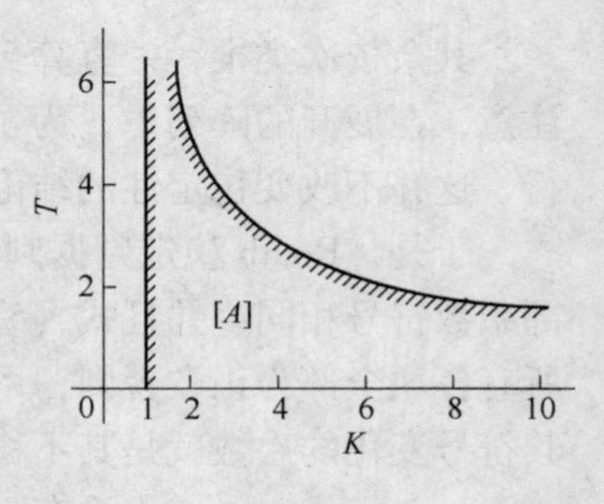

图 5－6　K 的范围

5.2.2 Routh 稳定判据的特殊情况

5.2.2.1 Routh 表某一行中的第一列元素为零，其余各项不（全）为零

在使用 Routh 稳定判据时，如果第一列中出现零且该行其他元素不全为零的情况，那

么下一行计算将会出现被零除的情况，该元素必将趋于无穷大，从而使劳斯数列无法继续计算。这时可采取如下两种解决方法。

（1）第一种方法是用一个小的正数 ε 代替0，仍按上述方法计算各行，再令 $\varepsilon \to 0$ 求极限，来判别劳斯数列第一列系数的符号。

【例5-3】 设系统的特征方程 $D(s) = s^5 + 2s^4 + 3s^3 + 6s^2 + 2s + 1 = 0$，判别系统是否稳定。若不稳定，求出不稳定根的数目。

解： a_i 全为正，列出 Routh 表：

$$
\begin{array}{c|ccc}
s^5 & 1 & 3 & 2 \\
s^4 & 2 & 6 & 1 \\
s^3 & 0\ (\varepsilon) & \frac{3}{2} & \\
s^2 & \frac{6\varepsilon - 3}{\varepsilon} & 1 & \\
s^1 & \frac{3}{2} - \frac{\varepsilon^2}{6\varepsilon - 3} & & \\
s^0 & 1 & &
\end{array}
$$

当 $\varepsilon \to 0$ 时，$\frac{6\varepsilon - 3}{\varepsilon} \to -\infty$，而 $\frac{3}{2} - \frac{\varepsilon^2}{6\varepsilon - 3} \to \frac{3}{2}$，即第一列有了两次符号变化，特征方程有两个根在［$s$］平面的右半平面。因此系统不稳定，不稳定根的数目为2。

（2）第二种方法是用 $s = 1/p$ 代入原特征方程式，得到一个关于 p 的新方程，对此新方程再应用 Routh 判别法，新方程不稳定根数就等于原方程不稳定根数。

【例5-4】 用第二种方法对例5-3中的特征方程式进行判别。

解： 原特征方程为：

$$s^5 + 2s^4 + 3s^3 + 6s^2 + 2s + 1 = 0$$

将 $s = 1/p$ 代入原特征方程式得：

$$p^5 + 2p^4 + 6p^3 + 3p^2 + 2p + 1 = 0$$

相应的 Routh 表为：

$$
\begin{array}{c|ccc}
p^5 & 1 & 3 & 2 \\
p^4 & 2 & 6 & 1 \\
p^3 & \frac{9}{2} & \frac{3}{2} & \\
p^2 & \frac{7}{3} & 1 & \\
p^1 & -\frac{3}{7} & & \\
p^0 & 1 & &
\end{array}
$$

第一列同样有两次符号变化，所得结论和例5-3一致。

5.2.2.2 Routh 表某一行全为零

应用 Routh 稳定性判据时，可能会遇到 Routh 表中出现某一行的元素全为零的特殊情况。这种情况表明系统在［s］平面有对称分布的根，即存在大小相等符号相反的实根和

（或）一对共轭虚根和（或）对称于实轴的两对共轭复根；或存在更多这种大小相等，但在［s］平面位置径向相反的根。

在这种情况下，系统必然不稳定，不稳定根及其个数可通过解“辅助方程”得到。这个“辅助方程”由系数全为零行的上一行系数构造而成，式中 s 均为偶次项。以这个辅助多项式导数的系数来代替表中系数为全零的项，完成 Routh 表的排列。这些数值相同、符号相异的成对的特征根，可通过解由辅助多项式构成的辅助方程得到，即 $2p$ 阶的辅助多项式有这样的 p 对特征根。

例如，一个系统的特征方程为：$s^6+2s^5+8s^4+12s^3+20s^2+16s+16=0$，列劳斯表有：

$$
\begin{array}{c|cccc}
s^6 & 1 & 8 & 20 & 16 \\
s^5 & 2 & 12 & 16 & 0 \\
s^4 & 2 & 12 & 16 & \\
s^3 & 0 & 0 & 0 & \\
 & 8 & 24 & 0 & \\
s^2 & 6 & 16 & & \\
s^1 & \frac{8}{3} & 0 & & \\
s^0 & 16 & & &
\end{array}
$$

由第三行各元求得辅助方程（$2p=4$，$p=2$）：

$$F(s)=2s^4+12s^2+16=0$$

上式表明，有两对大小相等符号相反的根存在。这两对根通过解 $F(s)=0$ 可得到。取 $F(s)$ 对 s 的导数，得新方程：

$$8s^3+24s=0$$

s^3 行中各元素可用上面这个方程中的系数，即 8 和 24 代替，继续进行运算，最后得到如上的 Routh 表。由 Routh 表可知，第一列的系数均为正值，这表明该方程在［s］平面的右半平面上没有特征根。

令 $F(s)=0$，求得两对大小相等、符号相反的根：$\pm j\sqrt{2}$、$\pm j2$，显然这个系统处于临界稳定状态。

5.2.3 Routh 稳定判据的应用

在线性控制系统中，Routh 稳定判据主要用来判断系统是否稳定。当系统不稳定时，Routh 稳定判据并不能直接指出如何使系统达到稳定。如果采用 Routh 稳定判据判别系统是稳定的，它也不能指出系统是否具备令人满意的动态过程。它不能表明特征方程式根相对于［s］平面上虚轴的距离。换句话说，Routh 稳定判据只回答特征方程式的根在［s］平面上的分布情况，而不能确定根的具体数据。而我们希望［s］左半平面上的根距离虚轴有一定的距离，即稳定程度较高。

设 $s=s_1-a=z-a$，代入原方程式中，可以得到以 s_1 为变量的特征方程式，然后用 Routh 稳定判据去判别该方程中是否有根位于垂线 $s=-a$ 的右侧。此方法可以估计一个稳定系统的各根中，最靠近右侧的根距离虚轴有多远，这样可了解系统稳定的程度到底如何。

【例 5-5】 用 Routh 稳定判据检验下列特征方程 $2s^3+10s^2+13s+4=0$ 是否有根在

[s] 平面的右半平面上，并检验有几个根在垂线 $s=-1$ 的右方。

解：列 Routh 表：

$$
\begin{array}{c|cc}
s^3 & 2 & 13 \\
s^2 & 10 & 4 \\
s^1 & \dfrac{130-8}{10}=12.2 & 0 \\
s^0 & 4 &
\end{array}
$$

第一列全为正，所有的根均位于左半平面，系统稳定。

令 $s=z-1$ 代入特征方程，有：

$$2(z-1)^3+10(z-1)^2+13(z-1)+4=0$$

$$2z^3+4z^2-z-1=0$$

式中有负号，显然有根在 $s=-1$ 的右方。列 Routh 表：

$$
\begin{array}{c|cc}
s^3 & 2 & -1 \\
s^2 & 4 & -1 \\
s^1 & -\dfrac{1}{2} & \\
s^0 & -1 &
\end{array}
$$

第一列的系数符号变化了一次，表示原方程有一个根在垂直直线 $s=-1$ 的右方。从而可确定系统一个或两个可调参数来调整系统稳定性。

【例 5-6】 已知一单位反馈控制系统如图 5-7 所示，试回答：

（1）$G_c(s)=1$ 时，闭环系统是否稳定？

（2）$G_c(s)=\dfrac{K_p(s+1)}{s}$ 时，闭环系统的稳定条件是什么？

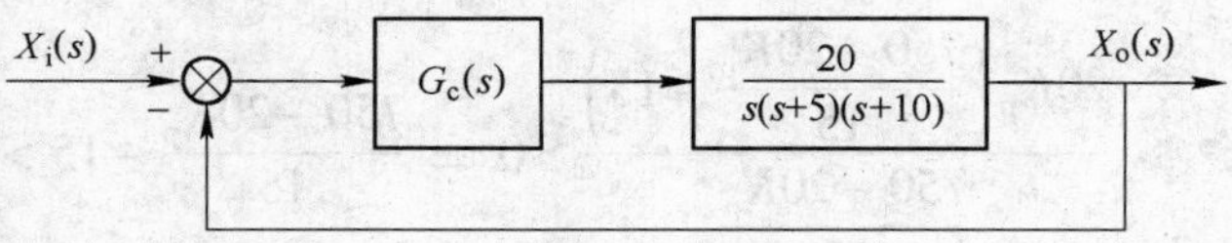

图 5-7 单位反馈控制系统

解：（1）$G_c(s)=1$ 时，闭环系统的特征方程为：

$$s(s+5)(s+10)+20=0$$

$$s^3+15s^2+50s+20=0$$

列 Routh 表：

$$
\begin{array}{c|cc}
s^3 & 1 & 50 \\
s^2 & 15 & 20 \\
s^1 & \dfrac{750-20}{15} & \\
s^0 & 20 &
\end{array}
$$

第一列均为正值，s 全部位于左半平面，故系统稳定。

（2）$G_c(s)=\dfrac{K_p(s+1)}{s}$ 时，有：

$$G_c(s)G(s) = \frac{20K_p(s+1)}{s^2(s+5)(s+10)}$$

闭环传递函数为：

$$\Phi(s) = \frac{\dfrac{20K_p(s+1)}{s^2(s+5)(s+10)}}{1+\dfrac{20K_p(s+1)}{s^2(s+5)(s+10)}} = \frac{20K_p(s+1)}{s^2(s+5)(s+10)+20K_p(s+1)}$$

闭环特征方程为：

$$s^4+15s^3+50s^2+20K_ps+20K_p=0$$

列 Routh 表：

$$\begin{array}{c|ccc}
s^4 & 1 & 50 & 20K_p \\
s^3 & 15 & 20K_p & 0 \\
s^2 & \dfrac{750-20K_p}{15} & 20K_p & \\
s^1 & \dfrac{\dfrac{750-20K_p}{15}\times 20K_p-15\times 20K_p}{\dfrac{750-20K_p}{15}} & & \\
s^0 & 20K_p & &
\end{array}$$

欲使系统稳定，第一列的系数必须全为正值，即 $K_p>0$ 。

$$750-20K_p>0 \Rightarrow K_p<37.5$$

$$\frac{20K_p\left(\dfrac{750-20K_p}{15}-15\right)}{\dfrac{750-20K_p}{15}}>0 \Rightarrow \frac{750-20K_p}{15}-15>0 \Rightarrow 525-20K_p>0 \Rightarrow K_p<26.5$$

由此得出系统稳定的条件为 $0<K_p<26.5$。

5.3 Nyquist（奈奎斯特）稳定判据

Routh 稳定判据是一种代数判据，根据系统的特征方程判别系统的稳定性。其优点是对开环系统和闭环系统均适用；缺点是难以评价系统稳定或不稳定的程度，也难以分析系统中各参数对稳定性的影响。Nyquist 稳定判据是一种几何判据，它是依据开环传递函数的特点，通过开环频率特性的极坐标图（即 Nyquist 图）来分析研究闭环控制系统稳定性的，不仅能判定系统是否稳定，并且可以分析系统的稳定或不稳定程度，从中找出改善系统性能的途径。其缺点是仅适用于闭环系统。Nyquist 稳定判据由 H. Nyquist 于 1932 年提出，在 1940 年以后得到了广泛的应用。

5.3.1 Nyquist 稳定判据基础

5.3.1.1 基本原理

对于图 5 - 5 所示的闭环系统，其闭环传递函数为：

$$F(s) = \frac{X_o(s)}{X_i(s)} = \frac{G(s)}{1 + G(s)H(s)}$$

闭环系统稳定的充要是闭环特征方程的所有特征根必须全部在［s］平面的左半平面，只要有一个根在［s］平面的右半平面或在虚轴上，系统就不稳定。Nyquist 稳定判据是通过系统开环 Nyquist 图及开环极点的位置来判断闭环特征方程的特征根在［s］平面上的位置，从而来判别系统的稳定性。下面分三步来说明 Nyquist 稳定判据的原理。

A 闭环特征方程与特征函数

系统闭环特征方程为：

$$1 + G(s)H(s) = 0$$

其特征函数为：

$$A(s) = 1 + G(s)H(s)$$

其中 $G(s)$ 、$H(s)$ 都是复数 s 的函数，可用式（5－18）所列多项式之比分别来表示。

$$G(s) = \frac{G_N(s)}{G_D(s)},\ H(s) = \frac{H_N(s)}{H_D(s)} \tag{5-18}$$

故开环传递函数为：

$$G(s)H(s) = \frac{G_N(s)H_N(s)}{G_D(s)H_D(s)} \tag{5-19}$$

特征函数 $A(s) = 1 + G(s)H(s)$ 可表达为：

$$A(s) = \frac{G_D(s)H_D(s) + G_N(s)H_N(s)}{G_D(s)H_D(s)} \tag{5-20}$$

闭环特征方程可表示为：

$$1 + G(s)H(s) = \frac{G_D(s)H_D(s) + G_N(s)H_N(s)}{G_D(s)H_D(s)} = 0 \tag{5-21}$$

设式（5－19）中分母、分子 s 的阶次分别为 n 和 m。因为 $G(s)$ 和 $H(s)$ 均为物理可实现的环节，所以 $n \geqslant m$，故特征函数 $A(s)$ 分子和分母的阶次均为 n。比较式（5－19）、式（5－20）和式（5－21），可得以下结论：

（1）闭环特征方程的特征根与特征函数 $A(s)$ 的零点完全相同。

（2）特征函数的极点与开环传递函数的极点完全相同。

（3）特征函数的零点数与其极点数相同（等于 n）。

若当系统开环传递函数及其极点已知，根据式（5－20），可先通过对开环传递函数 $G(s)H(s)$ 和特征函数 $A(s) = 1 + G(s)H(s)$ 进行频率特性分析，从而确定特征函数的零点（即闭环特征方程的特征根）的分布，进而判别系统的稳定性，这就是 Nyquist 稳定判据的基本原理。

B 幅角原理

Nyquist 稳定判据的数学基础是复变函数理论中的幅角原理（又称为映射定理）。根据上述系统特征函数零点、极点与开环极点的关系，利用幅角原理，就可得到特征函数零点分布和开环极点分布及开环幅角变化之间的关系。

将式（5－20）用因式分解的形式表示如下：

$$A(s) = \frac{K(s - z_1)(s - z_2)\cdots(s - z_n)}{(s - p_1)(s - p_2)\cdots(s - p_n)} \tag{5-22}$$

式中，z_1，z_2，…，z_n 为特征函数的 n 个零点（系统闭环特征方程的特征根）；p_1，p_2，…，p_n 为它的 n 个极点（开环传递函数的极点）。

设这些零点和极点均已知，用"○"表示零点，"×"表示极点，它们在［s］平面上的分布见图 5－8（a）。则式（5－22）中的各项因式（$s-z_i$）、（$s-p_i$）（$i=1,2,\cdots,n$）均可相应表示为图 5－8（a）中的各向量。将这些向量均用指数形式表示时，可得：

$$\begin{aligned}(s-z_i) &= A_{z_i}\mathrm{e}^{\mathrm{j}\theta_{z_i}}\\(s-p_i) &= A_{p_i}\mathrm{e}^{\mathrm{j}\theta_{p_i}}\end{aligned} \tag{5-23}$$

将式（5－23）代入式（5－22），可得：

$$A(s) = K\frac{A_{z_1}\mathrm{e}^{\mathrm{j}\theta_{z_1}}\cdot A_{z_2}\mathrm{e}^{\mathrm{j}\theta_{z_2}}\cdots A_{z_n}\mathrm{e}^{\mathrm{j}\theta_{z_n}}}{A_{p_1}\mathrm{e}^{\mathrm{j}\theta_{p_1}}\cdot A_{p_2}\mathrm{e}^{\mathrm{j}\theta_{p_2}}\cdots A_{p_n}\mathrm{e}^{\mathrm{j}\theta_{p_n}}} = K\prod_{i=1}^{n}\frac{A_{z_i}}{A_{p_i}}\cdot \mathrm{e}^{\mathrm{j}\left(\sum_{i=1}^{n}\theta_{z_i}-\sum_{i=1}^{n}\theta_{p_i}\right)} \tag{5-24}$$

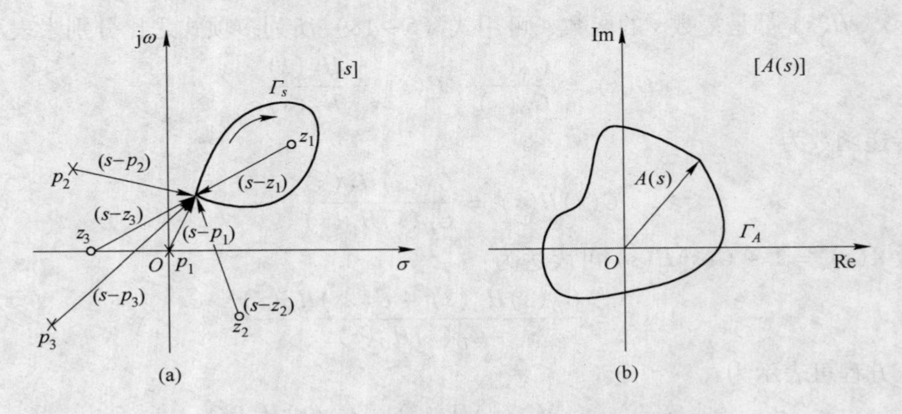

图 5－8 ［s］平面与［A(s)］平面的映射关系

令逆时针方向的相位角变化为正，顺时针为负，当自变量 s 沿图 5－8（a）中封闭曲线 Γ_s 顺时针变化一圈时，式（5－24）中各向量及 $A(s)$ 的幅角均发生变化。图 5－8（a）中零点 z_1 被包围在 Γ_s 中，则向量（$s-z_1$）幅角的变化为 $\Delta\theta_{z1}=-2\pi$。z_2，z_3，…，p_1，p_2…均在 Γ_s 之外，故相应的向量幅角的变化均为零，即 $\Delta\theta_{z2}=\Delta\theta_{z3}=\cdots=\Delta\theta_{p1}=\Delta\theta_{p2}=\Delta\theta_{p3}=\cdots=0$。

如设 Γ_s 中包含 Z 个闭环特征方程的根，P 个开环极点，当 s 沿 Γ_s 顺时针转一圈时，则向量 $A(s)$ 在［$A(s)$］平面上沿曲线 Γ_A 变化，如图 5－8（b）所示。由式（5－24）可知，其幅角的变化为：

$$\Delta\angle A(s) = \sum_{i=1}^{z}\theta_{z_i} - \sum_{i=1}^{p}\theta_{p_i} = Z(-2\pi) - P(-2\pi) \tag{5-25}$$

式（5－25）两边同除以 2π，可得：

$$N = P - Z \tag{5-26}$$

式（5－26）为幅角原理的数学表达式，其中 N 表示当 s 沿 Γ_s 顺时针转一圈时，向量 $A(s)$ 的矢端曲线 Γ_A 在［$A(s)$］平面上绕原点逆时针转的圈数。若 $N>0$，表示逆时针转的圈数；$N=0$，表示 $A(s)$ 不包围原点；$N<0$，表示顺时针转的圈数。

下面以图 5－9 为例说明 N 的确定。由式（5－26）可知，在［$A(s)$］平面上，过原点任意作一直线 OC，观察 $A(s)$ 形成的矢端曲线 Γ_A 以不同方向通过 OC 直线次数的差值来定

N，顺时针通过为负，逆时针通过为正。图 5-9（a）中 Γ_A 曲线两次顺时针通过直线 OC，故 $N=-2$；图 5-9（b）和图 5-9（d）中 Γ_A 曲线分别有一次顺时针和一次逆时针通过直线 OC，差值为零，故 $N=0$；图 5-9（c）中 Γ_A 曲线三次顺时针通过直线 OC，$N=-3$。

5.3.1.2 闭环系统稳定的充要条件

系统稳定性的判别就是要判别闭环特征方程在［s］平面的右半平面根的个数，也就是特征函数 $A(s)$ 在右半平面的零点数。若我们把图 5-9（a）中［s］平面上的 Γ_s 曲线，扩大成包括虚轴在内的右半平面半径为无穷大的半圆（见图 5-10），就可以通过式（5-26）来确定特征函数 $A(s)$ 在［s］平面的右半平面的零点数。如 s 沿上述 Γ_s 曲线由 $-\mathrm{j}\infty$ 至 $+\mathrm{j}\infty$ 再沿无穷大半圆顺时针绕回至 $-\mathrm{j}\infty$ 时，若在［$A(s)$］平面上与曲线 Γ_s 相对应的 Γ_A 曲线绕其坐标原点转 N 圈，因为 Γ_s 曲线把［s］平面的右半平面全部包含在内，则特征函数 $A(s)$ 在［s］平面的右半平面的零点和极点必然也都包含在 Γ_s 曲线内，所以可推算出特征函数 $A(s)$ 在右半平面上的零点数，即：

$$Z=P-N \tag{5-27}$$

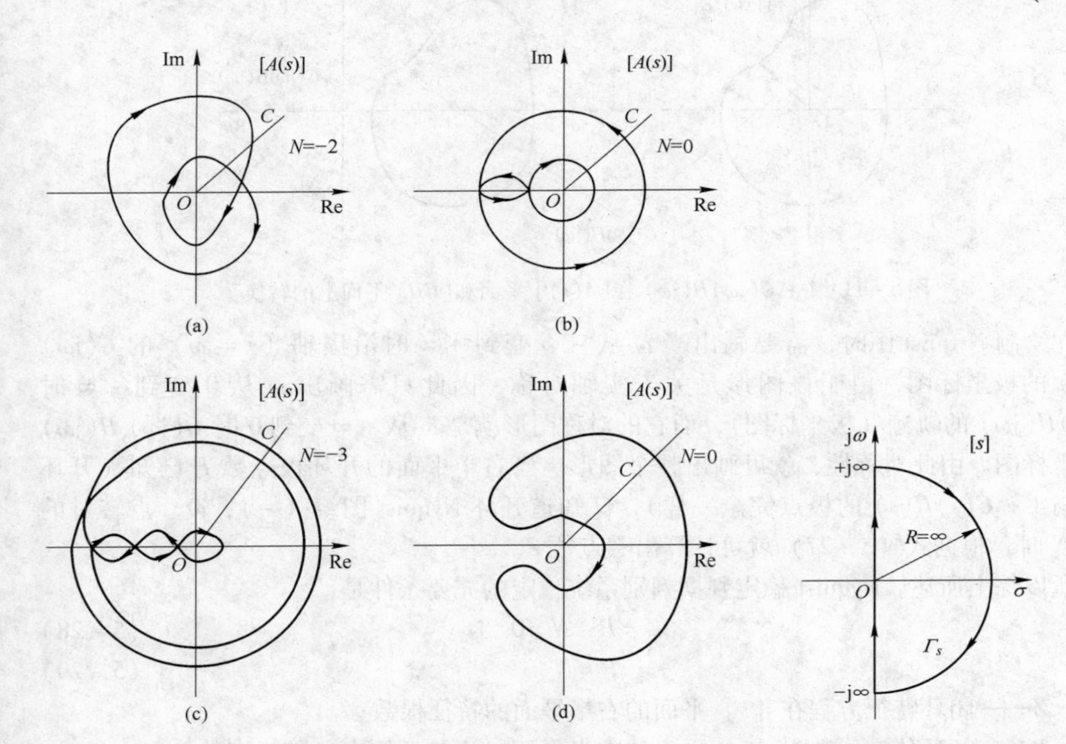

图 5-9 向量 $A(s)$ 的旋转圈数 N 的确定　　图 5-10 ［s］平面上的封闭曲线

由于闭环系统稳定的充要条件是特征函数 $A(s)$ 在［s］平面的右半平面无零点，即 $Z=0$。由式（5-27），若 $N=P$，则 $Z=0$，系统即为稳定；否则不稳定。

因此，如果 $G(s)H(s)$ 的 Nyquist 轨迹逆时针包围（-1，j0）点的圈数 N 等于 $G(s)H(s)$ 在［s］平面的右半平面的极点数 P 时，有 $N=-P$，由 $N=Z-P$ 知 $Z=0$，故闭环系统稳定。

综上所述，Nyquist 稳定判据可表述如下：当 ω 由 $-\infty$ 到 $+\infty$ 时，若［GH］平面上的开环频率特性 $G(\mathrm{j}\omega)H(\mathrm{j}\omega)$ 逆时针方向包围（-1，j0）点 P 圈，则闭环系统稳定。P 为 $G(s)H(s)$ 在［s］平面的右半平面的极点数。

对于开环稳定的系统，有 $P=0$，此时闭环系统稳定的充要条件是，系统的开环频率特性 $G(\mathrm{j}\omega)H(\mathrm{j}\omega)$ 不包围（-1，j0）点。

5.3.1.3 开环传递函数与 Nyquist 稳定判据

通过平移坐标轴，可以将［$A(s)$］平面，即 $1+G(s)H(s)$ 平面，变换到［GH］平面（$G(s)H(s)$ 平面的简写），即将 $1+G(s)H(s)=0$ 变换为 $G(s)H(s)=-1$。如图 5－11 所示，那么在［$A(s)$］平面上绕原点逆时针旋转的圈数就相当于在［GH］平面上绕（-1，j0）点逆时针旋转的圈数。也就是说可以用系统开环传递函数 $G(s)H(s)$ 来判别系统的稳定性。当在 s 平面上的点沿虚轴及包围右半平面的无穷大半圆 Γ_s 曲线顺时针旋转一圈时，在［GH］平面上画出的开环传递函数 $G(s)H(s)$ 的轨迹，称为 Nyquist 曲线。

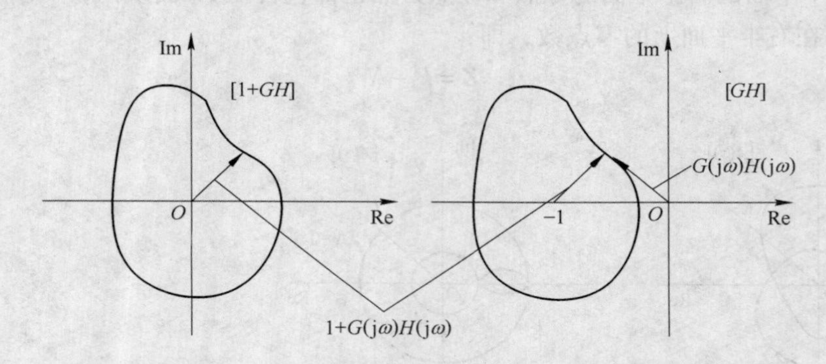

图 5－11 $1+G(\mathrm{j}\omega)H(\mathrm{j}\omega)$ 在［$A(s)$］平面和［GH］平面上的转换

在绘制 Nyquist 图时，需要画出当 ω 从 $-\infty$ 变到 $+\infty$ 时沿虚轴（$s=\mathrm{j}\omega$）的 $G(\mathrm{j}\omega)H(\mathrm{j}\omega)$ 的极坐标图，由于该图形是关于实轴对称，因此只需画出 ω 从 0 变到 $+\infty$ 时 $G(\mathrm{j}\omega)H(\mathrm{j}\omega)$ 的轨迹（极坐标图），而它的对称图形就是 ω 从 $-\infty$ 变到 0 时 $G(\mathrm{j}\omega)H(\mathrm{j}\omega)$ 的极坐标图。由此对称性，就可画出整个图形。当右半平面的开环极点数 P 已知（开环极点与 $1+G(s)H(s)$ 的极点完全一样），又知道开环 Nyquist 图绕（-1，j0）点转过的圈数 N 时，根据式（5－27）就可计算出零点数 Z。

所以综上所述，Nyquist 稳定判据判别系统稳定的充要条件是：

$$Z=P-N=0 \tag{5-28}$$

即

$$P=N \tag{5-29}$$

式中 Z——闭环特征方程在［s］平面的右半平面的特征根数；

P——开环传递函数在［s］平面的右半平面（不包括原点）的极点数；

N——自变量 s 沿包含虚轴及整个右半平面在内的极大的封闭曲线顺时针转一圈时，开环 Nyquist 图绕（-1，j0）点逆时针转的圈数，顺时针包围为“－”，逆时针包围为“＋”。

当 $P=0$，即开环没有极点在［s］平面的右半平面时，系统稳定的充要条件是开环 Nyquist 图不包围（-1，j0）点，即 $N=0$。

如果 $G(s)H(s)$ 在原点或虚轴上有极点，还像图 5－10 那样作［s］平面上的封闭曲线的话，则当 s 通过这些点时，$G(s)H(s)\to\infty$，出现 Nyquist 图不封闭的情况。为避免出现这种情况，采用如下方法：使 s 沿着可绕过这些极点的极小半圆（半径 $\delta\to 0$）从［s］平面的右半侧绕过这些极点变化，这些小半圆的面积趋近于零，如图 5－12（a）所示。以原点处的极点为例，当 s 沿着虚轴从 $-\mathrm{j}\infty$ 向上运动而遇到这些小半圆时，由于 $\delta\to 0$，所以 s 是从 $\mathrm{j}0^-$ 开始沿此小半圆绕到 $\mathrm{j}0^+$，然后再沿虚轴继续运动，如图 5－12（b）所示。这样，除了原点和虚轴上的极点外，［s］平面右半平面的零点和极点仍将全部被包含在无穷大半径的封闭曲线之内。

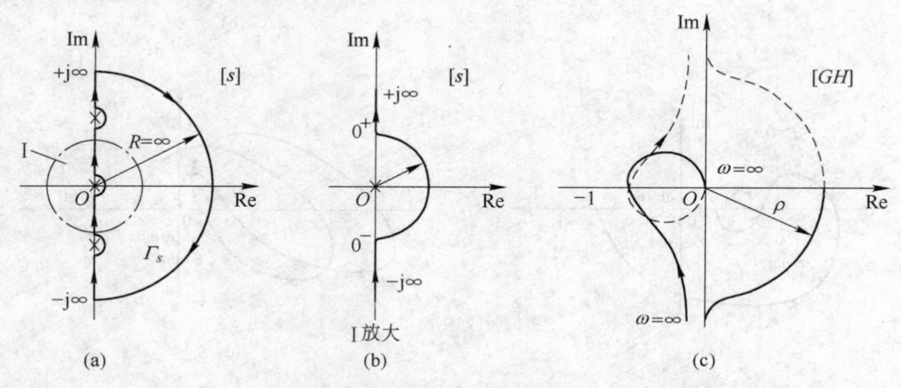

图 5－12 ［s］平面上避开位于原点或虚轴上极点的封闭曲线

与［s］平面上这一无穷小半圆相对应，在［GH］平面上的图形是一个半径为 $\rho\to\infty$ 的半圆（因为 $G(s)H(s)$ 的极点在虚轴上，其幅值是变量 s 的幅值的倒数）。这样，GH 的向量轨迹可画成如图 5－12（c）所示的封闭曲线。

5.3.2 应用 Nyquist 稳定判据的步骤

（1）绘制 ω 从 $0\to+\infty$ 变化时 $G_K(\mathrm{j}\omega)$ 的 Nyquist 曲线，求出其包围（-1，j0）点的次数 $N/2$；根据对称性可得到 $-\infty\to+\infty$ 的整个 Nyquist 曲线，然后求出其包围（-1，j0）点的次数 N。

（2）由给定的开环传递函数确定开环右极点的个数 P。

（3）若 $P=N$ 则闭环系统稳定，否则不稳定。如果 $G_K(\mathrm{j}\omega)$ 的 Nyquist 曲线刚好通过（-1，j0）点，表明有闭环极点位于虚轴上，系统仍然不稳定。

【例 5－7】 图 5－13 所示为各系统的 Nyquist 图，试判断各系统的稳定性。

解：（a）因为 $P=0$，从图 5－13（a）中可知 $N=0$，所以 $Z=0$，系统稳定。

（b）因为 $P=0$，从图 5－13（b）中可知 $N=-2$，所以 $Z=P-N=2$，系统不稳定。

（c）因为 $P=0$，从图 5－13（c）中可知 $N=0$，所以 $Z=0$，系统稳定。

（d）因为 $P=1$，从图 5－13（d）中可知 $N=4$，所以 $Z=P-N=-3$，系统不稳定。

【例 5－8】 系统的开环传递函数如下所示，Nyquist 图如图 5－14 所示。试判断各系统的稳定性。

(a) $G(s)H(s)=\dfrac{K}{(T_1s+1)(T_2s+1)}$;

(b) $G(s)H(s)=\dfrac{K}{(T_1s+1)(T_2s+1)(T_3s+1)}$;

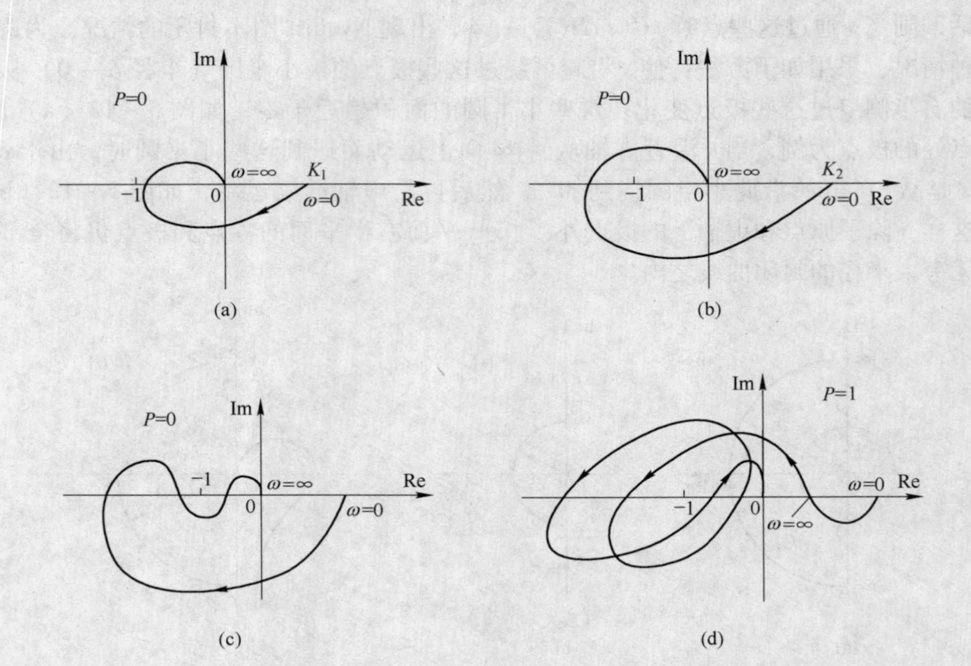

图 5-13 例 5-7 系统的 Nyquist 图

(c) $G(s)H(s) = \dfrac{K}{s(T_1s+1)(T_2s+1)}$;

(d) $G(s)H(s) = \dfrac{K(T_5s+1)(T_6s+1)}{s(T_1s+1)(T_2s+1)(T_3s+1)(T_4s+1)}$;

(e) $G(s)H(s) = \dfrac{K(T_2s+1)}{s^2(T_1s+1)}(T_1 < T_2)$;

(f) $G(s)H(s) = \dfrac{K(T_2s+1)}{s^2(T_1s+1)}(T_1 > T_2)$;

(g) $G(s)H(s) = \dfrac{K(T_3s+1)}{s^2(T_1s+1)(T_2s+1)}(T_1+T_2) < T_3$;

(h) $G(s)H(s) = \dfrac{K(T_3s+1)}{s^2(T_1s+1)(T_2s+1)}(T_1+T_2) > T_3$。

式中，K，T_1，T_2，T_3，T_4，T_5，T_6 均大于零。

解: (a) 因为 $P=0$，从图 5-14 (a) 中可知 $N=0$，所以 $Z=0$，系统稳定。

(b) 因为 $P=0$，从图 5-14 (b) 中可知 $N=-2$，所以 $Z=P-N=2$，系统不稳定。

(c) 因为 $P=0$，从图 5-14 (c) 中可知 $N=-2$，所以 $Z=P-N=2$，系统不稳定。

(d) 因为 $P=0$，从图 5-14 (d) 中可知 $N=0$，所以 $Z=0$，系统稳定。

(e) 当 $T_1<T_2$ 时，因为 $P=0$，$N=0$，如图 5-14 (e) 所示，所以 $Z=0$，系统稳定，且与 K 值无关。

(f) 当 $T_1>T_2$ 时，因为 $P=0$，$N=-2$，如图 5-14 (f) 所示，所以 $Z=2$，系统不稳定，且与 K 值无关。

（g）当（T_1+T_2）< T_3 时，因为 $P=0$，$N=0$，如图 5－14（g）所示，所以 $Z=0$，系统稳定，由图可以看出其稳定性与 K 值有关。

（h）当（T_1+T_2）> T_3 时，因为 $P=0$，$N=-2$，如图 5－14（h）所示，所以 $Z=2$，系统不稳定，且与 K 值无关。

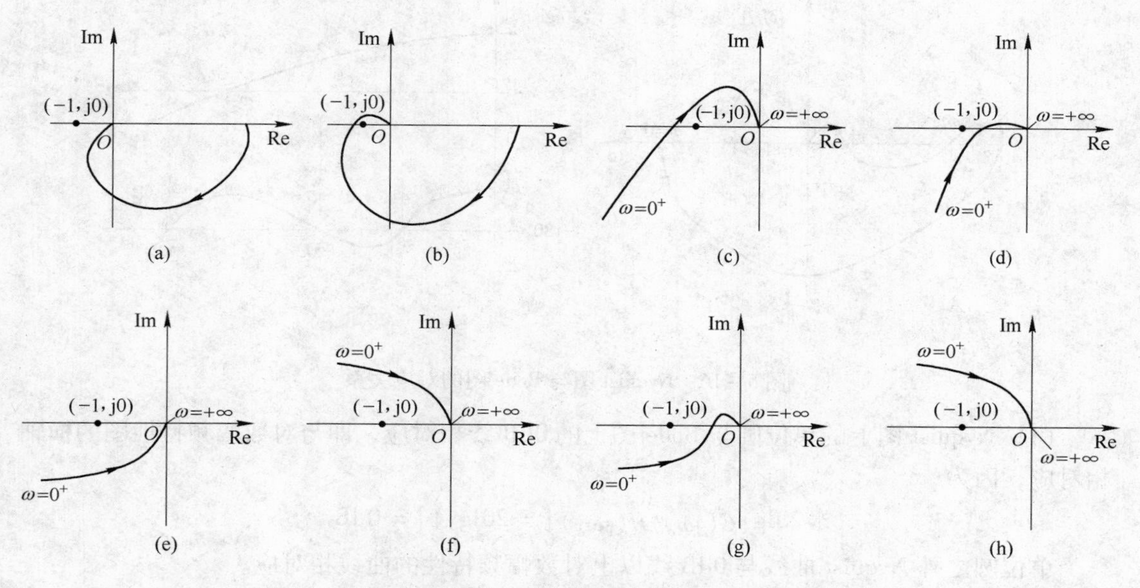

图 5－14 例 5－8 各系统对应的 Nyquist 图

5.3.3 穿越的概念

开环 Nyquist 曲线在（－1，j0）点以左穿过负实轴称为穿越。若沿频率 ω 增加的方向，开环 Nyquist 曲线自上而下，穿过（－1，j0）点以左的负实轴称为正穿越，即相位角增大的穿越为正穿越；反之，沿频率 ω 增加的方向，开环 Nyquist 曲线自下而上穿过(－1，j0）点以左的负实轴称为负穿越，即相位角减小的穿越为负穿越，如图 5－15 所示。若沿频率 ω 增加的方向，开环 Nyquist 曲线自（－1，j0）点以左的负实轴开始向下称为半次正穿越；反之，沿频率 ω 增加的方向，开环 Nyquist 曲线自（－1，j0）点以左的负实轴开始向上称为半次负穿越。正负穿越次数的代数和即为 N。

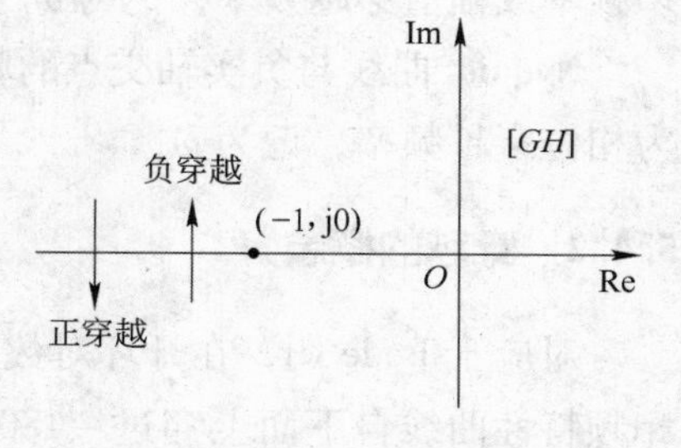

图 5－15 正负穿越

5.4 Bode（伯德）稳定判据

由上节我们知道，Nyquist 稳定判据是利用开环频率特性 $G_K(j\omega)$ 的 Nyquist 图（极坐标图）来判定闭环系统的稳定性。若将开环 Nyquist 图改画为开环对数坐标图，即 Bode 图，利用 Bode 图同样也可以判定闭环系统的稳定性。这种方法就是对数频率特性判据，简称为对数判据或 Bode 判据，它实质上也是一种几何判据。

5.4.1 Nyquist 图与 Bode 图的对应关系

系统开环频率特性 $G_K(j\omega)$ 的 Nyquist 图和 Bode 图之间的对应关系如图 5－16 所示。

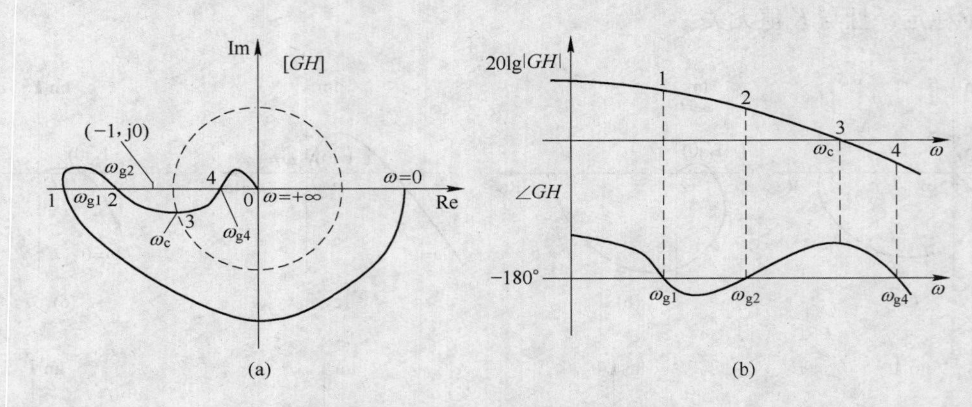

图 5－16 Nyquist 图与 Bode 图的对应关系

（1）Nyquist 图上的单位圆与 Bode 图上的 0dB 线相对应，即与对数幅频特性图的横轴相对应，因为

$$20\lg|G(j\omega_c)H(j\omega_c)| = 20\lg|1| = 0\text{dB}$$

单位圆之外 Nyquist 曲线与 0dB 线以上对数幅频特性的曲线相对应。

（2）Nyquist 图上的负实轴相当于 Bode 图上的 －180°线，即对数相频特性图的横轴，因为

$$\varphi(j\omega_g) = \angle G(j\omega_g)H(j\omega_g) = 180°$$

Nyquist 曲线与单位圆交点的频率，即对数幅频特性曲线与横轴交点的频率，称为剪切频率或幅值穿越频率，记为 ω_c。

Nyquist 曲线与负实轴交点的频率，也就是对数相频特性曲线与横轴交点的频率，称为相位穿越频率，记为 ω_g。

5.4.2 穿越的概念

对应于 Bode 图，在开环对数幅频特性为正值的频率范围内，沿 ω 增加的方向，对数相频特性曲线自下而上穿过 －180°线为正穿越；反之，沿 ω 增加的方向，对数相频特性曲线自上而下穿过 －180°线为负穿越。若对数相频特性曲线自 －180°线开始向上，为半次正穿越；反之，对数相频特性曲线自 －180° 线开始向下，为半次负穿越。

图 5－16（a）中，点 1 处为负穿越一次，对应于 Nyquist 曲线顺时针包围（－1，j0）点一圈；点 2 处为正穿越一次，对应于 Nyquist 曲线逆时针包围（－1，j0）点一圈。图 5－17 为半次穿越的情况。

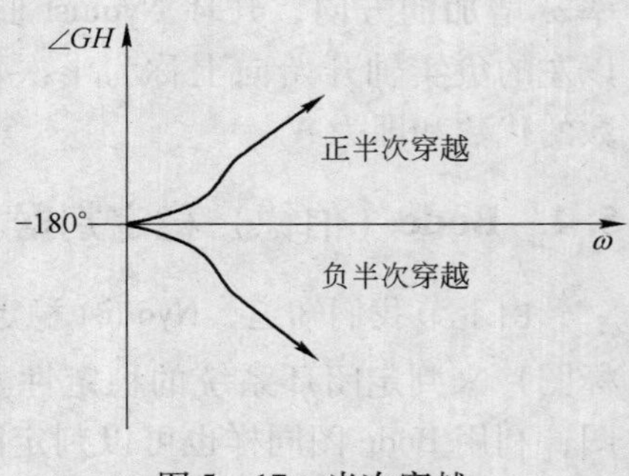

图 5－17 半次穿越

5.4.3 Bode 稳定判据的充要条件

在 Bode 图上，闭环系统稳定的充要条件是：当 ω 从 $0\to+\infty$ 时，在开环对数幅频特性为正值的频率范围内，开环对数相频特性对 $-180°$线正负穿越次数的代数和为 $P/2$ 时，闭环系统稳定；否则不稳定。

$$P=2N \quad 或 \quad N=P/2$$

式中，P 为系统开环传递函数在［s］平面的右半平面的极点数。

特别地，在 $P=0$ 时，闭环系统稳定的情况为：

$\omega_c<\omega_g$ 时，闭环系统稳定；

$\omega_c>\omega_g$ 时，闭环系统不稳定；

$\omega_c=\omega_g$ 时，闭环系统临界稳定。

也就是说，若开环对数幅频特性达到 0dB，即交于 ω_c 时，其对数相频特性还在 $-180°$线以上，即相位还不足 $-180°$，则闭环系统稳定；若开环相频特性达到 $-180°$时，其对数幅频特性还在 0dB 线以上，即幅值大于 1，则闭环系统不稳定。

由于一般系统的开环系统多为最小相位系统（$P=0$），故可按上述条件来判别最小相位系统稳定性。

分析图 5－16（b）可知，在 $0\to\omega_c$ 范围内，对数相频特性正、负穿越次数代数和为 0，在当 $P=0$ 时，系统稳定。该系统实际是一个条件稳定系统。

若开环对数幅频特性存在多个剪切频率，见图 5－18，这时取最大剪切频率 ω_{c3} 来判别稳定性。因为，若 ω_{c3} 判别系统是稳定的，那么用 ω_{c1}、ω_{c2} 来判别，系统自然也是稳定的。

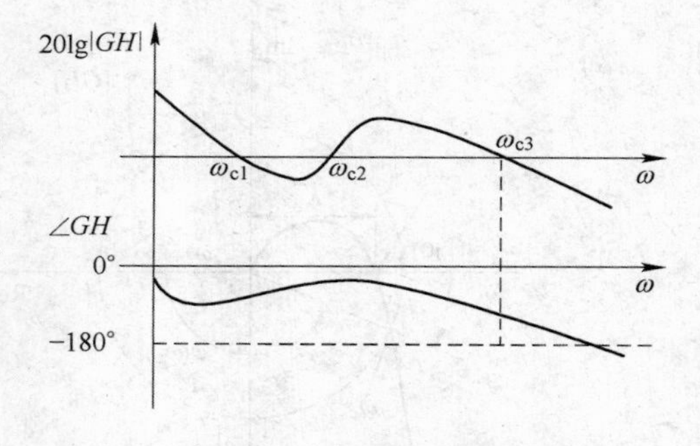

图 5－18 多个剪切点

通过比较用 Nyquist 图和 Bode 图来判别系统稳定性可知，Bode 稳定判据有如下优点：

（1）Bode 图可以用作渐近线的方法作出，因此比较简便。

（2）通过 Bode 图上的渐近线，可以粗略地判别系统的稳定性。

（3）在 Bode 图中，分别作出各环节的对数幅频和对数相频特性曲线，可以明确哪些环节是造成不稳定性的主要因素，从而可对其参数进行合理选择或校正。

（4）开环增益 K 调整时，在 Bode 图中只需将其的对数幅频特性上下平移即可，可以很方便看出为保证稳定性所需的增益值。

5.5 系统的相对稳定性

Nyquist 稳定判据是通过分析开环传递函数的轨迹（即 Nyquist 图）与（-1，j0）点的关系及开环极点分布来判别系统稳定性的。当开环稳定，即开环极点在［s］平面右半平面的个数 $P=0$，Nyquist 图不包围（-1，j0）点，即 $N=0$ 时，系统是稳定的；反之，若 Nyquist 图包围（-1，j0）点，$N\neq0$，则 $z\neq0$，系统就不稳定。这只回答了系统是否稳定的问题。若 Nyquist 图虽然不包围（-1，j0）点，但它和负实轴的交点离（-1，j0）

点的距离很近的话，则系统的稳定性就很差，系统参数稍有变化就可能使系统变得不稳定；相反，若它和负实轴的交点离（-1，j0）点这个距离很大，稳定程度就可能大得没有必要，而且还会使其灵敏度大大降低。因此，由 Nyquist 图与（-1，j0）点的关系，不但可判别系统是否稳定，而且还可判断系统稳定或不稳定的程度，即系统的相对稳定性。通常可用相位裕量 γ 和幅值裕量 K_g 来表示系统稳定的程度。

5.5.1 相位裕量 γ

在开环 Nyquist 图上，从原点到 Nyquist 图与单位圆的交点连一条直线，该直线与负实轴的夹角，就是相位裕量 γ，可表示为：

$$\gamma = \varphi(\omega_c) - (-180^\circ) = 180^\circ + \varphi(\omega_c) \tag{5-30}$$

式中，$\varphi(\omega_c)$ 为 Nyquist 图与单位圆交点频率 ω_c 上的相位角，一般为负值（对于最小相位系统）；ω_c 为剪切频率或幅值穿越频率。

当 $\gamma > 0°$ 时，系统稳定；

当 $\gamma \leqslant 0°$ 时，系统不稳定。

图5-19（a）表示 $\gamma > 0°$ 时稳定系统的 Nyquist 图；图5-19（b）表示 $\gamma < 0°$ 时不稳定系统的 Nyquist 图。γ 越小表示系统相对稳定性越差，一般取 $\gamma = 30° \sim 60°$。

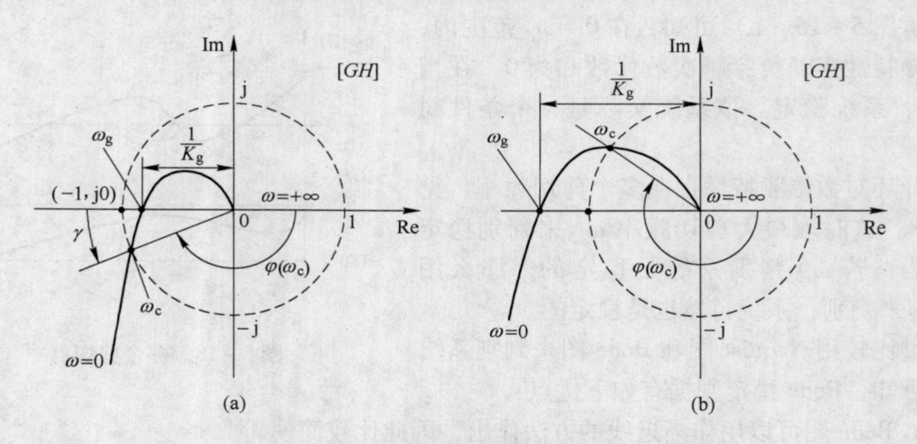

图5-19 相位裕量 γ 和幅值裕量 K_g

5.5.2 幅值裕量 K_g

在开环 Nyquist 图上，Nyquist 图与负实轴交点处幅值的倒数称为幅值裕量 K_g。Nyquist 图与负实轴交点处的频率 ω_g 称为相位穿越频率（或相位交界频率）。

$$K_g = \frac{1}{|G(j\omega_g)H(j\omega_g)|} \tag{5-31}$$

在 Bode 图上，幅值裕量 K_g 取分贝为单位，则

$$K_g = 20\lg\left|\frac{1}{G(j\omega_g)H(j\omega_g)}\right|\text{dB} \tag{5-32}$$

当 $|G(j\omega_g)H(j\omega_g)| < 1$，即 $1/K_g < 1$，$K_g > 0\text{dB}$，系统是稳定的。

当 $|G(j\omega_g)H(j\omega_g)| \geqslant 1$，即 $1/K_g \geqslant 1$，$K_g \leqslant 0\text{dB}$，系统是不稳定的。

一般K_g取8~20dB，图5-19（a）表示$1/K_g<1$时稳定系统的Nyquist图；图5-19（b）表示$1/K_g>1$的情况下系统不稳定的Nyquist图。

γ和K_g在Bode图上相应的表示如图5-20（a）所示，Nyquist图上的单位圆对应于Bode图上0dB线。图5-20（a）中幅频特性穿越0dB线，对应于相频特性上的γ在-180°线以上，$\gamma>0°$，相频特性和-180°线交点对应于幅频特性上的K_g(dB)在0dB线以下，即$K_g>0$dB，故系统是稳定的；图5-20（b）则相反，相频特性上的γ在-180°线以下，$\gamma<0°$，幅频特性上的K_g(dB)在0dB线以上，$K_g<0$dB，系统不稳定。

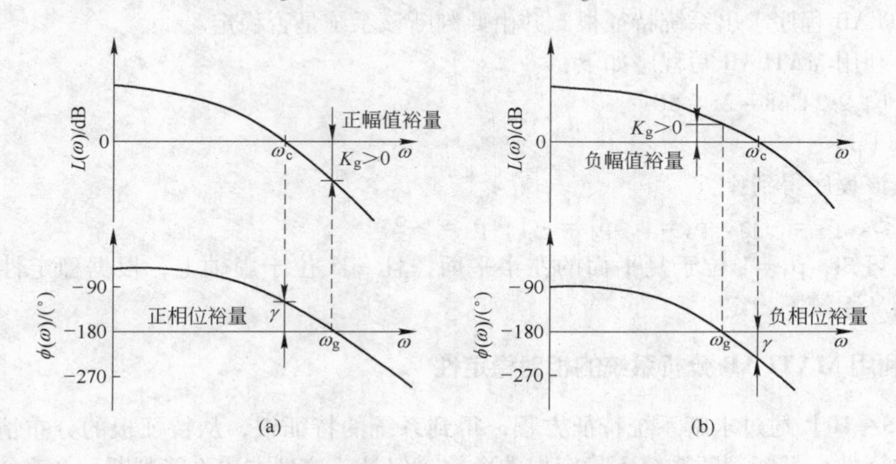

图5-20 Bode图上的相位裕量γ和幅值裕量K_g

关于相位裕量γ和幅值裕量K_g的几点说明：

(1) 对最小相位系统，当$\gamma>0°$，$K_g>0$dB，系统是稳定的，而对非最小相位系统不适用。

(2) 衡量一个系统的相对稳定性，必须同时用相位裕量γ和幅值裕量K_g这两个指标。

(3) 适当地选取相位裕量和幅值裕量，可以防止系统因参数变化而导致系统不稳定的现象。一般取$\gamma=30°\sim60°$，$K_g=8\sim20$dB。具有这样稳定性裕量的最小相位系统，即使系统开环增益或元件参数有所变化，通常也能使系统保持稳定。

(4) 对于最小相位系统，开环的幅频特性和相频特性有一定的关系，要求系统具有30°~60°的相位裕量，即意味着对数幅频图在穿越频率ω_c处的斜率应大于-40dB/dec。为保持稳定，在ω_c处应以-20dB/dec斜率穿越为好，因为斜率为-20dB/dec穿越时，对应的相位角在-90°左右。考虑到还有其他因素的影响，就能满足$\gamma=30°\sim60°$。

(5) 分析一阶和二阶系统的稳定程度，其相位裕量总大于零，而其幅值裕量为无穷大，因此理论上一阶和二阶系统不可能不稳定。但是实际上某些一阶和二阶系统的数学模型本身是在忽略了一些次要因素之后建立的，实际系统常常是高阶的，其幅值裕量不可能为无穷大，因此系统参数变化时，如开环增益太大，这些系统仍有可能不稳定。

5.6 利用 MATLAB 进行稳定性分析

在 MATLAB 中，若已知系统的特征方程，就很容易求得系统的特征根，再根据特征根的分布情况，就能判断系统的稳定性。另外，在 MATLAB 中还提供了直接求解系统幅值裕度和相位裕度的函数，通过这些函数可以直接分析系统的稳定性与相对稳定性。

5.6.1　利用 MATLAB 求系统的特征根

如果已知系统的特征方程，应用 MATLAB 的 roots 函数可以直接求出系统所有的特征根，从而根据稳定性判据判断系统是否稳定。

【例 5-9】已知某闭环系统特征方程为 $D(s)=s^5+2s^4+24s^3+48s^2-25s-50=0$，利用 MATLAB 程序求出系统特征根，并由此判断该系统是否稳定。

解：利用 MATLAB 写程序如下：

```
p = [1 2 24 48 -25 -50]
roots (p)
```

运行该程序得到：

$p_1=j5$，$p_2=-j5$，$p_3=1$，$p_4=-1$，$p_5=-2$

由此可知，$p_3=1$ 位于复平面的左半平面，且 ±j5 位于虚轴上，根据稳定性判据可知，该闭环系统不稳定。

5.6.2　利用 MATLAB 分析系统的相对稳定性

【例 5-10】通过求解系统特征方程，得到系统的特征根，从特征根的分布情况判定系统的稳定性，且能判断系统不稳定根的个数。但是，这种方法不能判断一个系统的相对稳定性。MATLAB 提供的 margin 函数，可以求出系统的幅值裕度、相位裕度、幅值穿越频率和相位穿越频率，由此判断系统的相对稳定性。其说明如图 5-21 所示。

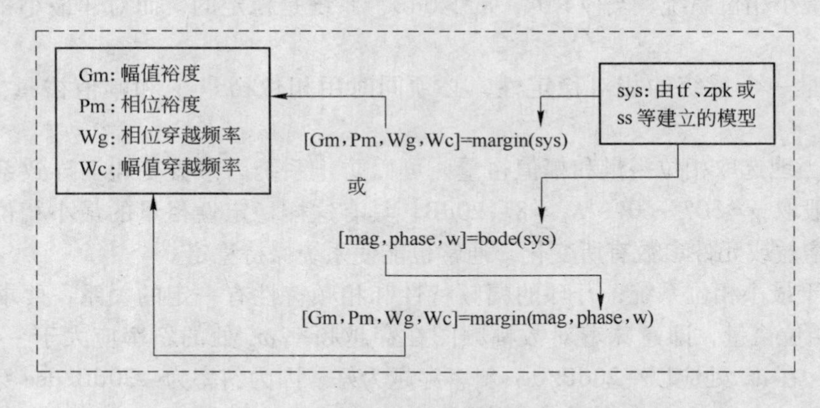

图 5-21　margin 函数

【例 5-11】已知控制系统的开环传递函数为 $G_K(s)=\dfrac{K}{s(3s+2)(s+5)}$，试利用 MATLAB 分别求出 $K=10$ 及 $K=100$ 时的相位裕度 γ、幅值裕度 K_g(dB)、幅值穿越频率 ω_c 和相位穿越频率 ω_g。

解：利用 MATLAB 写程序如下：

```
den = conv ( [3, 2, 0], [1, 5])
K = 10 ←——系统的传递函数
```

```
num1 = [K]
[Gm1, Pm1, Wg1, Wc1] =margin (num1, den)  ← K=10 时系统相对稳定性指标
%
K=100
num2 = [K]
[mag, phase, w] =bode (num2, den)
[Gm2, Pm2, Wg2, Wc2] =margin (mag, phase, w)  ← K=100 时系统相对稳定性指标
%
[20*log10 (Gm1) Pm1 Wg1 Wc1;
20*log10 (Gm2) Pm2 Wg2 Wc2]  ← 幅值裕度转化为分贝值并显示结果
K= [10 100]
for i=1:2
figure (1)
hold on ← 在一张图纸上同时画出 K=10 和 K=100 时的系统 Bode 图
num= [K (i)]
bode (num, den)
grid
end
```

运行程序得到系统 Bode 图如图 5-22 所示。相关相对稳定性指标见表 5-1。

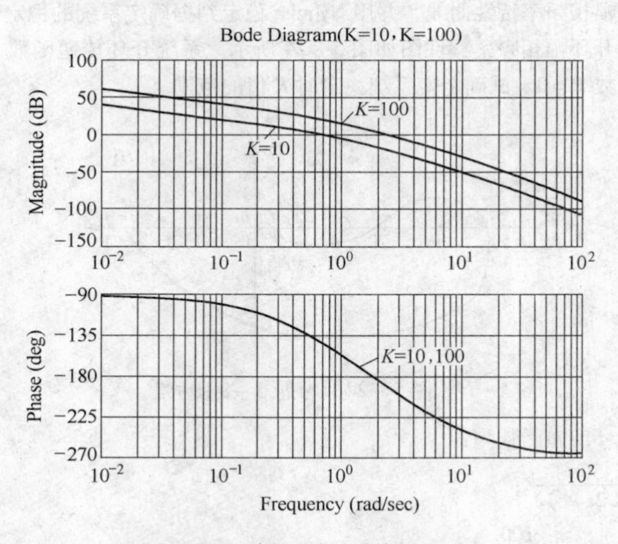

图 5-22 例 5-11 系统 Bode 图

表 5-1 系统的相对稳定性指标

K	幅值裕量/dB	相位裕量/(°)	相位穿越频率/rad·s^{-1}	幅值穿越频率/rad·s^{-1}
10	15.0666	36.2153	1.8257	0.6889
100	-4.9334	-10.1851	1.8257	2.4041

习 题

5-1 如何区别控制系统稳态误差与稳定性？它们在求解上有何不同？不稳定的线性系统是否可以求稳态误差？

5-2 设图 5-23 所示系统的开环传递函数为 $G(s)$，试判别闭环系统稳定性。

(1) $G(s)=\dfrac{10(s+1)}{s(s-1)(s+3)}$；

(2) $G(s)=\dfrac{10}{s(s+1)(2s+5)}$。

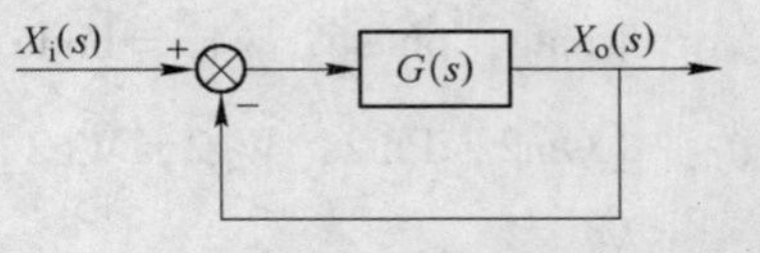

图 5-23 典型闭环控制系统

5-3 一单位负反馈系统的开环传递函数为 $G(s)=\dfrac{K}{s(2s+1)(s+5)}$，试用 Routh 稳定判据确定 K 取何值时，系统稳定。

5-4 系统特征方程为 $D(s)=s^4+2s^3+3s^2+4s+5=0$，试用 Routh 稳定判据判别系统的稳定性。

5-5 系统如图 5-23 所示，采用 Routh 稳定判据判别系统是否稳定。

(1) $G(s)=\dfrac{(s+1)(s+2)}{s(s+3)(s+4)}$； (2) $G(s)=\dfrac{K(s+2)(s+3)}{s^2(s+1)(s+4)}$；

(3) $G(s)=\dfrac{K(s+20)(s+30)}{s(s^2+6s+10)}$； (4) $G(s)=\dfrac{2s+1}{s^3(s+10)(s+4)}$。

5-6 设系统的特征方程式 $D(s)=s^3+2s^2+s+2=0$，试用 Routh 稳定判据判别系统稳定性。

5-7 设系统的开环传递函数为 $G(s)H(s)=\dfrac{K(T_2s+1)}{s^2(T_1s+1)}$，该闭环系统的稳定性取决于 T_1 和 T_2 的相对值，试画出开环幅相频率特性曲线，并用 Nyquist 稳定判据确定系统的稳定性。

5-8 设一负反馈系统开环幅相频率特性图如图 5-24 所示。系统开环传递函数 $K=500$，在 [s] 右半平面内开环极点数 $P=0$。试确定使系统稳定时 K 值的范围。

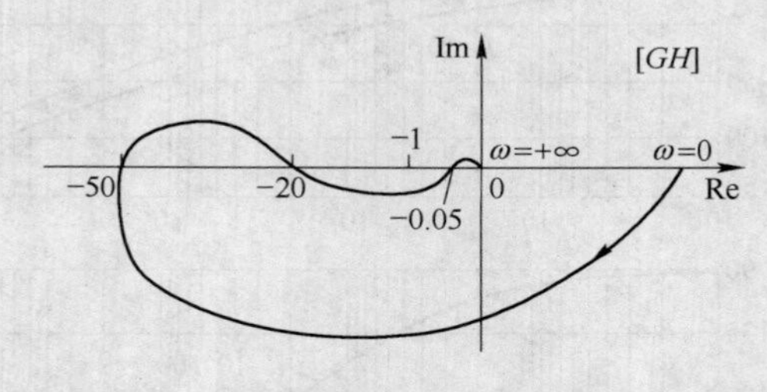

图 5-24 习题 5-8 图

5-9 设控制系统的开环传递函数为：

(1) $G(s)=\dfrac{50}{s(0.2s+1)}$；

(2) $G(s)=\dfrac{100}{(0.2s+1)(s+2)(s+5)}$；

(3) $G(s)=\dfrac{10}{s(0.1s+1)(0.25s+1)}$；

(4) $G(s)=\dfrac{50(s+1)}{s(0.1s+1)(0.5s+1)(0.8s+1)}$；

(5) $G(s)=\dfrac{10}{s(0.2s+1)(s-1)}$。

试用 Bode 稳定判据判别对应闭环系统的稳定性，并确定稳定系统的相位储备和幅值储备。（建议先用渐近对数幅值特性和对数相频特性判别，然后采用 MATLAB 软件判别，对比一下结果。）

5-10　试确定图 5-25 所示系统的稳定性。

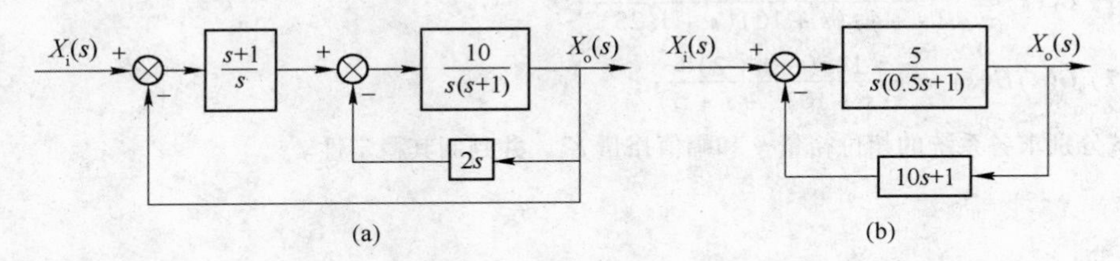

图 5-25　习题 5-10 图

5-11　设系统开环频率特性曲线如图 5-26（a）~（h）所示，试用 Nyquist 稳定判据判别闭环系统的稳定性。已知各开环传递函数分别为：

(a) $G(s)H(s) = \dfrac{K}{(T_1s+1)(T_2s+1)(T_3s+1)}$；

(b) $G(s)H(s) = \dfrac{K}{s(T_1s+1)(T_2s+1)}$；

(c) $G(s)H(s) = \dfrac{K}{s^2(Ts+1)}$；

(d) $G(s)H(s) = \dfrac{K(T_1s+1)}{s^2(T_2s+1)}$　$(T_1 > T_2)$；

(e) $G(s)H(s) = \dfrac{K(T_1s+1)(T_2s+1)}{s^3}$；

(f) $G(s)H(s) = \dfrac{K(T_5s+1)(T_6s+1)}{s(T_1s+1)(T_2s+1)(T_3s+1)(T_4s+1)}$；

(g) $G(s)H(s) = \dfrac{K}{T_1s-1}$　$(K>1)$；

(h) $G(s)H(s) = \dfrac{K}{T_1s-1}$　$(K<1)$。

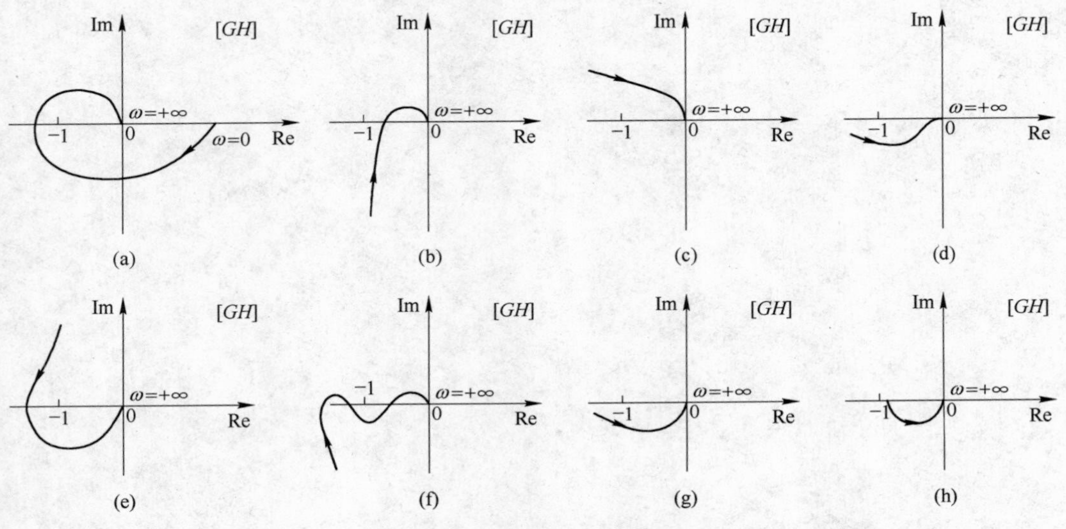

图 5-26　习题 5-11 图

5－12 已知单位反馈系统的闭环传递函数 $F(s)=\dfrac{2}{s+3}$，试求系统的相位裕量 γ 和幅值裕量 K_g。

5－13 已知反馈控制系统的开环传递函数为：

(1) $G_k(s)=\dfrac{1600s^3}{s(s+4)(s+16)(s+1.25)}$；

(2) $G(s)H(s)=\dfrac{125(-s+2)}{s(s+10)(-s+5)}$；

试分别求各系统的相位裕量 γ 和幅值裕量 K_g，并判断其稳定性。

6　控制系统的校正与设计

前几章我们先后学习了控制系统的时域分析、频域分析和稳定性分析。它们都是在控制系统结构及参数给定、系统的数学模型已建立的情况下，应用时域法、频率法和稳定判据对其稳定性、准确性和快速性进行分析，这就是系统分析。工程实践中，系统经常是预先规定了各项性能指标，也就是要求在系统稳定的前提下，来选择适当的环节和参数满足系统预先设定的各项性能指标，即满足一定的准确性和快速性，这就是系统分析的逆问题——控制系统的设计。系统分析与系统设计的特点简述如下。

（1）系统分析——控制系统的结构和参数已知→分析其稳定性、准确性、快速性。

（2）系统设计——确定系统结构和参数←系统稳定，满足预定的准确性和快速性要求。

在工程应用中若给定系统不能满足所要求的性能指标，就必须对系统进行修正设计，即在原系统中加入某类机械或电子装置，使系统整个特性发生相应变化，从而满足系统所要求的各项性能指标。这就是系统的校正。本章将要介绍的内容就是机械工程控制系统的校正与设计。本章的知识结构如图 6－1 所示。

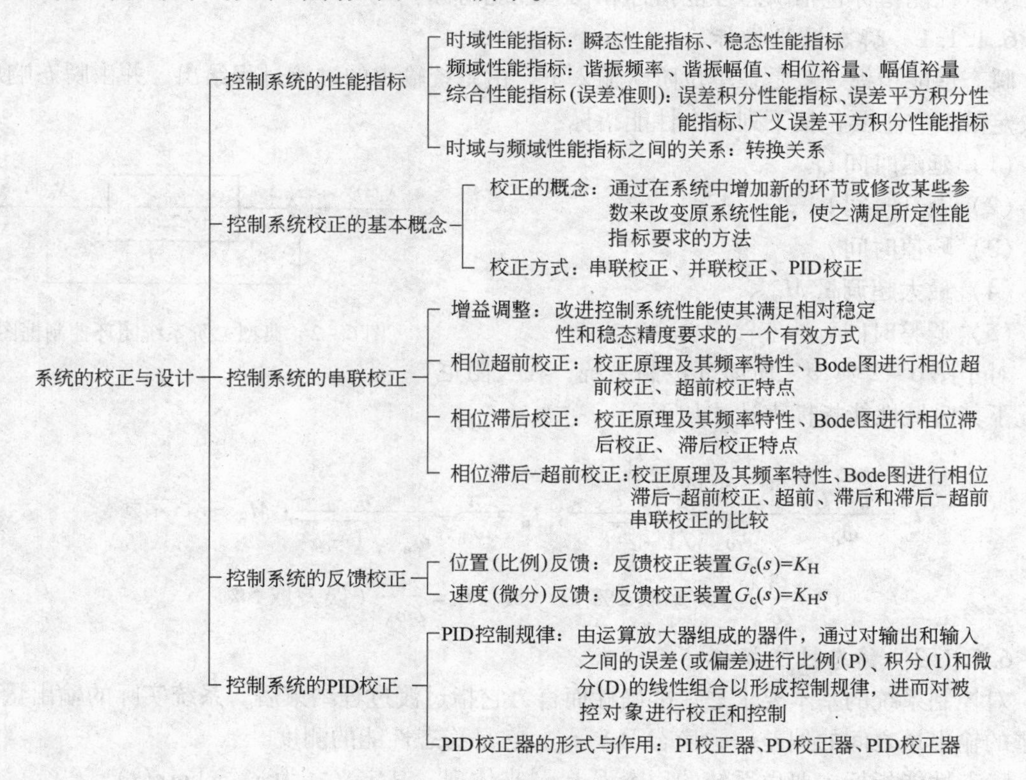

图 6－1　第 6 章知识结构

6.1 控制系统的性能指标

系统的性能指标按类型分为时域性能指标、频域性能指标和综合性能指标。

(1) 时域性能指标：包括瞬态性能指标和稳态性能指标。

(2) 频域性能指标：它不仅能反映系统频域的特性，而且当无法求得时域性能时，一般可先采用频率特性实验法来求得系统频域的动态性能，再推出其时域中的动态性能。

(3) 综合性能指标（误差准则）：它是在系统的某些重要参数的取值能保证系统获得某一最优综合性能时的测度，也就是若对这个性能指标取极值，那么可获得有关重要参数值，这些参数值能保证综合性能为最优。

一般分三种不同的情况来分析系统的性能指标能否满足要求及如何满足要求：

(1) 确定系统的结构和参数后，计算并分析系统的性能指标，即系统分析。

(2) 在初步选择系统的结构和参数后，核算系统的性能指标能否达到要求，若不能，则需修改系统的参数乃至结构，或对系统进行校正。

(3) 给定综合性能指标（如目标函数、性能函数等），设计满足此指标的系统，包括设计必要的校正环节。

本节重点介绍时域性能指标和频域性能指标及其之间的关系。

6.1.1 时域性能指标

时域性能指标包括瞬态性能指标和稳态性能指标。

6.1.1.1 瞬态性能指标

瞬态性能指标一般是在单位阶跃输入下，由系统输出的过渡过程给出，并由瞬态响应所决定的，它主要包括下列5个性能指标：

(1) 延迟时间 t_d。

(2) 上升时间 t_r。

(3) 峰值时间 t_p。

(4) 最大超调量 M_p。

(5) 调整时间 t_s。

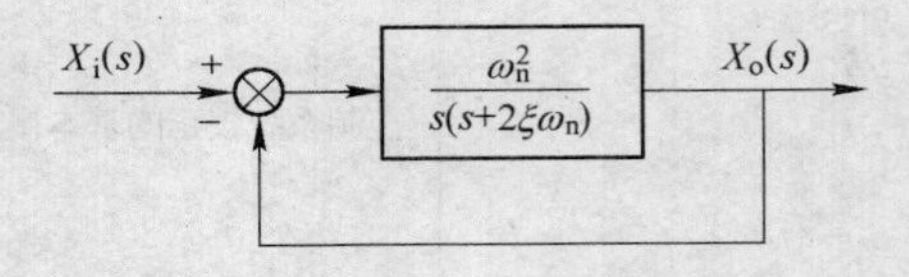

图6-2 典型二阶系统闭环控制框图

对于图6-2典型二阶闭环控制系统，在欠阻尼情况下其时域性能指标表达式如下：

$$t_r=\frac{\pi-\beta}{\omega_d}=\frac{\pi-\arctan\dfrac{\sqrt{1-\zeta^2}}{\zeta}}{\omega_n\sqrt{1-\zeta^2}},\quad t_p=\frac{\pi}{\omega_d}=\frac{\pi}{\omega_n\sqrt{1-\zeta^2}},\quad M_p=e^{-\frac{\zeta\pi}{\sqrt{1-\zeta^2}}}$$

$$t_s=\frac{3}{\zeta\omega_n}\ （误差取2\%）\quad 或\quad t_s=\frac{4}{\zeta\omega_n}\ （误差取5\%）$$

6.1.1.2 稳态性能指标

对控制系统的基本要求之一准确性而言，它指过渡过程结束后，系统实际的输出量与希望的输出量之间的偏差——稳态误差 e_{ss}，它是稳态性能的测度。

稳态性能指标主要由系统的稳态误差 e_{ss} 来体现，其定义式为 $e_{ss}=\lim\limits_{t\to\infty}e(t)$。

6.1.2 频域性能指标

频域性能指标不仅能反映系统在频域方面的特性，而且当无法求得时域性能时，可先采用频率特性实验求得系统在频域中的动态性能，然后再推出时域中的动态特性。频域主要包含有以下指标：

（1）谐振频率 ω_r 与谐振幅值 M_r。

（2）截止频率 ω_b 与频宽（或称带宽）$0\sim\omega_b$。

（3）相位裕量 γ。

（4）幅值裕量 K_g。

对于图 6－2 的典型二阶闭环控制系统，其在欠阻尼情况下的频域性能指标表达式如下：

$$\omega_r=\omega_n\sqrt{1-2\zeta^2},\ M_r=\frac{1}{2\zeta\sqrt{1-\zeta^2}},\ \omega_b=\omega_n\sqrt{1-2\zeta^2+\sqrt{2-4\zeta^2+4\zeta^4}}$$

$$\gamma=180°+\varphi(\omega_c)=180°-90°-\arctan\frac{\omega_c}{2\zeta\omega_n}=\arctan\frac{2\zeta}{\sqrt{\sqrt{1+4\zeta^4}-2\zeta^2}},\ K_g=\infty$$

$$|G(j\omega_c)H(j\omega_c)|=1$$

在这里要特别注意，这些频域性能指标中，谐振频率 ω_r、谐振幅值 M_r、截止频率 ω_b 和频宽是在闭环系统的幅频特性上定义的；而相位裕量 γ 和幅值裕量 K_g 是在系统的开环频率特性上定义的。

6.1.3 综合性能指标（误差准则）

综合性能指标是系统（尤其是自动控制系统）性能的综合测度，是系统的希望输出与其实际输出之差的某个函数的积分。由于这些积分是系统参数的函数，因此，当系统的参数（特别是某些重要参数）取最优值时，综合性能指标将取极值，从而可以通过选择适当参数得到综合性能指标为最优的系统。目前使用的综合性能指标有多种，常用的有误差积分性能指标、误差平方积分性能指标和广义误差平方积分性能指标三种。

6.1.4 时域与频域性能指标之间的关系

6.1.4.1 时域性能指标与频域性能指标之间的转换

时域性能指标和频域性能指标都是系统动态性能的评价指标，是从不同的角度提出的。如 t_s、ω_r、ω_b 直接或间接反映了系统动态响应的快慢，M_p、γ、M_r 直接或间接反映了系统动态响应的振荡程度。因此，性能指标之间必然存在着内在联系，它们之间可以进行换算。对于二阶系统，性能指标之间的换算，可以通过两个特征参数 ξ 和 ω_n 用准确的数学公式表示出来。

对于同一系统，不同域中的性能指标转换有严格的数学关系。对于图 6－2 所示的典型二阶闭环控制系统来说，根据前述所学知识，可推得以下关系式：

$$M_p=e^{-\pi\sqrt{(M_r-\sqrt{M_r^2-1})/(M_r+\sqrt{M_r^2-1})}}$$

$$\omega_r=\frac{3}{t_s\zeta}\sqrt{1-2\zeta^2},\ t_s=\frac{3}{\zeta\omega_n}\ （误差 2\%）$$

或
$$\omega_r = \frac{4}{t_s\zeta}\sqrt{1-2\zeta^2},\ t_s = \frac{4}{\zeta\omega_n}\ （误差 5\%）$$

$$\omega_b = \frac{3}{t_s\zeta}\sqrt{1-2\zeta^2+\sqrt{2-4\zeta^2+4\zeta^4}},\ t_s = \frac{3}{\zeta\omega_n}\ （误差 2\%）$$

或
$$\omega_b = \frac{4}{t_s\zeta}\sqrt{1-2\zeta^2+\sqrt{2-4\zeta^2+4\zeta^4}},\ t_s = \frac{4}{\zeta\omega_n}\ （误差 5\%）$$

$$\gamma = \arctan\frac{2\zeta}{\sqrt{\sqrt{1+4\zeta^4}-2\zeta^2}},\ \omega_c = \omega_n\sqrt{\sqrt{1+4\zeta^4}-2\zeta^2}$$

对于高阶系统而言，由于其关系较复杂，通常是取其主导极点近似为二阶系统后，再进行分析计算。在工程上常用近似公式或曲线来表达时域性能指标和频域性能指标之间的相互联系。

6.1.4.2 频率特性曲线与系统性能之间的关系

因为开环系统的频率特性和闭环系统的时间响应密切相关，而采用频率特性的设计和校正方法又比较简便，所以了解频率特性曲线与系统性能之间的关系是很必要的。

工程上一般将系统开环频率特性的幅值穿越频率 ω_c 作为频率响应的中心频率，把 ω_c 附近的频率区段称为中频段；将 $\omega \ll \omega_c$ 的频率区段称为低频段，一般将第一个转折频率以前区段定为低频段；把 $\omega \gg \omega_c$ 的频率区段称为高频段，一般为 $\omega > 10\omega_c$ 以后。通过低频段可求出系统的开环增益 K、系统的类型 λ 等参数，因此该区段表征了闭环系统的稳态特性；由中频段可求出幅值穿越频率 ω_c 和相位裕量 γ 等参数，它表征了闭环系统的动态特性；而高频段表征了系统对高频干扰或噪声的抵抗能力，幅值衰减越快，则系统抗干扰能力越强。

频率法设计与校正系统的本质，就是对系统的开环频率特性（一般用渐近 Bode 图）某些区段进行修改，使其变成所希望的曲线形状，即在低频段，增益充分大，从而保证稳态误差的要求；在中频段幅值穿越频率 ω_c 附近，使其对数幅频特性的斜率为 -20dB/dec，并占据充分的带宽，以便保证系统具有较快的响应速度、适当的相位裕量及幅值裕量；而在高频段的增益应尽快衰减，使噪声影响减到最小。

6.2 控制系统校正的基本概念

一个系统的性能指标通常是根据其所要完成的具体任务确定的。以数控机床进给系统为例，其主要的性能指标包括死区、最大超调量、稳态误差及带宽等，这些性能指标的具体数值就要根据具体要求来确定。

一般情况下，性能指标的要求是互相矛盾的，如减小系统的稳态误差往往将降低系统的相对稳定性，甚至可能导致系统不稳定。这种情况下就要求视具体情况考虑哪个性能是主要的，首先加以满足；另一些情况下就要采取折中的方法，并加以必要的校正，使两方面的性能都得到部分满足。

6.2.1 校正的概念

所谓校正（或称补偿），是指在控制对象已知、性能指标确定的情况下，通过在系统中增加新的环节或修改某些参数来改变原系统性能，使之满足所定性能指标要求的方法。

如图6-3所示开环系统的频率特性曲线，曲线①为极点数 $P=0$ 的系统的开环 Nyquist 图，由于 Nyquist 曲线包围（-1，j0）点，故闭环系统不稳定。为使系统稳定，对系统进行校正。

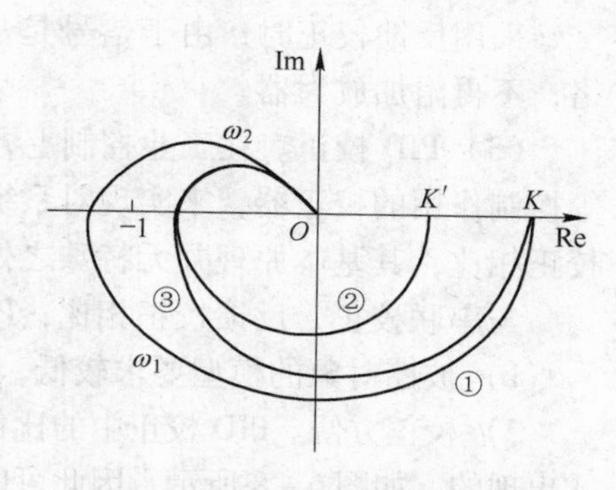

图6-3 系统校正性能示意图

方法一：减小系统的开环放大倍数 K。当 K 减小为 K'，则 $|G(j\omega)H(j\omega)|$ 减小。曲线①模减小，相位不变，不包围（-1，j0）点，即变为曲线②，这时系统就处于稳定状态了。但减小 K 会使系统的稳态误差增大，这是不希望看到的，甚至是不允许的。

方法二：在原系统中增加新的环节，使系统开环频率特性在某个频率范围发生变化，不影响系统准确性的同时提高了系统的稳定性。如 Nyquist 轨迹在 ω_1 至 ω_2 频率范围内发生变化，从曲线①变化为曲线③，就使原来不稳定的系统变成了稳定系统，并且不改变 K，即不增大系统的稳态误差。

可见，校正的实质就是通过引入某些校正环节来改变整个系统的零点和极点分布，而后使系统的频率特性得到相应改变，让系统频率特性的低、中、高频段满足所希望的性能或使系统的根轨迹穿越所希望的闭环主导极点，从而使系统满足所希望的动静态性能指标的要求。

6.2.2 校正的方式

工程上习惯用频率法进行校正，常用的校正方式有串联校正、并联校正和PID校正三种。

（1）串联校正。串联校正是指校正环节 $G_c(s)$ 串联在原系统传递函数框图的前向通道中，如图6-4所示。为了减小功率消耗，串联校正环节一般都放在前向通道的前端，即低功率的部位，多采用有源校正网络。串联环节按校正环节 $G_c(s)$ 的性能可分为增益调整、相位超前校正、相位滞后校正、相位滞后-超前校正。

（2）并联校正。按校正环节 $G_c(s)$ 在原系统中并联的方式，并联校正又可分为反馈校正（见图6-5）、顺馈校正（见图6-6）和前馈校正（见图6-7）。

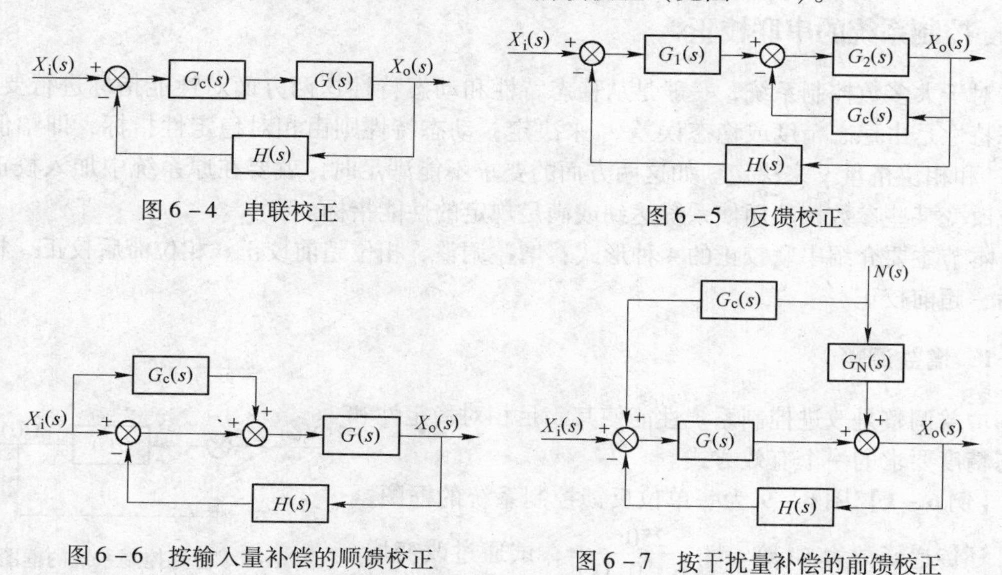

图6-4 串联校正

图6-5 反馈校正

图6-6 按输入量补偿的顺馈校正

图6-7 按干扰量补偿的前馈校正

采用反馈校正时，由于信号是从高功率点流向低功率点，所以一般采用无源校正网络，不再附加放大器。

(3) PID 校正。在工业控制上，通常采用能实现比例（P）、积分（I）和微分（D）等控制作用的校正器，来实现对系统的超前、滞后、滞后－超前校正。与串联校正、反馈校正相比，其基本原理并无特殊之处，只是结构的组合形式和产生的调节效果有所不同。

与串联校正、反馈校正相比，PID 校正有如下特点：

1）被控对象的模型要求较低，甚至系统模型在完全未知的情况下也可以进行校正。

2）校正方便。PID 校正中的比例、积分、微分校正作用是相互独立，最后以求和的形式出现的，如图 6－8 所示。因此可以任意改变某一校正规律，这大大增加了使用的灵活性。

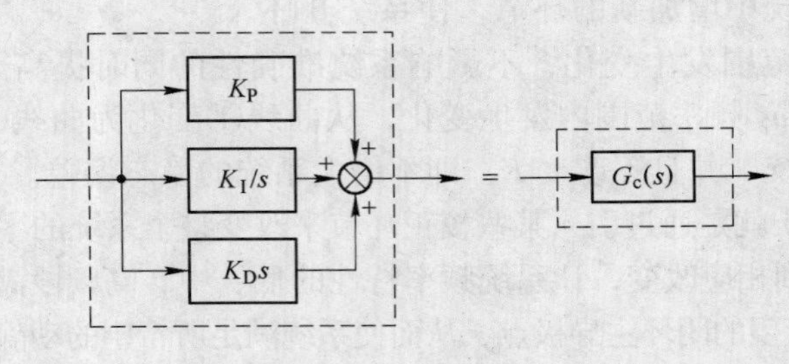

图 6－8 PID 校正器

3）适用范围较大。一般的校正装置，当原系统参数变化时，系统的性能将相应产生很大变化，而 PID 校正的适用范围相比则要大得多，在一定的变化区间中都有很好的校正效果。

PID 校正由于具有这些优点，因此在工业控制中得到了广泛的应用。

当然，在工程实际研究中到底选用何种校正方式，一方面主要取决于系统本身的结构特点、采用的元件、信号的性质、经济条件及设计者的经验等，另一方面还应根据技术和其他一些附加限制条件等综合考虑。

6.3 控制系统的串联校正

对于大多数控制系统，一般是从稳态特性和动态特性这两方面对性能指标进行要求。稳态特性是由稳态精度或稳态误差 e_{ss} 来决定；动态特性则由相对稳定性指标，即幅值裕量 K_g 和相位裕量 γ 来决定。如这两方面的要求不能满足时，就要在原系统中加入校正环节或改变某些参数，从而使系统达到或满足规定的性能指标。

本节主要介绍串联校正的 4 种形式：增益调整、相位超前校正、相位滞后校正、相位滞后－超前校正。

6.3.1 增益调整

增益调整是改进控制系统性能使其满足相对稳定性和稳态精度要求的一个有效方式。

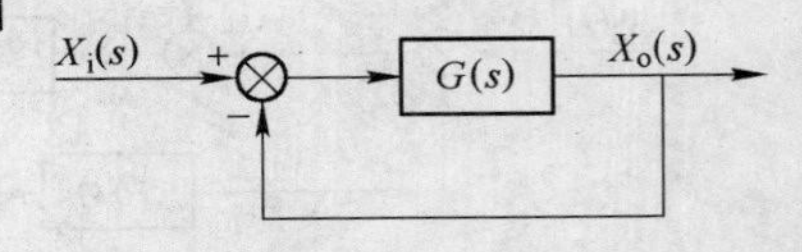

图 6－9 位置控制系统的框图

【例 6－1】 图 6－9 为一单位反馈控制系统的框图，其开环传递函数为 $G(s)=\dfrac{250}{s(1+0.1s)}$，试通过改变增益，使系统相位裕量达到45°。

解： 系统开环频率特性的渐近 Bode 图见图 6－10。从图 6－10 曲线①（校正前）可知，系统幅值穿越频率 $\omega_c \approx 50\text{rad/s}$，系统的相位裕量 $\gamma \approx 11°$，远小于要求的45°；而由相频曲线可知，在 $\omega = 10\text{rad/s}$ 处，系统对应的相位角为 $-135°$，若能使此频率为系统新的幅值穿越频率 ω'_c，那么相位裕量就可达到要求。

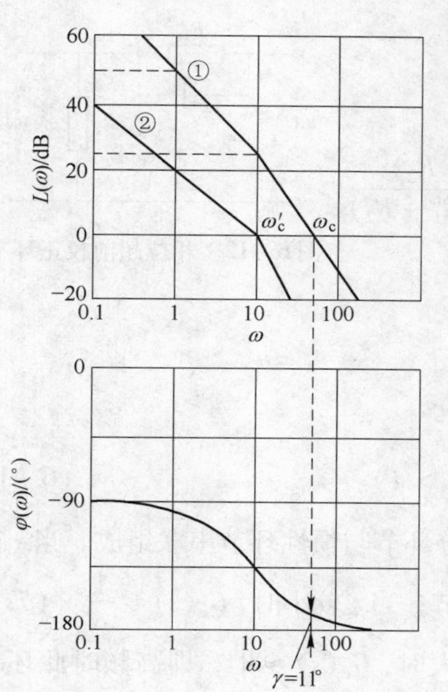

图 6－10 位置控制系统的增益调整

由于图 6－10 是开环频率特性的渐近 Bode 图，未校正前系统在 $\omega = 10\text{rad/s}$ 处的幅值：

$$20\lg \left| G(j\omega) \right|_{\omega=10} \approx 20\lg 25\text{dB}$$

即

$$\left| G(j\omega) \right|_{\omega=10} \approx 25\text{dB}$$

因此若能使校正后的 $\left| G'(j\omega) \right|_{\omega_c=10} \approx 1\text{dB}$，则有

$$20\lg \left| G'(j\omega_c) \right|_{\omega_c=10} = 0\text{dB}$$

即相当于将原系统的增益缩小为原来的 $\frac{1}{25}$，就能满足 $\gamma = 45°$ 的要求，由此得校正后系统的传递函数为：

$$G'(s) = \frac{G(s)}{25} = \frac{10}{s(1+0.1s)}$$

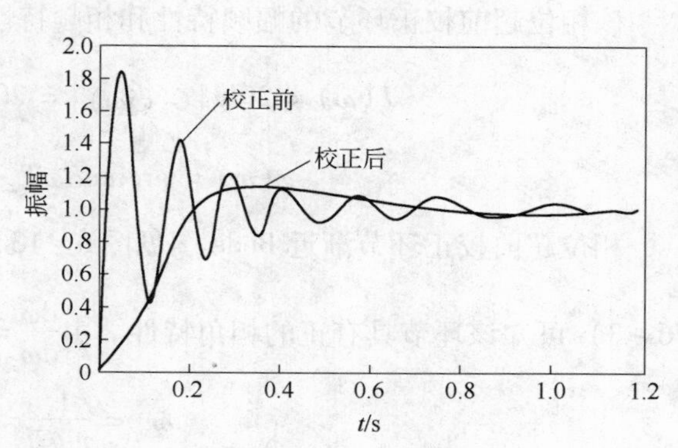

图 6－11 增益校正前后的单位阶跃响应

校正后的曲线②满足了 $\gamma = 45°$ 的要求，但系统的稳态误差由 1/250 增大为 1/10，稳态精度降低了，由于 ω_c 变小，响应速度也降低了，如图 6－11 所示。

6.3.2 相位超前校正

6.3.2.1 校正原理及其频率特性

从上述增益调整过程可知，减小系统的开环增益 K 可使相位裕量 γ 增加，从而使系统的稳定性得到提高，但同时它又降低了系统的稳态精度和响应速度。相反，增加系统的开环增益 K 就可以提高系统的响应速度。这是因为，开环增益 K 的提高会使系统的开环频率特性 $G_K(j\omega)$ 的穿越频率 ω_c 变大，其结果是加大了系统的带宽 ω_b。带宽大的系统，响应速度就高。但仅仅增加增益又会使相位裕量 γ 减小，从而使系统的稳定性下降。若预先在剪切频率的附近和比它还要高的频率范围内使相位提前一些，这样相位裕量增大了，再增加增益就不会损害系统的稳定性。因此，为了既能提高系统的响应速度，又能保证系统的其他特性不变坏，可以对系统进行相位超前校正。

相位超前校正环节会使输出相位超前于输入相位，其基本原理是提高剪切频率附近及其更高频率范围内的系统相位裕量，加大系统带宽，从而有利于提高系统的相对稳定性和

响应速度，使过渡过程得到显著改善。

图 6－12 为一个无源的超前校正环节，其传递函数可以利用前述的概念求得。

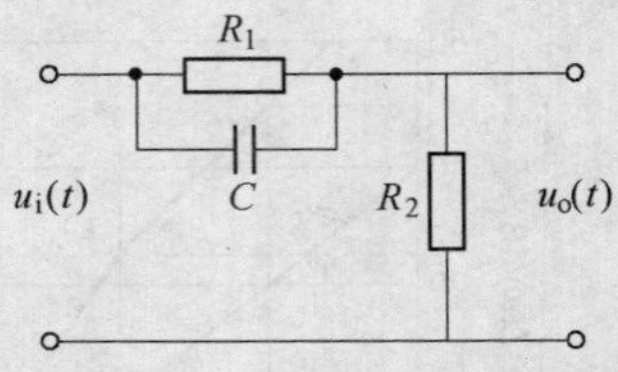

$$\frac{U_c(s)}{U_r(s)} = G_c(s) = \frac{R_2}{R_2 + \dfrac{1}{\dfrac{1}{R_1} + sC}} = \frac{R_2}{R_2 + \dfrac{R_1}{1 + sR_1C}}$$

$$= \frac{R_2(1 + R_1Cs)}{R_2 + R_1 + R_1R_2Cs} = \frac{R_2(1 + R_1Cs)/(R_1 + R_2)}{(R_1 + R_2 + R_1R_2Cs)/(R_1 + R_2)}$$

$$= \frac{R_2}{R_1 + R_2} \cdot \frac{R_1Cs + 1}{\dfrac{R_2}{R_1 + R_2}R_1Cs + 1}$$

图 6－12　相位超前校正环节

令 $\alpha = \dfrac{R_1 + R_2}{R_2}$，$T = \dfrac{R_2}{R_1 + R_2}R_1C$，则有

$$G_c(s) = \frac{1}{\alpha} \cdot \frac{\alpha Ts + 1}{Ts + 1} \quad (\alpha > 1) \tag{6-1}$$

由式（6－1）可知，此环节由比例环节、一阶微分环节与惯性环节串联组成。当 s 很小时，$G_c(s) \approx 1/\alpha$，即低频时，该环节相当于比例环节；当 s 较小时，$G_c(s) \approx \dfrac{1}{\alpha} \times (Ts + 1)$，即在中频段此环节相当于比例微分环节；当 s 很大时，$G_c(s) \approx 1$，即高频时此环节不起校正作用。

该相位超前校正环节的幅频特性和相频特性如下：

$$L(\omega) = 20\lg|G_c(j\omega)| = 20\lg\frac{1}{\alpha} \cdot \frac{\sqrt{(\alpha\omega T)^2 + 1}}{\sqrt{(\omega T)^2 + 1}} \tag{6-2}$$

$$\varphi(\omega) = \arctan\alpha\omega T - \arctan\omega T \geqslant 0° \tag{6-3}$$

相位超前校正环节渐近 Bode 图见图 6－13，转折频率分别为 $\omega_1 = \dfrac{1}{\alpha T}$、$\omega_2 = \dfrac{1}{T}$，由式（6－3）可知该环节具有正的相角特性。由 $\dfrac{d\varphi}{d\omega} = 0$，可推导出最大超前相角的频率为：

$$\omega_m = \frac{1}{T\sqrt{\alpha}} = \sqrt{\omega_1\omega_2} \tag{6-4}$$

即 ω_m 位于两个转折频率的对数中点，即 Bode 图上的几何中点。

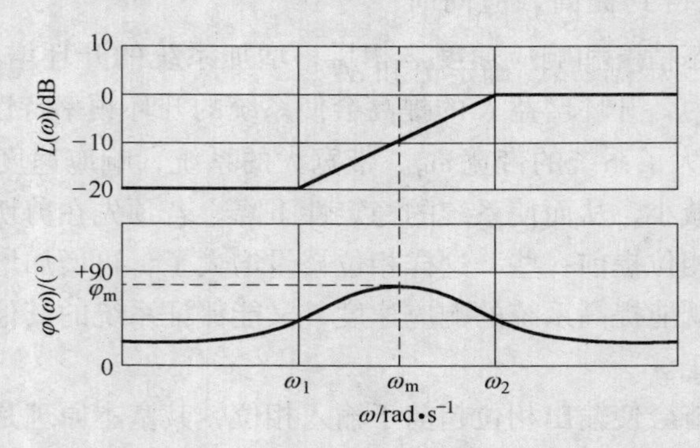

图 6－13　相位超前校正环节渐近 Bode 图

将式（6－4）代入式（6－3），则可求得最大超前相角 φ_m 为：

$$\varphi_m = \arctan\frac{\alpha-1}{\alpha+1}$$

$$\alpha = \frac{1+\sin\varphi_m}{1-\sin\varphi_m} \tag{6-5}$$

从式（6－5）可得，φ_m 仅与 α 取值有关，α 值越大，相位超前越多，对于被校正系统来说，相位裕量也越大，但由于校正环节增益下降，会引起原系统开环增益减小，使稳态精度降低，所以必须提高放大器增益以补偿超前网络的衰减损失，如图 6－14 所示。

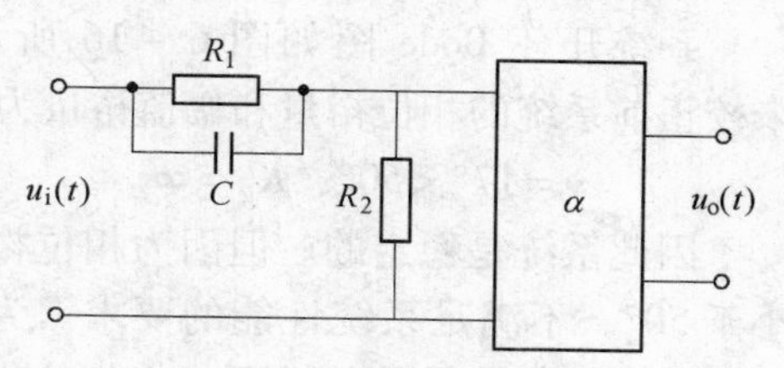

图 6－14　相位超前校正放大器增益补偿

超前校正环节高频时不起校正作用，因此具有高通滤波器特性，而为使系统抑制高频噪声的能力不致降低太多，通常 α 取值为 10 左右，此时超前校正环节产生的最大相位超前约为 55°。

一般要求系统的响应快、超调小时，可采用超前串联校正。

串联相位超前校正是对原系统在中频段的频率特性实施校正，它对系统性能的改善体现在以下两方面：

（1）由于 +20dB/dec 的环节可加大系统的幅值穿越频率 ω_c，所以它可提高系统的响应速度。

（2）由于其相位超前的特点，它使原系统的相位裕量增加，所以可提高其相对稳定性。

6.3.2.2　采用 Bode 图进行相位超前校正

采用 Bode 图进行相位超前校正的步骤如下：

（1）根据系统稳态误差的要求，确定系统的开环增益 K。

（2）作出系统开环 Bode 图，并找出未校正前系统的相位裕量 γ 和幅值裕量 K_g。

（3）根据指标的要求，确定在系统中需要增加的相角超前量 φ_m。

（4）确定 α 值，然后确定最大超前角对应频率 ω_m 处的对数幅频特性值 L_m，即

$$L(\omega) = 20\lg|G_c(j\omega)| = 20\lg\frac{1}{\alpha}\cdot\frac{\sqrt{(\alpha\omega T)^2+1}}{\sqrt{(\omega T)^2+1}}$$

在未校正系统的对数幅频特性图上找到幅值等于 $-L_m$ 点所对应的频率，该频率即为校正后系统新的剪切频率 ω'_c，同时也是所选超前网络的 ω_m，在此频率上超前网络将产生最大超前相角值 φ_m；根据 ω_m，确定 T 和 αT。

（5）确定超前校正环节的转折频率 $\omega_1 = \dfrac{1}{\alpha T}$，$\omega_2 = 1/T$。

（6）验算。

【例 6－2】 图 6－15 所示单位反馈控制系统，给定的性能指标：单位恒速输入时的稳态误差 e_{ss} = 0.05，相位裕量 $\gamma \geqslant 50°$，幅值裕量 $20\lg K_g \geqslant 10$dB。求满足给定性能指标的校正环节。

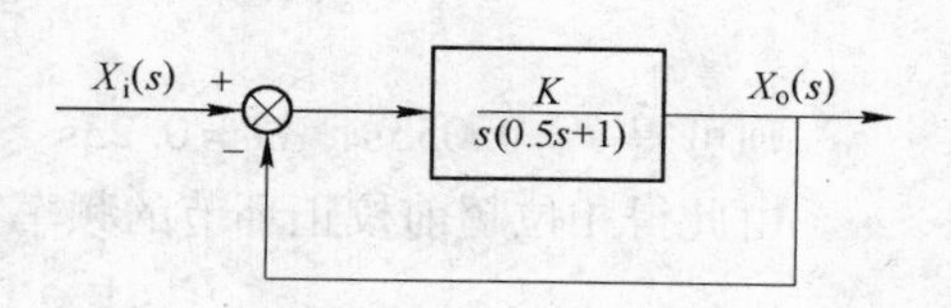

图 6－15　单位反馈控制系统

解：（1）首先根据稳态误差确定开环增益 K。

由已知条件可知，该系统为Ⅰ型系统，输入为单位斜坡信号，则由 $e_{ss}=\frac{1}{K}$，可得

$$K=\frac{1}{e_{ss}}=\frac{1}{0.05}=20$$

（2）作出系统开环 Bode 图，并找出未校正前系统的相位裕量 γ 和幅值裕量 K_g。

系统开环 Bode 图如图 6－16 所示，未校正前系统的相位裕量和幅值裕量为：

$$\gamma=17°<50°,\ K_g=\infty$$

因此系统是稳定的。但因为相位裕量小于 50°，不满足系统性能的要求。为了在不减小幅值裕量的前提下，将相位裕量从 17°增加至 50°，需要采用相位超前校正环节。

（3）确定系统需要增加的相位超前角 φ_m。串联相位校正环节可使系统的幅值穿越频率 ω_c 沿 Bode 图对数幅频特性的坐标轴向右移，因此在考虑相位超前量时，应增加 5°左右，以补偿这一移动，所以相位超前量为：

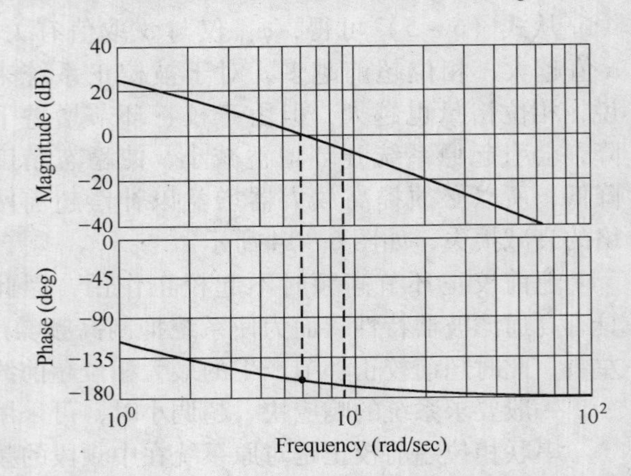

图 6－16 未校正前系统开环 Bode 图

$$\varphi(\omega)=50°-17°+5°=38°$$

可见，相位超前校正环节应产生此相位才可使校正后的系统满足设计规定的要求。

（4）利用确定的 φ_m 确定系数 α、T。

由式（6－5）可得：

$$\varphi_m=\arctan\frac{\alpha-1}{\alpha+1}=38°$$

可求得：

$$\alpha=4.17$$

再由式（6－4）可知，$\omega_m=\frac{1}{T\sqrt{\alpha}}$位于两个转折频率的对数中点，在这点上超前环节的幅值为：

$$20\lg\left|\frac{1+j\omega_m\alpha T}{1+j\omega_m T}\right|=20\lg\left|\frac{1+j\sqrt{\alpha}}{1+j\frac{1}{\sqrt{\alpha}}}\right|=6.2\text{dB}$$

即 ω_m 应在校正前系统幅值裕量为－6.2dB 处。从图 6－16 可以确认，$K_g=-6.2\text{dB}$ 时，$\omega=9\text{rad/s}$，此频率即为校正后系统的幅值穿越频率 ω_c。

$$\omega_c=\omega_m=\frac{1}{T\sqrt{\alpha}}=9\text{rad/s}$$

则可得 $T=0.055\text{s}$、$\alpha T=0.23\text{s}$。

由此得相位超前校正环节的频率特性为：

$$G_c(j\omega)=\frac{1}{\alpha}\cdot\frac{1+j\alpha T\omega}{1+jT\omega}=\frac{1}{4.17}\times\frac{1+j0.23\omega}{1+j0.055\omega}$$

为了补偿超前校正造成的幅值衰减，原开环增益要增大 K_1 倍，使 $K_1/\alpha=1$，因此 $K_1=\alpha=4.17$。

采用相位超前校正后，系统开环传递函数为：

$$G_K(s)=G_c(s)G(s)=\frac{1+0.23s}{1+0.055s}\cdot\frac{20}{s(0.5s+1)}$$

增大了相位裕量，加大了带宽，即提高了系统的相对稳定性，加快了响应速度，过渡过程得到显著改善，但因系统型次和增益均未变，所以稳态精度变化不大，如图 6－17 所示。

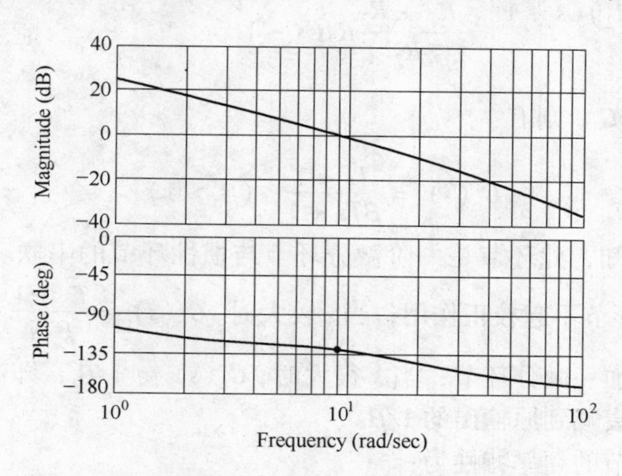

图 6－17 相位超前校正后系统开环 Bode 图

6.3.2.3 相位超前校正的特点

相位超前校正的特点主要有：

（1）相位超前校正主要对未校正系统在中频段的特性进行校正，以确保校正后系统具有较高的相位裕量以及使中频段斜率等于 －20dB/dec。

（2）超前校正可以提高系统响应的快速性。相位超前校正环节校正使系统截止频率增大，提高系统的响应速度。但随着带宽的增大，系统抗干扰能力下降。

（3）由于系统的增益和型次都未变化，因此对系统的稳态精度无明显改善。

（4）超前校正需要一个附加的增益增量，以补偿超前校正的衰减。

（5）相位超前校正的适用范围有限制。如果在未校正系统的截止频率 ω_c 附近，相频特性的变化率很大，即相角减小得很快，则一般不宜采用串联超前校正。因为随着 ω_c 的增大，未校系统的相角减小很大，导致超前网络的相角超前量不足以补偿到要求的数值。

（6）未校正系统不稳定，此时需要提供很大的相角超前量，α 过小，校正装置实现困难，并且导致系统高频增益加大，抗干扰性降低。

6.3.3 相位滞后校正

6.3.3.1 校正原理及其频率特性

由前述知识可知，系统的稳态误差是由开环传递函数的型次和增益决定的，为了减小稳态误差同时又不影响系统的稳定性和响应的快速性，只要加大低频段的增益即可。采用相位滞后校正环节可达到此目的，它使输出相位滞后于输入相位，从而对控制信号产生相移的作用。

由电阻电容组成的相位滞后校正环节如图 6-18 所示，它为一无源的滞后校正网络，其传递函数为：

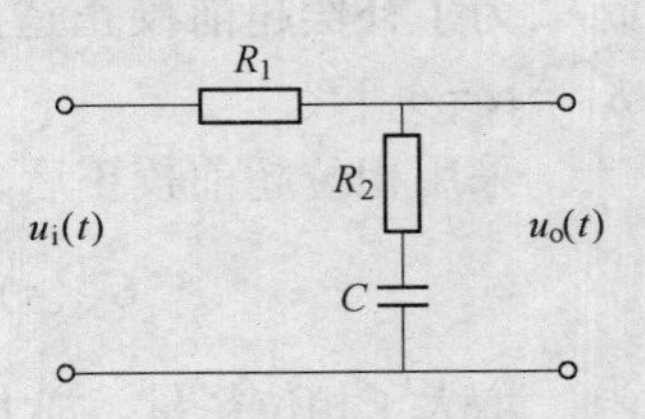

图 6-18 相位滞后校正环节

$$\frac{U_c(s)}{U_r(s)} = G_c(s) = \frac{R_2 + \frac{1}{sC}}{R_2 + R_1 + \frac{1}{sC}}$$

$$= \frac{R_2Cs + 1}{(R_1 + R_2)Cs + 1} = \frac{R_2Cs + 1}{\frac{R_1 + R_2}{R_2}R_2Cs + 1}$$

令 $\beta = \frac{R_1 + R_2}{R_2}$，$T = R_2C$，则有：

$$G_c(s) = \frac{Ts + 1}{\beta Ts + 1} \quad (\beta > 1) \tag{6-6}$$

由式（6-6）可知，此环节是一阶微分环节与惯性环节的串联。当 s 很小时，$G_c(s) \approx 1$，即低频时，该环节不起校正作用；当 s 较大时，$G_c(s) \approx \frac{Ts + 1}{\beta Ts}$，即在中频段此环节相当于比例积分环节加一微分环节；当 s 很大时，$G_c(s) \approx 1/\beta$，即高频时此环节相当于比例环节，可使输出衰减到原输出的 $1/\beta$。

相位滞后校正环节的频率特性为：

$$G_c(j\omega) = \frac{j\omega T + 1}{j\beta\omega T + 1} \quad (\beta > 1)$$

其幅频特性和相频特性如下：

$$L(\omega) = 20\lg|G_c(j\omega)| = 20\lg\frac{\sqrt{(\omega T)^2 + 1}}{\sqrt{(\beta\omega T)^2 + 1}} \tag{6-7}$$

$$\varphi(\omega) = \arctan\omega T - \arctan\omega\beta T \leqslant 0° \tag{6-8}$$

相位滞后校正环节渐近 Bode 图见图 6-19，转折频率分别为 $\omega_1 = \frac{1}{\beta T}$，$\omega_2 = \frac{1}{T}$，由式（6-8）可知 φ 为负值，随 β 增大而减小。由 $\frac{d\varphi}{d\omega} = 0$，可推导出最大滞后相角的频率为：

$$\omega_m = \frac{1}{T\sqrt{\beta}} = \sqrt{\omega_1\omega_2} \tag{6-9}$$

将式（6-9）代入式（6-8），可求得最大滞后相角 φ_m 为：

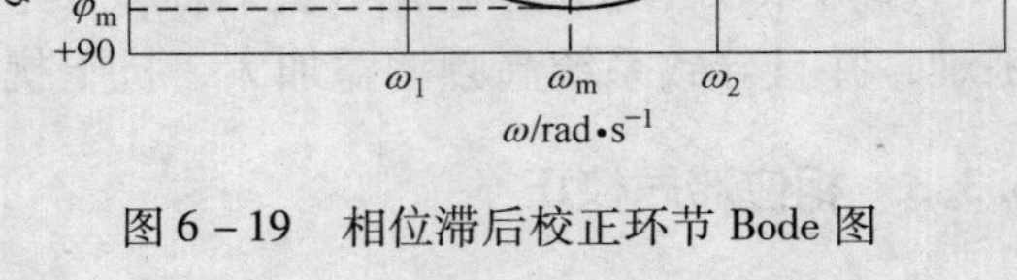

图 6-19 相位滞后校正环节 Bode 图

$$\varphi_m = \arctan\omega_m T - \arctan\omega_m\beta T$$

$$= \arctan\frac{\beta - 1}{2\sqrt{\beta}} \tag{6-10}$$

由几何关系可得：

$$\sin\varphi_m = \frac{\beta - 1}{\beta + 1} \tag{6-11}$$

使系统相位滞后并不是串联相位滞后校正环节的目的，相反这恰恰是要避免的。串联相位滞后校正环节的目的在于使系统大于$1/T$的高频段增益衰减，并在该频段内保证相位变化很小。

而为避免使最大滞后相角发生在校正后系统的幅值穿越频率ω_c附近，一般α取10左右，$\frac{1}{T}=\frac{\omega_c}{4}\sim\frac{\omega_c}{10}$。

滞后校正网络相当于一个低通滤波器。当频率大于$1/T$时，增益全部下降$20\lg\beta$(dB)，相位却增加不大。因为若$1/T$比校正前的幅值穿越频率ω_c小很多，则加入这种相位滞后环节，ω_c附近的相位变化很小，响应速度不会受到太大影响。

串联滞后校正并没有改变原系统的低频段的特性，故对系统的精度不起破坏作用，相反，往往还允许适当提高开环增益，进一步改善系统的稳态性能。

高稳定、高精度的系统常采用滞后校正。

6.3.3.2 采用Bode图进行相位滞后校正

如上所述，相位滞后校正主要利用滞后校正环节的高频幅值衰减特性，使截止频率下降，即$\omega'_c<\omega_c$，从而使系统获得足够的相位裕量。因此，应尽可能使系统最大相角滞后处在较低频段内。相位滞后校正适用于系统响应速度要求不高而滤波噪声性能要求较高的情况。此外，如果未校正系统具有满意的动态特性，但其稳态性能指标不满足要求时，也可以采用相位滞后校正来提高其稳态精度，同时保持其动态性能基本不变。

采用相位滞后校正的一般设计步骤为：

(1) 根据系统稳态误差的要求，确定系统的开环增益K。

(2) 作$G_K(j\omega)$的Bode图，并找出未校正前系统的相位裕量γ和幅值裕量K_g。

(3) 在$G_K(j\omega)$的Bode图上，找出相位裕量为$\gamma+(5°\sim12°)$的频率点，并选该点为已校正系统的剪切频率。此处γ为要求的相位裕量。

(4) 相位滞后校正环节的零点转折频率选为低于已校正系统的剪切频率的$\frac{1}{10}\sim\frac{1}{5}$。

(5) 在$G_K(j\omega)$的Bode图上，在已校正系统的剪切频率点上，找到使$G_K(j\omega)$的对数幅频特性下降到0dB所需的衰减分贝值，而此值为$-20\lg\beta$，从而确定滞后校正环节的极点转折频率$\omega_1=\frac{1}{\beta T}$。

(6) 验算。

【例6-3】 一单位反馈控制系统，其开环传递函数为$G_K(s)=\frac{K}{s(s+1)(0.5s+1)}$，给定的性能指标：单位恒速输入时的稳态误差$e_{ss}=0.2$，相位裕量$\gamma\geqslant40°$，幅值裕量$20\lg K_g\geqslant10\text{dB}$。求满足给定性能指标的校正环节。

解：(1) 根据稳态误差确定开环增益K。由已知条件可知，该系统为I型系统，输入为单位斜坡信号，则由$e_{ss}=\frac{1}{K}$，可得：

$$K=\frac{1}{e_{ss}}=\frac{1}{0.2}=5$$

(2) 作出系统开环Bode图，并找出未校正前系统的相位裕量γ和幅值裕量K_g。系统开环 Bode 图如图 6－20 所示，未校正前系统的相位裕量和幅值裕量为：

$$\gamma = -20° < 40°,\ 20\lg K_g = -8\text{dB} < 10\text{dB}$$

因此系统是不稳定的。

（3）在 $G_K(j\omega)$ 的 Bode 图上，找出相位裕量为 $\gamma + (5° \sim 12°)$ 的频率点，并选该点为已校正系统的剪切频率。

由于在系统中串联相位滞后环节后，对数相频特性曲线在幅值穿越频率 ω_c 处的相位将有所滞后，所以增加 10°作为补充。因此可取设计相位裕量为 50°，由图 6－20 可知，对应于其相位裕量的频率约为 0.6rad/s，将校正后系统的幅值穿越频率 ω_c 选在该频率附近，取

$$\omega_c = 0.5\text{rad/s}$$

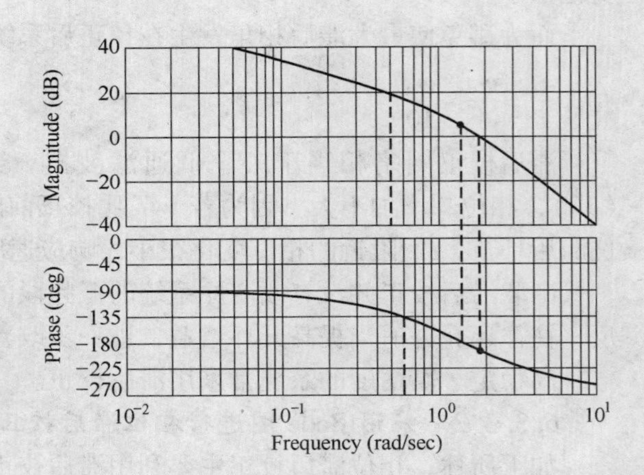

图 6－20　未校正前系统开环 Bode 图

（4）相位滞后校正环节的零点转角频率 ω_z 选为已校正系统的 ω_c 的 1/10～1/4。相位滞后校正环节的零点转角频率 $\omega_z = 1/T$，应远低于已校正系统的幅值穿越频率，选 $\omega_c/\omega_z = 5$，则

$$\omega_z = \frac{\omega_c}{5} = 0.1\text{rad/s}$$

$$T = \frac{1}{\omega_z} = 10\text{s}$$

（5）确定 β 值和相位滞后校正环节的极点转角频率。在 $G_K(j\omega)$ 的 Bode 图上，在已校正系统的幅值穿越频率点上，找到使 $G_K(j\omega)$ 的对数幅频特性下降到 0dB 所需的衰减分贝值，这一衰减分贝值等于 $-20\lg\beta$，由此确定了 β 值，从而确定滞后校正环节的极点转折频率 $\omega_1 = 1/\beta T$。

要使 $\omega_c = 0.5$ rad/s 成为已校正系统的幅值穿越频率 ω_c，就需要将该点 $G_K(j\omega)$ 的对数幅频特性移动 -20dB。所以，该点的相位滞后校正环节的对数幅频特性分贝值应为：

$$20\lg\left|\frac{j\omega T + 1}{j\beta\omega T + 1}\right| = -20\text{dB}$$

当 $\beta T \gg 1$ 时，有：

$$20\lg\left|\frac{j\omega T + 1}{j\beta\omega T + 1}\right| \approx -20\lg\beta = -20\text{dB}$$

得

$$\beta = 10$$

显然，极点转角频率为：

$$\omega_p = \frac{1}{\beta T} = 0.01\text{rad/s}$$

相位滞后校正环节的频率特性为：

$$G_c(j\omega) = \frac{1 + jT\omega}{1 + j\beta T\omega} = \frac{1 + j10\omega}{1 + j100\omega}$$

则采用相位滞后校正后，系统开环传递函数为：

$$G_{\mathrm{K}}(s) = G_{\mathrm{c}}(s)G(s) = \frac{5(10s+1)}{s(0.5s+1)(s+1)(100s+1)}$$

图 6－21 为校正后的 $G_{\mathrm{K}}(\mathrm{j}\omega)$ Bode 图。图中相位裕量 $\gamma \approx 45° > 40°$，幅值裕量 $20\lg K_{\mathrm{g}} \approx 11\mathrm{dB} > 10\mathrm{dB}$，系统的性能指标得到满足。但由于校正后的开环幅值穿越频率从原有的 2 左右降至 0.5 左右，闭环系统的带宽也随之下降，因此该校正会使系统的快速性降低。

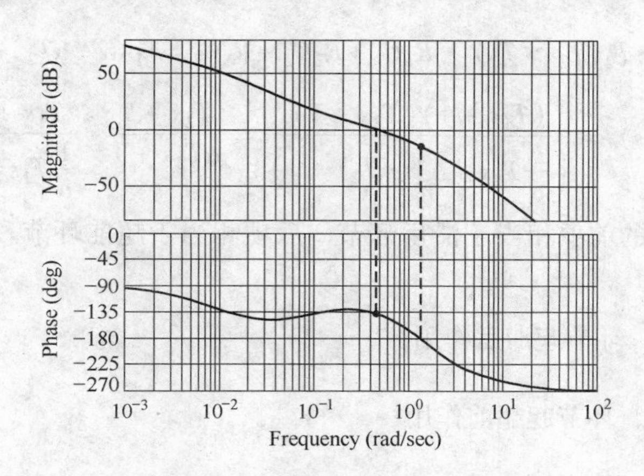

图 6－21 相位滞后校正后系统开环 Bode 图

6.3.3.3 相位滞后校正的特点

相位滞后校正的特点主要有：

（1）相位滞后校正的作用主要在于提高系统的开环放大系数，从而改善系统的稳态性能，而对系统原有的动态性能不呈显著的影响。因此，相位滞后校正主要用于那些未校正系统的动态性能尚能满足性能指标的要求，而只需要增加开环增益以提高系统控制精度的系统中。

（2）滞后校正环节本质上是一种低通滤波器。因此，经滞后校正后的系统对低频段信号具有较高的放大能力，这样便可降低系统的稳态误差；但对高频段的信号，系统却表现出显著的衰减特性。这样就有可能在系统中防止不稳定现象的出现。应特别注意，对于相位滞后校正是利用它对高频信号的锐减特性，而不是利用其相角滞后的特性。因此，滞后校正环节应加在原系统的低频段。

（3）相位滞后校正降低了系统响应的快速性。相位滞后校正环节校正使系统带宽变窄，这说明滞后校正在提高系统的动态过程平稳性方面有较好的效果，系统抗干扰能力增强，但系统的响应速度降低。

6.3.4 相位滞后－超前校正环节

由前述介绍可知，相位超前校正可以使系统带宽增加，提高系统的相对稳定性和响应快速性，但对稳态误差影响较小，即对稳态性能改善不大；相位滞后校正可在基本上不影响原动态性能的情况下，提高系统的开环放大系数，使稳态性能显著改善。因此采用滞后－超前校正环节，就可同时改善系统的瞬态响应和稳态精度。串联滞后－超前校正中，超前部分用于提高系统的相对稳定性以及提高系统的快速性；滞后部分主要用于提高系统的相对稳定性，抗高频干扰，提高开环放大系数，从而提高稳态精度。串联滞后－超前校正的设计指标仍然是稳态精度和相位裕量。

6.3.4.1 校正原理及其频率特性

图 6 - 22 是由电阻电容组成的一无源滞后 - 超前校正环节，其传递函数为：

$$\frac{U_c(s)}{U_r(s)} = G_c(s) = \frac{(R_1C_1s+1)(R_2C_2s+1)}{(R_1C_1s+1)(R_2C_2s+1)+R_1C_2s}$$

令 $R_1C_1=T_1, R_2C_2=T_2(T_2>T_1)$，$R_1C_1+R_2C_2+R_1C_2=T_1/\alpha+\alpha T_2$，$\alpha=\dfrac{R_1+R_2}{R_2}>1$ 则有：

$$G_c(s) = \frac{(T_1s+1)(T_2s+1)}{\left(\frac{1}{\alpha}T_1s+1\right)(\alpha T_2s+1)} = \frac{T_2s+1}{\alpha T_2s+1}\cdot\frac{T_1s+1}{\frac{1}{\alpha}T_1s+1} \tag{6-12}$$

式（6 - 12）中的前项相当于滞后环节，后项相当于超前环节。由其 Bode 图 6 - 23 可以看出：

当 $0<\omega<\dfrac{1}{T_2}$ 时，环节起滞后作用；

当 $\dfrac{1}{T_2}<\omega<\infty$ 时，环节起超前作用；

当 $\omega=\dfrac{1}{\sqrt{T_1T_2}}$ 时，环节相角等于零。

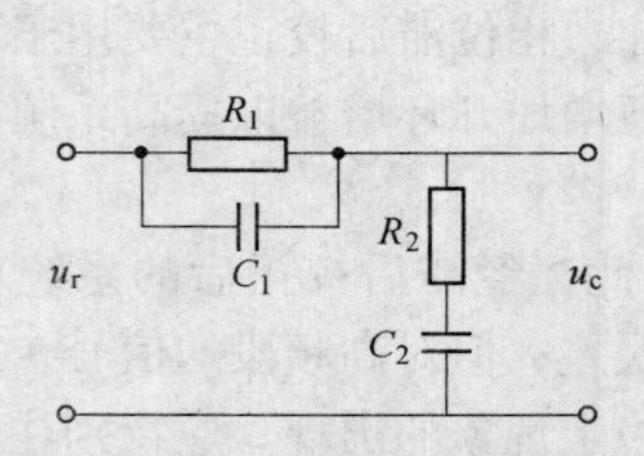

图 6 - 22 相位滞后 - 超前校正环节

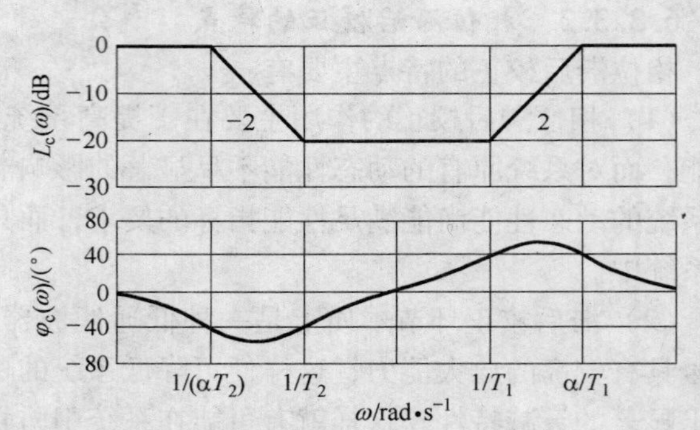

图 6 - 23 相位滞后 - 超前校正环节 Bode 图

6.3.4.2 采用 Bode 图进行相位滞后 - 超前校正

采用相位滞后 - 超前校正的一般设计步骤为：

（1）根据系统稳态误差的要求，确定系统的开环增益 K。

（2）作 $G_K(j\omega)$ 的 Bode 图，并找出未校正前系统的相位裕量 γ 和幅值裕量 K_g。

（3）根据响应速度的要求选取校正后的幅值穿越频率 ω'_c，为方便起见，待选的 ω'_c 等于未校正系统的相位穿越频率 ω_g。

（4）由已选定的 ω'_c 选择滞后部分的转折频率 $\dfrac{1}{T_2}$ 和 $\dfrac{1}{\alpha T_2}$，得出滞后部分的传递函数。一般选择滞后部分的零点转角频率远低于 ω'_c（如 $\dfrac{1}{T_2}$ 取为 $0.1\omega'_c$），确定 T_2，并选择 α。

（5）为使校正后系统的对数幅频特性曲线在 $\omega=\omega'_c$ 时穿过 0dB 线，必须有：

$$L(\omega'_c)+L_c(\omega'_c)=0$$

式中 $L_c(\omega'_c)$ ——校正装置在 ω'_c 处的分贝值；

$L(\omega'_c)$ ——未校正系统在 ω'_c 处的分贝值。

由此确定校正网络超前部分对数幅频特性上的一点，过此点作 −20dB/dec 斜线，得该斜线与 0dB 线和 $-20\lg\beta$ 线的交点，便可得到超前部分的两个转折频率，从而写出超前部分的传递函数。

(6) 将滞后和超前部分的传递函数组合在一起，就可得到滞后−超前校正装置的传递函数。

(7) 验算各项性能指标。

【例 6−4】 一单位反馈控制系统，其开环传递函数为 $G_K(s)=\dfrac{K}{s(s+1)(0.5s+1)}$，给定的性能指标：单位恒速输入时的稳态误差 $e_{ss}=0.1$，相位裕量 $\gamma=50°$，幅值裕量 $20\lg K_g \geqslant 10\text{dB}$。求满足给定性能指标的校正环节。

解： (1) 根据稳态误差确定开环增益 K。由已知条件可知，该系统为 I 型系统，输入为单位斜坡信号，因此：

$$K=\frac{1}{e_{ss}}=\frac{1}{0.1}=10$$

(2) 作出系统开环 Bode 图，并找出未校正前系统的相位裕量 γ 和幅值裕量 K_g。系统开环 Bode 图如图 6−24 所示，未校正原系统的相位裕量和幅值裕量为：

$$\omega_c=2.43,\ \omega_g=1.41$$

$$K_g=-10.5\text{dB},\gamma(\omega_c)=-28°$$

显然原系统是不稳定的。

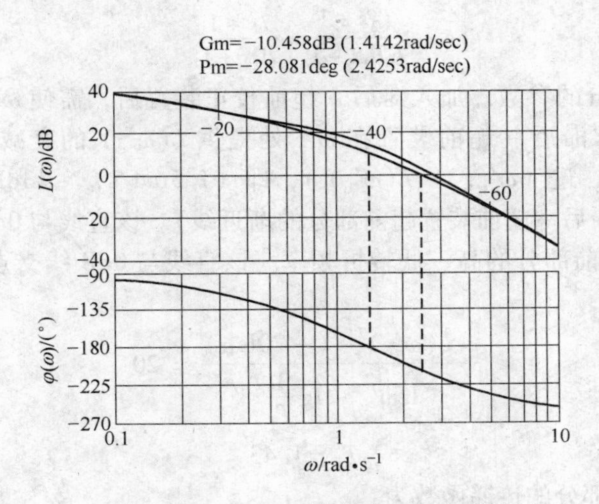

图 6−24 未校正前系统开环 Bode 图

(3) 确定校正装置。由于 $\gamma(\omega_c)$ 与设计要求相差 78°，采用一级超前校正，无法达到设计要求。若采用两级超前校正，ω'_c 过大，不仅导致抗干扰能力大大下降，而且由于响应速度过高，可能超过伺服机构输出的变化速率。若采用滞后校正，由于 $\gamma(\omega'_c)$ 要求较大，导致 ω'_c 很小（$<0.5\text{rad/s}$），校正装置的时间常数 T_2 过大，物理上难以实现。因此，考虑采用滞后−超前校正。

（4）确定校正装置参数。

1）确定校正后系统 ω'_c 的原则。

① 在 ω'_c 处可以通过校正装置所提供的相角超前量使系统满足相位裕量的要求。

②在 ω'_c 处可以通过校正装置滞后部分的作用使原幅频特性衰减到 0dB。

③满足响应速度的要求。

一般可选择原系统的相位穿越频率 ω_g 作为 ω'_c。原系统 $\omega_g \approx 1.5\text{rad/s}$，故选择 $\omega'_c = 1.5\text{rad/s} > 1.2\text{rad/s}$。此时，$\varphi(\omega'_c) = -180°$，所需相位超前量约为 55°（考虑滞后装置引起的相位滞后量为 5°），采用滞后－超前装置能够提供。另外，在 ω'_c 处，原系统的幅频特性值 $L(1.5) \approx 13\text{dB}$，将其衰减至 0dB 也很容易。

2）确定滞后部分的参数。

①确定 α。根据最大超前角 55°的要求，由 $\alpha = \dfrac{1+\sin\varphi_m}{1-\sin\varphi_m}$，可求得：

$$\alpha = 10$$

②确定 T_2。为了使滞后部分的最大相角滞后量远离校正后的 ω'_c，选择 $\omega_2 = \dfrac{1}{T_2} = \dfrac{1}{10}\omega'_c = 0.15\text{rad/s}$，可求得：

$$T_2 = 6.67\text{s}$$

或者根据允许的相角滞后量选择 T_2，即利用：

$$\varphi_c(\omega'_c) = \arctan(\omega'_c T_2) - \arctan(\omega'_c \alpha T_2) = -5°$$

解得：

$$T_2 \approx 6.85$$

取 $T_2 = 7$，得滞后部分的传递函数为：

$$\frac{T_2 s+1}{\alpha T_2 s+1} = \frac{7s+1}{70s+1}$$

3）确定超前部分的参数。加入滞后－超前校正装置后，需使 $\omega'_c = 1.5\text{rad/s}$ 成为幅值穿越频率，即要求滞后－超前装置在 ω'_c 处提供 $L(\omega'_c)$ 的衰减量，使得 $L(\omega'_c) + L_c(\omega'_c) = 0$。因此，过（$\omega'_c$，$-L(\omega'_c)$），即（1.5rad/s，－13dB）点，作斜率为＋20dB/dec 的直线（滞后－超前装置超前部分的渐近线）。该直线与 0dB 线以及 $-20\lg\alpha$ 线的交点横坐标即为超前部分的高、低转折频率。该直线与 0dB 线交点横坐标也可由渐近线方程确定，即

$$\frac{-L(\omega'_c) - (-20\lg\alpha)}{\lg\omega'_c - \lg\dfrac{1}{T_1}} = 20$$

解得：

$$T_1 = 1.43$$

取 $T_1 = 1.5$，得超前部分的传递函数为：

$$\frac{T_1 s+1}{\dfrac{T_1}{\alpha}s+1} = \frac{1.5s+1}{0.15s+1}$$

相位滞后－超前校正装置的传递函数为：

$$G_c(s) = \frac{T_2 s+1}{\alpha T_2 s+1}\cdot\frac{\alpha T_1 s+1}{T_1 s+1} = \frac{7s+1}{70s+1}\cdot\frac{1.5s+1}{0.15s+1}$$

相位滞后－超前校正后，系统开环传递函数为：

$$G_K(s) = G_c(s)G(s) = \frac{10 \times (7s+1)(1.5s+1)}{s(s+1)(0.5s+1)(70s+1)(0.15s+1)}$$

性能指标为：$K_v = 10$，$K_g = 13\text{dB}$，$\omega'_c = 1.37\text{rad/s}$，$\gamma(\omega'_c) = 50.8°$。

图 6－25 为校正后的 $G_K(j\omega)$ Bode 图。

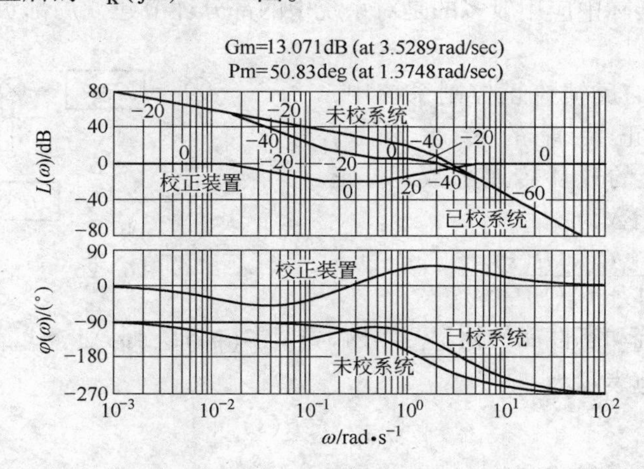

图 6－25　相位滞后－超前校正后系统开环 Bode 图

6.3.4.3　超前、滞后和滞后－超前串联校正的比较

（1）超前校正利用其相位超前特性，产生校正作用；滞后校正则通过其高频衰减特性，获得校正效果。

（2）超前校正需要一个附加的增益增量，以补偿超前校正网络本身的衰减。即超前校正比滞后校正需要更大的增益。一般，增益越大，系统的体积和重量越大，成本越高。

（3）超前校正主要用于增大的稳定裕量。超前校正比滞后校正有可能提供更高的增益交界频率。较高的增益交界频率对应着较大的带宽，大的带宽意味着调整时间小。

超前校正系统的带宽，总是大于滞后校正系统的带宽。因此，系统若需具有快速响应特性，应采用超前校正。但是，若存在噪声，则带宽不能过大，因为随着高频增益的增大，系统对噪声更加敏感。

（4）滞后校正降低了高频段的增益，但系统在低频段的增益并未降低。采用滞后校正的系统因带宽减小而具有较低的响应速度。但因高频增益降低，系统的总增益可以增大，所以低频增益可以增加，从而提高了稳态精度。此外，系统中包含的任何高频噪声，都可以得到衰减。

（5）如果既需要有快速响应特征，又要获得良好的稳态精度，则可以采用滞后－超前校正。滞后－超前校正装置，可增大低频增益（改善系统稳态性能），提高系统的带宽和稳定裕量。

（6）从时域响应特性看，具有超前校正装置的系统呈现最快的响应；具有滞后校正装置的系统响应最缓慢，但其单位速度响应却得到了明显的改善；具有滞后－超前校正装置的系统给出了折中的响应特性，即在稳态响应和瞬态响应两个方面都得到了适当的改善。

6.4　控制系统的反馈校正

串联校正因实现比较简单，使用较为普遍，但有时由于系统本身的特性决定，常采用并联（反馈、顺馈与前馈）的校正方法来改善系统的动态特性。本节主要介绍控制系统的反馈校正。

所谓反馈校正，就是从系统某一环节输出中取出信号，经过校正装置加到该环节前面某一环节的输入端，并与该输入信号进行叠加，以改变信号的变化规律，从而实现对系统进行校正的目的。实际中应用较多的是对系统中的部分环节建立局部负反馈，如图 6－26 所示。

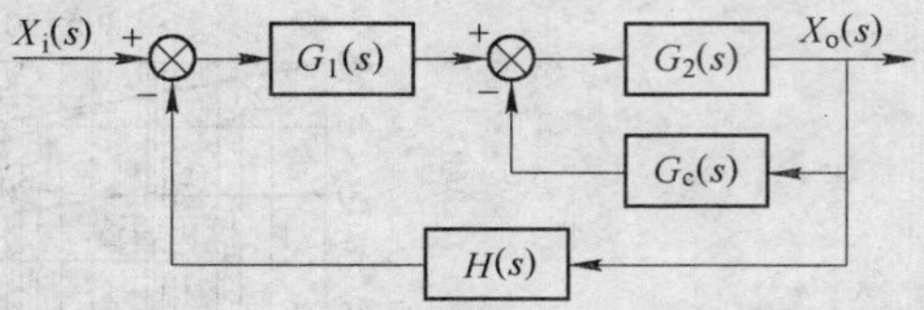

图 6－26 所示的反馈校正控制系统中，$G_c(s)$ 为反馈校正装置的传递函数，$G(s)H(s)$ 为原系统的开环传递函数，校正后系统的开环传递函数为：

$$G_K(s) = \frac{G(s)H(s)}{1 + G_c(s)G(s)}$$

图 6－26 反馈校正环节

在可以影响系统动态性能的频率范围内，若 $|G(j\omega)G_c(j\omega)| \gg 1$，则校正后系统的开环传递函数可近似地表示为：

$$G_K(s) \approx \frac{H(s)}{G_c(s)}$$

由此可知反馈校正系统的特性几乎与被反馈校正装置包围的环节 $G(s)$ 无关。

以控制的观点看，反馈校正与串联校正相比有其突出的优点：使用反馈校正可以有效地改善被包围环节的动态结构参数，甚至在一定条件下可用反馈校正环节完全替代被包围环节，从而可大大减弱这部分环节因为特性参数变化和各种干扰给系统带来的不利影响。

在反馈校正中，若 $G_c(s) = K_H$，则称为位置（比例）反馈；若 $G_c(s) = K_H s$，则称为速度（微分）反馈；若 $G_c(s) = K_H s^2$，则称为加速度反馈。

6.4.1 位置（比例）反馈

（1）当图 6－26 中 $H(s) = 1$、$G(s) = K/s$ 时，校正后系统的开环传递函数为：

$$G_K(s) = \frac{G(s)H(s)}{1 + G(s)G_c(s)} = \frac{\dfrac{1}{K_H}}{1 + \dfrac{s}{KK_H}} \tag{6-13}$$

式（6－13）说明系统由原来的 I 型变成了 0 型的惯性环节，也就是系统的型次降低了，虽然这意味着降低了大回路系统的稳态精度，但却可能提高系统的稳定性。

（2）当图 6－26 中 $H(s) = 1$、$G(s) = K/(1 + Ts)$ 时，校正后系统的开环传递函数为：

$$G_K(s) = \frac{G(s)H(s)}{1 + G(s)G_c(s)} = \frac{\dfrac{K}{1 + KK_H}}{1 + s\dfrac{T}{1 + KK_H}} \tag{6-14}$$

由式（6－14）可知系统仍为一阶惯性环节，但时间常数由原来的 T 变为 $T/(1 + KK_H)$，反馈系数 K_H 越大，时间常数越小，则系统的响应就越快。

一般来说，比例负反馈能削弱被包围环节 $G(s)$ 的时间常数，进而扩展该环节的带宽。

6.4.2 速度（微分）反馈

当 $G(s)=\dfrac{\omega_n^2}{s(s+2\xi\omega_n)}$ 时，校正后系统的开环传递函数为：

$$G_K(s)=\frac{G(s)H(s)}{1+G(s)G_c(s)}=\frac{\omega_n^2}{s^2+(2\xi\omega_n+K_H\omega_n^2)s} \tag{6-15}$$

由式（6－15）可知系统仍为二阶振荡环节，但阻尼比却由原来的 $2\xi\omega_n$ 增加到了 $(2\xi\omega_n+K_H\omega_n^2)$，能在不影响系统无阻尼固有频率的条件下，有效地减弱小阻尼环节带来的不利影响。所以，速度反馈既可保持系统的快速性，又能改善系统的稳定性。因此具有较高的快速性和良好平稳性的位置伺服系统就广泛地采用了这类速度反馈。

6.5 控制系统的PID校正

前面所讲的相位超前环节、相位滞后环节和相位滞后－超前环节都是电阻和电容组成的校正网络，一般统称为无源校正环节。这类校正环节的结构简单，本身并没有放大作用，并且输入阻抗低，输出阻抗高。当系统要求较高时，通常采用有源校正环节。这类校正环节一般由运算放大器、电阻和电容组成的反馈网络连接而成，在工程控制系统中应用非常广泛，习惯上被称为调节器。其中，PID（Proportional Integral Derivative）控制器是实际工业控制中应用最广泛、最成功的一种调节器。

6.5.1 PID控制规律

PID校正器是一种由运算放大器组成的器件，它通过对输出和输入之间的误差（或偏差）进行比例（Proportional）、积分（Integral）和微分（Derivative）的线性组合以形成控制规律，进而对被控对象进行校正和控制，所以称为PID校正器。PID控制系统框图如图6－27所示。

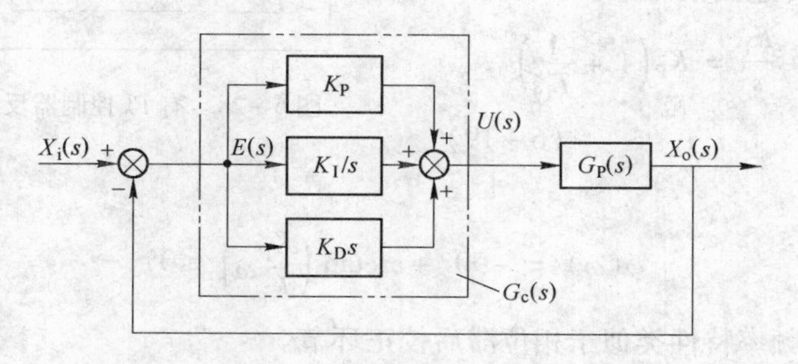

图6－27 PID控制系统框图

图6－27中 $G_P(s)$ 是被控对象的传递函数，$G_c(s)$ 是双点画线框中PID校正器的传递函数，即

$$G_c(s)=K_P+\frac{K_I}{s}+K_Ds \tag{6-16}$$

式中，K_P 为比例系数；K_I 为积分系数；K_D 为微分系数。

实际使用时，PID校正器的传递函数也经常表示为：

$$G_c(s) = K_P(1 + \frac{1}{T_I s} + T_D s) \tag{6-17}$$

式中，K_P 为比例系数；T_I 为积分时间常数，$T_I = \frac{K_P}{K_I}$；T_D 为微分时间常数，$T_D = \frac{K_D}{K_P}$。

PID 校正器对控制对象所施加的作用可表示为式（6－18）。

$$m(t) = K_P e(t) + K_I \int e(t)\mathrm{d}t + K_D \frac{\mathrm{d}e(t)}{\mathrm{d}t} \tag{6-18}$$

比例控制作用与微分、积分控制作用的不同组合可分别构成三种调节器（或校正器）：PD（比例微分）、PI（比例积分）和 PID（比例积分微分）。PID 调节器通常用作串联校正环节。其各校正环节的作用如下。

（1）比例环节：能成比例地反映控制系统的误差（偏差）信号，误差一旦产生，校正器立即产生控制作用，以减小误差。

（2）积分环节：其主要作用是消除静态误差，提高系统的无差度。积分作用的强弱由积分环节系数 K_I（或积分时间常数 T_I）决定，K_I 越小（或 T_I 越大），则积分作用越弱；反之则越强。

（3）微分环节：该环节反映误差信号变化趋势（变化速率），并可在误差信号变得太大之前，在系统中加入一个有效的早期修正信号，可加快系统的动作速度，减少调节时间。

6.5.2 PID 校正器的形式与作用

6.5.2.1 PI 校正器

在图 6－27 中若 $K_D = 0$，即没有微分环节时，则 PID 校正器就成为 PI 校正器，如图 6－28 所示。

PI 校正器的传递函数为：

$$G_c(s) = K_P + \frac{K_I}{s} = K_P\left(1 + \frac{1}{T_I s}\right) \tag{6-19}$$

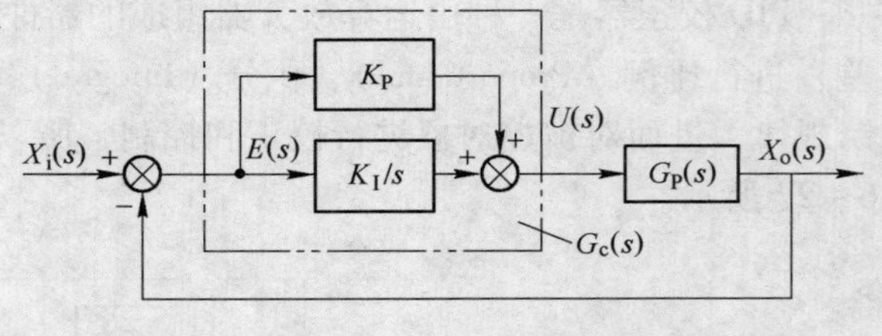

图 6－28 有 PI 控制器反馈控制系统

其相频特性为：

$$\varphi(\omega) = -90° + \arctan\left(\frac{K_P}{K_I}\omega\right) \leqslant 0°$$

所以 PI 校正器的频率特性类似于相位滞后校正环节。

当控制对象传递函数为 $G_P(s) = \frac{\omega_n^2}{s(s + 2\zeta\omega_n)}$，则整个系统的开环传递函数为：

$$G(s) = G_c(s)G_P(s) = \frac{\omega_n^2(K_P s + K_I)}{s^2(s + 2\zeta\omega_n)}$$

在这种情况下，PI 校正器就相当于给系统的开环传递函数增加了一个极点 $s = 0$ 和一个零点 $s = -K_I/K_P$，这使系统的阶数增加了一阶，这样可以使系统的稳态误差得到一级改善。即若原系统对于给定输入的稳态误差是一个常数，则 PI 校正器的积分环节将使其减小到零。但因系统阶数的增加，校正系统的稳定性降低，若参数 K_P 和 K_I 选取不当，系统甚至会变为不稳定。

因此，控制系统调整中有PI校正器的，K_P 的取值很重要。因为对I型系统，它决定了系统的速度误差系数，而其稳态误差又与 K_P 成反比，但若 K_P 取得太大，又会影响系统的稳定性。图6-29所示是用PI调节器校正的效果。

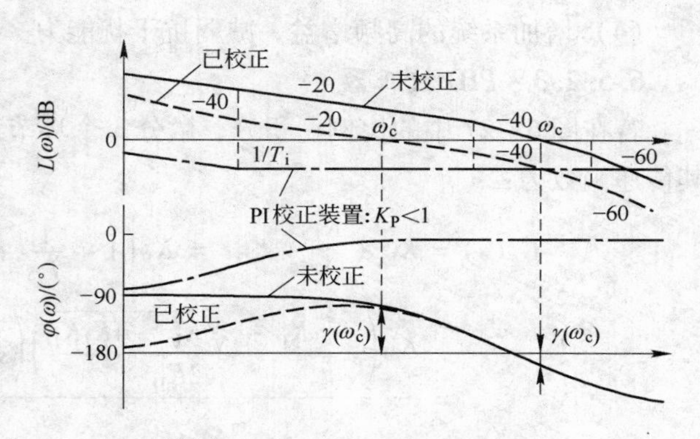

图6-29 PI调节器控制作用示意图

PI校正器具有以下特点：

(1) 提高系统的型别，改善系统的稳态误差。

(2) 增加系统的抗高频干扰的能力。

(3) 增加相位滞后。

(4) 降低系统的频宽，调节时间增大。

6.5.2.2 PD校正器

在图6-27中若 $K_I=0$，即没有积分环节时，则PID校正器就成为PD校正器，如图6-30所示。

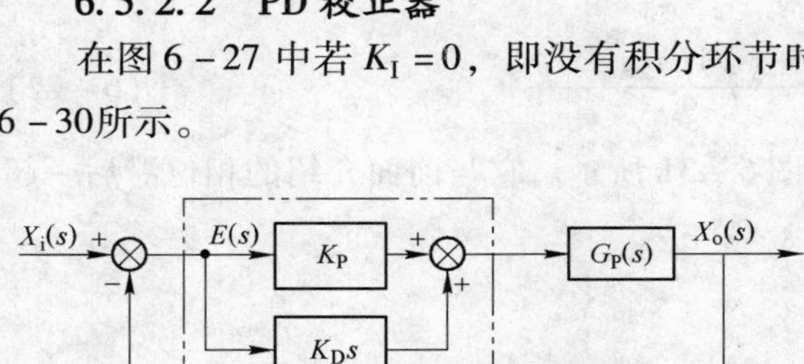

图6-30 有PD控制器反馈控制系统

PD校正器的传递函数为：

$$G_c(s)=K_P+K_Ds=K_P(1+T_Ds) \tag{6-20}$$

其相频特性为：

$$\varphi(\omega)=\arctan\left(\frac{K_D}{K_P}\omega\right)\geqslant 0°$$

所以PD校正器的频率特性类似于相位超前校正环节。

当控制对象传递函数为 $G_P(s)=\dfrac{\omega_n^2}{s(s+2\zeta\omega_n)}$，则整个系统的开环传递函数为：

$$G(s)=G_c(s)G_P(s)=\frac{\omega_n^2(K_P+K_Ds)}{s^2(s+2\zeta\omega_n)}$$

很明显，PD校正器相当于给开环传递函数增加了一个零点 $s=-K_P/K_D$。

由图6-30可知，微分环节对系统的控制作用是通过对误差信号 $e(t)$ 求导数进行的，由于误差函数对时间的导数 $de(t)/dt$ 实际上是 $e(t)$ 的斜率，因此微分控制本质上是一种预见型控制，它可以在系统误差发生大的变化之前，预先给系统施加一个有效的早期修正信号，可以加快系统的调整速度。但需注意，只有当误差信号随时间变化时微分环节才能对系统起控制作用。

PD校正器具有以下特点：

(1) 增加系统的频宽，提高系统的快速性。

（2）改善系统的相位裕度，降低系统的超调量。

（3）增大系统阻尼，改善系统的稳定性。

（4）增加系统的高频增益，减弱抗干扰能力。

6.5.2.3 PID 校正器

若在图 6－27 中的比例、积分、微分 3 个环节都存在，则该校正器称为 PID 校正器。其传递函数为：

$$G_c(s) = K_P + \frac{K_I}{s} + K_D s = K_P\left(1 + \frac{1}{T_I s} + T_D s\right)$$

$$= \frac{K_D\left(s + \dfrac{K_P - \sqrt{K_P^2 - 4K_I K_D}}{2K_D}\right)\left(s + \dfrac{K_P + \sqrt{K_P^2 - 4K_I K_D}}{2K_D}\right)}{s} \quad (6-21)$$

由式（6－21）可知，引入 PID 校正器后，系统的型次增加了，在满足 $K_P{}^2 - 4K_I K_D > 0$ 的前提下，还可以提供两个负实数零点。

令 $\tau_1 = \dfrac{2K_D}{K_P - \sqrt{K_P^2 - 4K_I K_D}}$，$\tau_2 = \dfrac{2K_D}{K_P + \sqrt{K_P^2 - 4K_I K_D}}$，$\tau_3 = \dfrac{1}{K_I}$，则式（6－21）可改写为：

$$G_c(s) = \frac{(\tau_1 s + 1)(\tau_2 s + 1)}{\tau_3 s} \quad (6-22)$$

作 $G_c(s)$ 开环频率特性的 Bode 图，如图 6－31 所示。它与前面介绍的相位滞后－超前环节的 Bode 图非常类似。

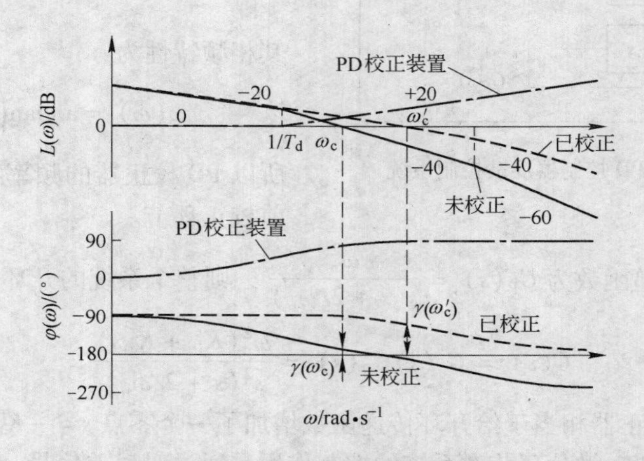

图 6－31 PD 调节器控制作用示意图

对控制系统实施 PID 校正（或控制），实际上就是对其参数 K_P、K_I 和 K_D 进行设计，也就是在被控系统数学模型已知或未知的情况下，为了满足给定的性能指标，选择校正器参数（确定 K_P、K_I、K_D 的值）的过程，这个过程通常也称为控制器的调整。鉴于 PID 控制器在工业中的广泛应用，并且很多文献中都提供了不同类型的调整方法（或称调节律），请读者自行参考相关资料，本书不再详述。

6.6 利用 MATLAB 设计控制系统的校正

在 MATLAB 中，基于 Bode 图的频率分析法是解决系统校正设计问题的重要手段。现用实例介绍如何用 MATLAB 进行计算机辅助设计，以获得满意的系统性能。

【例 6-5】已知单位反馈控制系统的方框图如图 6-32 所示，当 $K=40$ 时，要求系统频域性能指标达到：相位裕量 $\gamma \geqslant 50°$，幅值裕量 $20\lg K_g \geqslant 10\text{dB}$。请确认系统是否符合上述指标，如果不符合，请设计系统校正。

解：利用 MATLAB 写程序如下，求出系统的相位裕量与幅值裕量。

```
num = [40]
den = [1, 2, 0]
bode (num, den)
[Gm, Pm] = margin (num, den)
%
[20 * log10 (Gm)]
```

图 6-32 单位反馈控制系统

运行该程序得到系统的开环 Bode 图，如图 6-33 所示，且得到相位裕量与幅值裕量分别为：

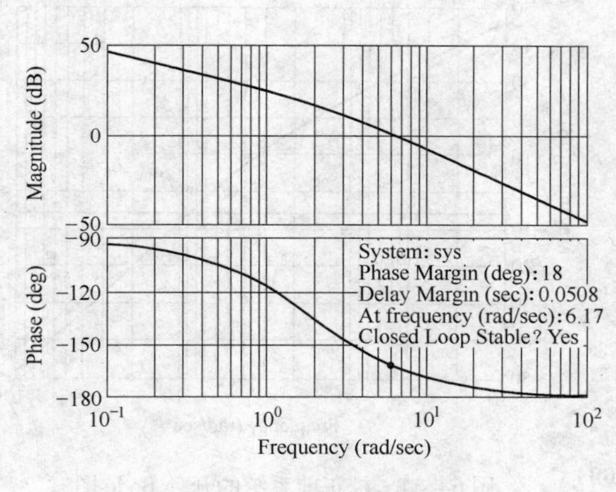

图 6-33 系统 Bode 图

$$\gamma = 17.9642°, \ 20\lg K_g = \infty$$

显然，两个频域性能指标均大于零，闭环系统稳定，但因 $\gamma < 50°$，$20\lg K_g \geqslant 10\text{dB}$，系统不满足相位裕量的要求。

为了在不减小幅值裕量的前提下，将相位裕量从 17.9642° 提高到 50°，需要采用串联相位超前校正环节进行校正。

可按下面步骤设计超前校正环节：

（1）确定所需的附加相位超前量 φ_m。

（2）根据 $\alpha = \dfrac{1-\sin\varphi_m}{1+\sin\varphi_m}$，计算校正环节的参数 α。

（3）计算校正环节在 φ_m 处的增益 $-10\lg\alpha$，在未校正系统的 Bode 图上，确定与幅值裕量 $10\lg\alpha$ 对应的频率。

（4）根据 $T = \dfrac{1}{\omega_m\sqrt{\alpha}}$ 计算校正环节的参数 T，得到校正环节的传递函数。

（5）调整增益，补偿超前校正环节造成的幅值衰减。

（6）绘制校正后的 Bode 图，检验所得系统的相位裕量是否满足了设计要求，如不满足，重复前面的各设计步骤。

在利用 MATLAB 实现上述设计步骤时，分别使用程序一和程序二，并得到图 6-34 和图 6-35。

程序一：

```
k = 40
```

```
num1 = [1]
den1 = [1, 2, 0]
[num, den] = series (k, 1, num1, den1) ←未校正系统的开环传递函数
%
w = logspace ( -1, 2, 200)
[mag, phase, w] = bode (tf (num, den), w)
[Gm, Pm, Wg, Wc] = margin (mag, phase, w) ←计算校正前的频域性能指标
%
Phi = (50 - Pm + 5) * pi/180 ←计算所需的相位超前角
%
alpha = (1 - sin (Phi)) / (1 + sin (Phi)) 1 ←计算α
%
M = 10 * log10 (alpha) * ones (length (w), 1) 1 ←为确定ωm，绘制10lgα线及幅频图
semilogx (w, 20 * log10 (mag (:)), w, M)
grid
```

运行该程序，得到图 6 - 34。

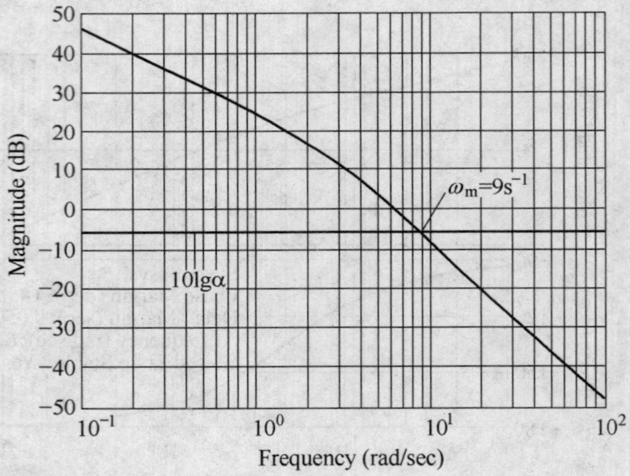

程序二:

```
k = 40
%
num1 = [1]
den1 = [1, 2, 0]
%
numc = [0.23, 1] ←超前校正环节的传递函数
denc = [0.055, 1]
%
[nums, dens] = series (numc, denc, num1, den1) ←校正后系统的开环传递函数
%
[num, den] = series (k, 1, nums, dens)
%
w = logspace ( -1, 2, 200)
[mag, phase, w] = bode (tf (num, den), w)
[Gm, Pm, Wg, Wc] = margin (mag, phase, w)
bode (tf (num, den), w) ←绘制 Bode 图，计算校正后的相位裕度
grid
title ([‘相位裕量 =’, num2str (Pm)])
```


图 6 - 34 校正前系统的开环 Bode 图

运行该程序，得到校正后的开环 Bode 图，如图 6 - 35 所示。

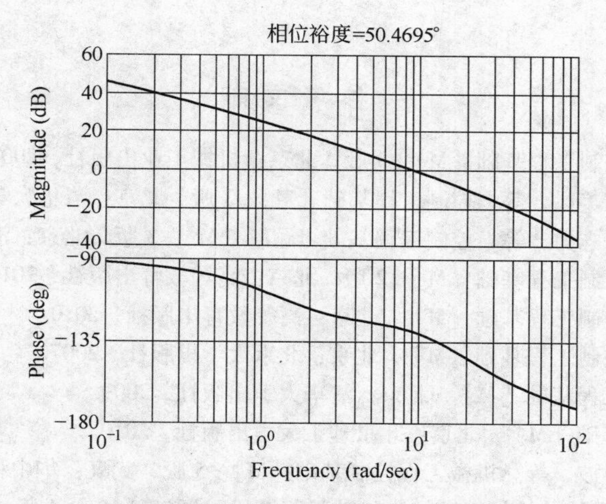

图 6-35　串联超前校正后系统的开环 Bode 图

习　题

6-1　衡量控制系统一般采用哪些性能指标？它们各反映了系统哪些方面的性能？

6-2　试分析串联校正各形式校正环节的作用。

6-3　已知单位反馈控制系统的开环传递函数为 $G_k(s)=\dfrac{1}{s(0.5s+1)}$，要求性能指标：速度误差系数 $K_v=20s^{-1}$，相位裕量 $\gamma\geqslant 45°$，幅值裕量 $20\lg K_g\geqslant 10\text{dB}$。试确定校正装置的传递函数。

6-4　设一单位反馈控制系统，其开环传递函数为 $G(s)=\dfrac{K}{s(s+1)(0.25s+1)}$，若要求校正后系统的静态速度误差系数 $K_v\geqslant 20s^{-1}$，相位裕量 $\gamma\geqslant 45°$，试设计串联校正装置。

6-5　设单位反馈系统原有部分的开环传递函数 $G(s)=\dfrac{20}{s(2s+1)(0.2s+1)}$，试设计串联无源校正装置，使系统满足 $K_g\geqslant 15\text{dB}$，$\omega'_c\geqslant 1.5s^{-1}$，$\gamma(\omega'_c)\geqslant 40°$。利用 MATLAB 绘制系统校正前后的对数坐标图。

6-6　设单位反馈系统的开环传递函数为 $G(s)=\dfrac{8}{s(2s+1)}$，若采用滞后-超前校正装置 $G_c(s)=\dfrac{(10s+1)(2s+1)}{(100s+1)(0.2s+1)}$ 对系统进行串联校正，试绘制系统校正前后的对数幅频渐近特性，并计算系统校正前后的相角裕度。利用 MATLAB 绘制系统校正前后的对数坐标图。

6-7　研究图 6-36 所示的单位反馈系统，设计一个滞后校正网络，使系统静态速度误差系数为 $K_v=100$、相位裕量 $\gamma\geqslant 40°$、幅值裕量 $20\lg K_g\geqslant 10\text{dB}$。利用 MATLAB 绘制系统校正前后的单位阶跃和单位斜坡响应曲线。

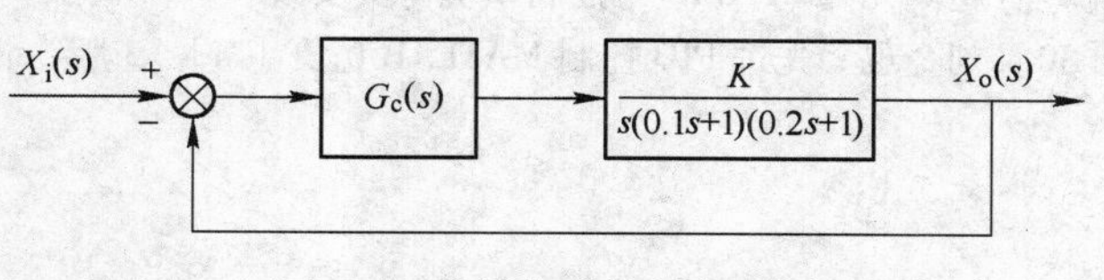

图 6-36　单位反馈控制系统

6-8　在图 6-36 中，若改用相位滞后-超前校正网络，结果如何？并进行比较。

6-9　已知系统开环传递函数 $G(s)=\dfrac{8}{s(2s+1)}$，试设计 PID 校正装置，使得系统的速度系数 $K_v\geqslant 10$、相位裕量 $\gamma\geqslant 50°$、幅值穿越频率 $\omega'_c\geqslant 4s^{-1}$。

参考文献

[1] 孔祥东，王益群．控制工程基础［M］．3 版．北京：机械工业出版社，2008.
[2] 董景新，赵长德，郭美凤，等．控制工程基础［M］．3 版．北京：清华大学出版社，2009.
[3] 董景新，郭美凤，陈志勇，等．控制工程基础习题解［M］．3 版．北京：清华大学出版社，2010.
[4] 王积伟，吴振顺．控制工程基础［M］．2 版．北京：高等教育出版社，2010.
[5] 彭珍瑞，董海堂．控制工程基础［M］．北京：高等教育出版社，2010.
[6] 杨振中，张和平．控制工程基础［M］．北京：北京大学出版社，2007.
[7] 沈艳，孙锐．控制工程基础［M］．北京：清华大学出版社，2009.
[8] 容一鸣．控制工程基础［M］．北京：北京理工大学出版社，2010.
[9] 杨叔子，杨克冲，吴波，等．机械工程控制基础［M］．5 版．武汉：华中科技大学出版社，2005.
[10] 杨叔子，杨克冲，吴波．机械工程控制基础学习辅导与题解［M］．4 版．武汉：华中科技大学出版社，2002.
[11] 黄安贻．机械控制工程基础［M］．武汉：武汉理工大学出版社，2004.
[12] 陈康宁．机械工程控制基础［M］．西安：西安交通大学出版社，1997.
[13] 朱骥北．机械控制工程基础［M］．北京：机械工业出版社，1990.
[14] 杨前明，吴炳胜，金晓宏．机械工程控制基础［M］．武汉：华中科技大学出版社，2010.
[15] 张建新．控制工程基础及应用［M］．北京：国防工业出版社，2012.
[16] 王仲民．机械控制工程基础［M］．北京：国防工业出版社，2010.
[17] 胡寿松．自动控制原理［M］．6 版．北京：科学出版社，2013.
[18] 胡寿松．自动控制原理习题解析［M］．2 版．北京：科学出版社，2013.
[19] 胡寿松．自动控制原理题海大全［M］．北京：科学出版社，2008.
[20] 李玉惠，晋帆．自动控制原理［M］．北京：清华大学出版社，2008.
[21] 李玉惠，晋帆．自动控制原理学习指导及习题解答［M］．北京：清华大学出版社，2008.
[22] 张秀玲，马慧．自动控制理论实验及综合系统设计［M］．武汉：华中科技大学出版社，2008.
[23] 王建辉，顾树生．自动控制原理［M］．北京：清华大学出版社，2007.
[24]［日］春木弘．自动控制［M］．卢伯英，译．北京：科学出版社，2001.
[25]［日］末松良一．机械控制入门［M］．王献平，高航，译．北京：科学出版社，2000.
[26] 邓薇．MATLAB 函数全能速查宝典［M］．北京：人民邮电出版社，2012.
[27] 王正林，王胜开，陈国顺，等．MATLAB/Simulink 与控制系统仿真［M］．北京：电子工业出版社，2012.
[28] 赵景波．MATLAB 控制系统仿真与设计［M］．北京：机械工业出版社，2010.
[29] 赵广元．MATLAB 与控制系统仿真实践［M］．2 版．北京：北京航空航天大学出版社，2012.
[30] 刘金琨．先进 PID 控制 MATLAB 仿真［M］．3 版．北京：电子工业出版社，2011.